大数据挖掘技术与应用

孟海东　宋宇辰　著

北　京
冶金工业出版社
2014

内 容 提 要

本书针对大数据的海量性、高维性、异构性、动态性、多样性、多源性、多尺度性、时空性和模糊性等特征，对数据挖掘技术中的聚类分析和关联规则分析进行了系统的研究；研究与开发了基于密度和自适应密度可达聚类算法、动态增量聚类算法、并行聚类算法、高维多类型数据聚类算法、基于密度加权的模糊聚类算法、基于数据场的聚类和量化关联规则算法、基于距离的量化关联规则分析、基于云计算的大数据聚类算法，以及挖掘结果的可视化表达；给出了地球化学数据挖掘、基于数据挖掘的中国资源与区域经济发展关系的分析应用实例。

本书可供从事数据挖掘技术研究、应用和软件开发人员以及学习数据挖掘技术的本科生和研究生参考。

图书在版编目（CIP）数据

大数据挖掘技术与应用/孟海东，宋宇辰著 . —北京：
冶金工业出版社，2014. 12
ISBN 978-7-5024-6780-7

Ⅰ.①大…　Ⅱ.①孟…　②宋…　Ⅲ.①数据处理
Ⅳ.①TP274

中国版本图书馆 CIP 数据核字（2014）第 276653 号

出 版 人　谭学余
地　　　址　北京市东城区嵩祝院北巷 39 号　邮编　100009　电话　（010）64027926
网　　　址　www. cnmip. com. cn　电子信箱　yjcbs@ cnmip. com. cn
责任编辑　宋　良　王雪涛　美术编辑　吕欣童　版式设计　孙跃红
责任校对　石　静　责任印制　李玉山
ISBN 978-7-5024-6780-7
冶金工业出版社出版发行；各地新华书店经销；三河市双峰印刷装订有限公司印刷
2014 年 12 月第 1 版，2014 年 12 月第 1 次印刷
169mm×239mm；18.25 印张；368 千字；278 页
56.00 元
冶金工业出版社　投稿电话　（010）64027932　投稿信箱　tougao@ cnmip. com. cn
冶金工业出版社营销中心　电话　（010）64044283　传真　（010）64027893
冶金书店　地址　北京市东四西大街 46 号（100010）　电话　（010）65289081（兼传真）
冶金工业出版社天猫旗舰店　yjgy. tmall. com
（本书如有印装质量问题，本社营销中心负责退换）

前　　言

　　大数据必然隐含丰富的知识和高价值。无论大数据具有何种内涵和外延，如体量巨大、种类繁多、快速流动和低价值密度等，其本质特征是数据的海量性、高维性、异构性、动态性、时空性、多样性、多源性、多尺度性和模糊性。数据挖掘技术是实现数据向知识和价值转化的重要技术手段，但是要从大数据中挖掘出隐含的丰富知识和价值，传统的数据挖掘技术面临多方面的挑战。解决大数据挖掘问题的重要途径，就是根据大数据的本质特征研究与开发有效的数据挖掘算法。

　　聚类分析和关联规则分析是数据挖掘技术领域的重要研究内容。聚类分析已被广泛地应用于发现数据对象的全局分布模式，如模式识别、数据分析、图像处理、市场研究等。关联规则分析是用来研究事物与事物之间在一定约束条件下的依存性和关联性，以及数据对象属性取值之间存在的某种规律性和相关性，特别是当属性取值之间不能用某种数学函数关系表达时，量化关联规则能够客观地表达属性间的关联性。

　　大数据不仅来源于网络世界，而且也来源于大量的科学实验、天体探测、航天航空数字遥感、地球科学、医疗与生物、商业、金融与保险等领域，无论是大数据还是传统意义上的数据，聚类分析算法的有效性是数据挖掘领域研究的重要课题。通过利用复相关系数倒数对数据对象属性加权和数据对象的分布密度，在 K-means 算法的基础上提高了聚类分析的有效性。

　　大数据对象具有数据空间分布状态的复杂性，如数据空间分布不同大小、不同形态和不同密度数据对象的分布模式，为了能够有效地在数据空间发现客观存在的复杂形态的数据对象分布模式，通过计算数据空间数据对象的分布密度，确定密度吸引点（极值点）和数据对象到密度吸引点的密度可达实现了不同大小、不同形态和不同密度数据对象分布的有效聚类。

数据的海量性是大数据的重要特征，如何实现大数据空间数据对象的有效聚类分析，是大数据挖掘技术研究的重要内容之一，也是实现大数据向知识与智慧和价值的转化需要解决的重要问题。根据数据空间数据对象密度可达与子簇特征相似定义，研究与开发了动态增量聚类分析算法，为解决海量数据聚类分析算法的可扩展性问题提供了一种方法。

Gartner Group 的一次高级技术调查将数据挖掘和人工智能列为"未来三到五年内将对工业产生深远影响的五大关键技术"之首，并且还将并行处理体系和数据挖掘列为未来五年内投资焦点的十大新兴技术的前两位。Gartner 的最新 HPC 研究表明，"随着数据捕获、传输和存储技术的快速发展，大型系统用户将更多地需要采用新技术来挖掘市场以外的价值，采用更为广阔的并行处理系统来创建新的商业增长点"。书中采用任务和数据并行技术，研究与开发了并行聚类分析算法。

大数据具有的高维性给数据挖掘带来了维度灾难，大数据对象属性的多样性（多类型）也给数据挖掘算法带来了挑战。通过数据挖掘技术使低价值密度的大数据转化为知识、智慧和价值，重要的研究课题之一是高维度、多类型属性数据对象的聚类分析。在研究维度对聚类分析有效性影响的基础上，通过属性加权和属性转换的方法，研究了高维度、多类型属性数据对象聚类分析的有效性。

模糊聚类分析是依据数据对象（客观事物）间的特征、亲疏程度和相似性，通过建立模糊聚类相似关系对数据对象（客观事物）进行分类。大数据隐含的知识与智慧的表达具有更大的模糊性。模糊聚类表达的聚类信息更加客观真实，通过数据对象分布密度加权，使模糊聚类分析结果更加客观、有效。

　　关联规则分析最早用来确定事务数据库中事务项之间的关联关系，这种关系是在支持度和置信度约束下的布尔型关联关系。在自然科学领域，更多是需要研究与确定数据项（属性）间的关联关系，而这种关系是不能够用线性或非线性函数关系来表达，只能用在一定约束条件下的量化关联规则来表达，例如，在地球科学、气象学、医学、经济学等领域，这种量化关联关系客观存在于大数据中，而且对于大数据分析更有意义。基于距离的量化关联规则算法为量化关联规则挖掘提供了更多的途径。

　　大数据的重要特征是数据量"大"，但是"大"并不表示数据对象在数据空间分布的"完备"。根据数据场理论，将数据对象扩展到完整的数据空间，得到完备的数据对象分布，使得基于数据场的数据挖掘结果更有意义、有价值。

　　云计算具有海量的存储能力和弹性化的计算能力，在大数据挖掘领域逐渐表现出其显著优势。Hadoop 平台是 Apache 推出的开源云计算平台，在 Hadoop 平台上基于 MapReduce 的数据挖掘技术在大数据挖掘中发挥着重要作用。

　　数据挖掘过程与挖掘结果的可视化表达是获取、评价和理解挖掘知识的重要手段。利用可视化技术将隐含的、有意义的挖掘结果进行可视化表达，能够有序地发现其中隐藏的特征、关系、模式和趋势等，便于发现新的知识并做出合理的决策。书中采用二维散点图、三维散点图、平行坐标图、圆环段、星形图等方式实现了聚类分析和关联规则分析结果的可视化表达。

　　地球科学的发展为矿产资源预测提供了丰富的地质、地球化学、地球物理和数字遥感等地球科学数据。大数据挖掘技术为地球科学数据处理提供了有效的技术手段。书中利用聚类分析算法，对地球化学数据进行聚类分析，确定可能存在的矿产资源赋存靶区；在此基础上利用相关分析和模糊聚类确定地球化学元素间的共生组合关系，根据元素组合关系推断靶区赋存的矿产资源类型。

　　另外，根据中国统计年鉴数据，通过选取地区能源，有色金属、黑色金属、非金属矿产资源，污染物的排放量，污染治理费用，经济发展水平，固定资产投资，教育和科研项目指标，将我国的省、自治区和直辖市作为数据对象进行聚类分析，研究了不同指标体系下我国地区间表现出的资源与经济发展的相似性与相异性，通过分析产生这些相似性与相异性的原因，研究资源分布与区域经济发展的关系。

　　内蒙古科技大学信息工程学院、矿业工程学院和网络中心为本项目提供了计算资源和支持环境。算法研究与开发是在国家自然科学基金项目 40762003 和 40764002、内蒙古自然科学基金项目 200711020814 和 2012MS0611、教育部"春晖计划"合作项目 Z2009-1-01041 和 Z2009-1-01055、内蒙古高等学校科学研究重点项目 NJZZ11140 和内蒙古科技大学矿业系统工程特色创新团队的资助下完成的。在算法研究与开发的过程中，内蒙古科技大学吕晓琪教授、张金山教授、李宝山教授、谭跃生教授、张晓琳教授，中国地质大学（北京）管建和教授，福州大学陈福集教授，澳大利亚维多利亚大学徐贯东博士，日本东北大学 Dinil Pushpalal 教授等提出了很多宝贵意见。在算法实现、验证和应用方面，研究生张玉英、宋飞燕、郝永宽、顾瑞春、王淑玲、申海涛、杨彦侃、张炼、马金徽、蔺志举、唐旋、刘小荣、马娜娜、李秉秋、李丹丹、吴鹏飞、孙家驹、管世明、娄建成、任敬佩、刘占宁和韩丽萍等做了大量的工作。参考了国内外学者的大量成果文献。在此一并表达诚挚的谢意。

　　研究和开发的算法存在的不足和缺陷，敬请广大读者提出改进意见，希望本书能够达到抛砖引玉的目的。

作　者

2014 年 8 月

目　　录

1 绪 论

随着数据库应用的普及，人们正逐步陷入"数据丰富，知识贫乏"的尴尬境地。而近年来互联网的发展与快速普及，使得人类第一次真正体会到了数据海洋的无边无际。面对如此巨量的数据资源，人们迫切需要一种新技术和自动工具，以便能够利用智能技术将这巨大的数据资源转换为有用的知识与信息资源，从而可以帮助我们科学地进行各种决策。于是，一个新的研究领域——知识发现应运而生。由于蕴藏知识的数据信息大多存储于数据库中，因此又称作数据库中的知识发现（Knowledge Discovery in Database，KDD）或数据挖掘（Data Mining，DM）。

早在 1982 年，趋势大师约翰·奈斯比（John Naisbitt）在他的首部著作《大趋势》（Megatrends）[1]中就提到："人类正被信息淹没，却饥渴于知识"。计算机硬件技术的稳定进步为人类提供了大量的数据收集设备和存储介质；数据库技术的成熟和普及已使人类积累的数据量正在以指数方式增长；Internet 技术的出现和发展已将整个世界连接成一个地球村，人们可以穿越时空般地在网上交换信息和协同工作。在这个信息爆炸的时代，面对着浩瀚无垠的信息海洋，人们迫切需要一个去粗取精、去伪存真的能将浩如烟海的数据转换成知识的技术。数据挖掘就是在这个背景下产生的。

数据挖掘作为一门新兴的学科，就是对观测到的数据集或庞大数据集进行分析，目的是发现未知的关系和以数据拥有者可以理解并对其有价值的新颖方式来总结数据。从技术上的角度考虑，数据挖掘的含义就是从大量的、不完全的、有噪声的、模糊的、随机的实际应用数据中，提取隐含在其中的、人们事先不知道的，但又是潜在有用的信息和知识的过程。用数据挖掘工具进行数据分析，可以发现重要的数据模式，在商务决策、知识库、科学和医学研究等领域取得了一系列重要成果。

1.1 大数据

1.1.1 大数据概念

2012 年 3 月，美国奥巴马政府宣布推出"大数据的研究和发展计划"。该计划涉及美国国家科学基金、美国国家卫生研究院、美国能源部、美国国防部、美国国防部高级研究计划局、美国地质勘探局6个联邦政府部门，承诺将投资两亿多美元，大力推动和改善与大数据相关的收集、组织和分析工具及技术，以推进从大量的、复杂的数据集合中获取知识和洞见的能力。美国奥巴马政府宣布投资大数据领域，是大数据从商业行为上升到国家战略的分水岭，表明大数据正式提升到战略层面，大数据在经济社会各个层面、各个领域都开始受到重视[2]。

大数据是一个抽象的概念，不同的研究机构与学者对其有不同的定义。全球最具权威的IT研究与顾问咨询公司研究机构高德纳（The Gartner Group）认为，大数据是指需要新处理模式才能具有更强的决策力、洞察发现力和流程优化能力的海量、高增长率和多样化的信息资产。高德纳断言，到2015年，世界500强的组织中85%的财富将无法利用大数据作为竞争优势。维基百科将大数据定义为：大数据是所涉及的资料量规模巨大到无法通过目前主流软件工具，在合理时间内达到撷取、管理、处理并整理成为帮助企业经营决策目的的资讯。全球最大的战略咨询公司麦肯锡的定义：大数据是指无法在一定时间内用传统数据库软件工具对其内容进行采集、存储、管理和分析的数据集合[3]。

大数据是基于多源异构、跨域关联的海量数据分析所产生的决策流程、商业模式、科学范式、生活方式和观念形态上的颠覆性变化的总和。

我国一些专家认为，大数据是指对海量数据进行智慧化处理和决策，这不仅是技术层面的问题，还涉及管理层面、互信机制等问题。建议在专门机构领导下，寻找大数据研究切入点，应对信息时代挑战。总的来说，大数据的概念应包含以下几个方面的内容。

A　具有战略性的智慧化数据处理和决策

据有关专家介绍，大数据是一个战略层面的概念，相较于其他数据分析、处理和研究，大数据具有战略导向性，具有更高的应用价值。

大数据不仅仅是指数据量大，而且也是指处理数据的能力与所能获得的数据量之间的差距。汪斌强教授指出："假如我一天可以处理两三个PB，产生的数据量只有几十兆，那么数据量再大也不算大数据，因为尽在掌握之中。"大数据技术手段相对以往的数据处理有根本性突破。以往通常是设置关键词，在海量数据库中搜索，然后请数据分析团队分析，通过人脑进行判断和预测。这种方法的问题在于，用来分析的数据来自关键词搜索，难以达到完备性。而大数据采取反向思路，控制了数据采集的源头，剔除掉数据库中的无用信息，屏蔽没有战略价值的数据，这是"大数据"处理与目前大海捞针式数据处理方式的本质不同。

大数据意味着数据处理从智能走向智慧。国内某专家介绍说，以前的海量数据处理，仅仅是信息资料收集过程，最终的决策和判断由另外的系统负责；而大数据的数据搜索和处理是一体化即时处理，需要数据可随时再找。同时，大数据技术将促成数据智慧化的决策和判断。当前的数据收集工作基本是不经分析过滤全部导入数据库，没有数据分析系统，由于数据库容量有限，并且信息冗杂，有效信息获得难度较高。

B 大数据产业链的各环节面临发展机遇

大数据一经问世，便快速成为计算机行业的热门概念，也引起了金融界高度关注。随着互联网技术的不断发展，业界已经形成"数据本身即是资产"的共识。最早提出大数据时代已经到来的麦肯锡公司认为，数据已经渗透到每个行业和业务职能领域，逐渐成为重要的生产因素。

全球多家互联网巨头都意识到大数据时代来临的重要意义。惠普、IBM、微软等纷纷通过收购大数据相关厂商来实现技术整合。美国政府更是发布《大数据研究和发展倡议》，把大数据研究上升为国家意志。

大数据产业链有很多环节，未来都可能面临较大发展机遇。如信息数据的产生环节，公众每天使用的互联网和无线通信，即时通信、微博、手机、短信、彩信甚至是每一个互联网点击，都是数据的产生，企业依靠这些数据，可以进行自我分析提升效率，也可以出售数据给专业分析机构。同样，信息数据的存储和采集整理环节也不容忽视，而信息数据的分析产出作为整个大数据产业链的最末端，可能将成为具有技术含量和产业附加值的子行业。

C 既是技术问题也是管理问题

目前在中国，大数据尚未直接以专有名词被政府提出，不过在政府会议过程中，一些媒体会以文本数据挖掘的方式分析各级政府的材料进行大数据解析。工业和信息化部发布的物联网"十二五"规划中，也把信息处理技术作为四项关键技术创新工程之一提出来，其中包括海量数据存储、数据挖掘、图像视频智能分析，这都是大数据的重要组成部分。

中国发展研究大数据需重视以下几个问题：

（1）大数据的研究和发展工作可由国家层面主导，成立核心研究团队，提供合适的研究环境。

（2）积极应对大数据挑战。研究大数据不单是技术层面的问题，更是管理层面、互信机制的建立问题，要在顶层设计指导下分重点解决。

（3）找准切入点。在信息时代，如何精简庞大的数据，把价值密度低的数据库滤掉水分，例如利用数据挖掘技术，是研究的关键。

（4）关注数据安全和保密。在一些学者看来，美国是通过星球大战使前苏联解体的，2005年又提出"控域"概念，号召发展物联网。但是，美国的信息智能化存储容量和采集水平是我国的两倍，在如此繁杂的数据中搜索出有用数据非常困难。有关专家特别强调说，我们必须重视大数据研究过程中的安全性。

1.1.2 大数据特征

由于学界对于大数据的定义尚不统一，所以认识大数据需要从它的特征入手。业界将大数据的特征概括为"4V"，也就是数量（Volume）、速度（Velocity）、多样性（Variety）和价值密度（Value）。

1.1.2.1 数量（Volume）

大数据通常指 10TB（1TB = 1024GB）规模以上的数据量。大数据的体量很大，数据集合的规模不断扩大，已从 GB 到 TB 再到 PB 级，甚至开始以 EB 和 ZB 来计数。市场调研机构互联网数据中心（Internet Data Center, IDC）的研究报告称，未来 10 年全球大数据将增加 50 倍，管理数据仓库的服务器数量将增加 10 倍。产生如此巨大数据量的原因，一是由于各种仪器的使用，使我们能够感知到更多事物，这些事物的部分甚至全部数据就可以被存储；二是由于通信工具的使用，人们能够全时段地联系，机器-机器（M2M）方式的出现，使得交流的数据量成倍增长；三是由于集成电路价格降低，很多设备都有了智能的成分。

1.1.2.2 速度（Velocity）

人们对速度的通常理解是数据的获取、存储以及挖掘有效信息的速度，但当目前处理的数据是 PB 级代替了 TB 级，由于"超大规模数据"和"海量数据"也有规模大的特点，大数据往往以数据流的形式动态、快速地产生，具有很强的时效性，用户只有把握好对数据流的掌控才能有效利用这些数据。另外，数据自身的状态与价值也往往发生演变，数据的涌现特征明显，用传统的系统根本难以处理大数据流动的速度。

1.1.2.3 多样性（Variety）

随着传感器种类的增多以及智能设备、社交网络等的流行，数据类型也变得更加复杂，不仅包括传统的关系数据类型，也包括以网页、视频、音频、图片、地理位置信息、e-mail 等形式存在的未加工的、半结构化的和非结构化的数据。

现代互联网应用呈现出非结构化数据大幅增长的特点。同时，由于数据显性或隐性的网络化存在，数据之间的复杂关联无所不在。

1.1.2.4 价值密度（Value）

大数据的价值密度是比较低的。数据量呈指数增长的同时，隐藏在海量数据的有用信息却没有相应比例增长，反而使我们获取有用信息的难度加大。以视频为例，连续不间断监控过程中，有用的数据可能仅仅一两秒。

大数据的"4V"特征对数据挖掘、数据存储、数据检索、数据共享、数据分析、数据监管以及数据的可视化等领域带来了巨大的冲击和挑战。从信息资源开发和利用的角度，大数据推动了信息、技术、用户，组织的协同和融合。大数据的"4V"特征表明其不仅仅是数据海量，对于大数据的分析将更加复杂、更追求速度、更注重实效。

作者认为，从数据的内涵分析，之所以提出大数据概念是由于随着信息获取、储存、传输和处理技术的发展，数据更加凸显出海量性、高维性、异构性、动态性、多样性、多源性、多尺度性、时空性和模糊性，现代数据的这些特性更进一步拓展了数据的应用空间和应用价值，为了概括表达现代数据的内涵和功能，将其定义为大数据。

1.2 云计算与大数据挖掘

1.2.1 云计算

云计算（Cloud Computing）是一种新兴的商业计算模型，它被视为科技业的下一次革命，它将带来工作方式和商业模式的根本性改变，可以彻底改变人们未来的生活。云计算的新颖之处就是把普通的服务器或者个人计算机连接起来以获得超级计算机（也称高性能和高可用性计算机）的功能，但是成本更低。云计算主要关键技术包括：分布式并行计算、分布式存储、分布式数据管理等技术，Hadoop 就是 Google 实现云计算的一个开源系统平台，主要包括 MapReduce 和 HDFS 两个核心框架[4,5]。

"云计算"一词最早见于 IBM 公司 2007 年底宣布的"云计算计划"中技术白皮书中的云计算定义：云计算一词用来同时描述一个系统平台或者一种类型的应用程序。一个云计算的平台按需进行动态地部署（Provision）、配置（Configuration）、重新配置（Reconfigure）以及取消服务（Deprivation）等。

美国国家标准与技术研究院（NIST）定义：云计算是一种按使用量付费的模式，这种模式提供可用的、便捷的、按需的网络访问，进入可配置的计算资源共享池（资源包括网络、服务器、存储、应用软件、服务），这些资源能够被快速提供，只需投入很少的管理工作，或与服务供应商进行很少的交互。在云计算平台中的服务器可以是物理的服务器或者虚拟的服务器。高级的云计算通常包含一些其他的计算资源，例如存储区域网络（SANS）、网络设备、防火墙以及其他安全设备等。

现有的云计算实现使用的技术体现了以下 3 个方面的特征：

（1）硬件基础设施架构在大规模的廉价服务器集群之上。与传统的性能强劲但价格昂贵的大型机不同，云计算的基础架构大量使用了廉价的服务器集群，特别是 X86 架构的服务器。节点之间的互联网络一般也使用普遍的千兆以太网。

（2）应用程序与底层服务协作开发，最大限度地利用资源。传统的应用程序建立在完善的基础结构，如操作系统之上，利用底层提供的服务来构造应用。而云计算为了更好地利用资源，采用了底层结构与上层应用共同设计的方法来完善应用程序的构建。

（3）通过多个廉价服务器之间的冗余，使用软件获得高可用性。由于使用了廉价的服务器集群，节点的失效将不可避免，并且会有节点同时失效的问题。为此，在软件设计上需要考虑节点之间的容错问题，使用冗余的节点获得高可用性。

1.2.2 大数据挖掘

在 2012 年 8 月 21 日举办的"第六届移动互联网国际研讨会"上，美国卡内基梅隆大学计算机机器人专业博士邓侃表示，发现大数据中的价值，要依靠数据挖掘的算法，并且要有数据挖掘的算法加上云计算的并行计算。分布式的云存储平台则提供更加廉价的成本和高处理性能，加上高效的数据挖掘算法，成为了解决大数据问题的良药。

无论是大数据还是传统意义上的数据，数据挖掘的任务在于如何挖掘出有用的知识来帮助人们做出商业决策和进行科学研究。许多数据挖掘问题和方法在工业界的不同领域是通用的，例如数据压缩和预测分析。另外，许多小数据上的问题，例如数据采集、数据预处理、数据挖掘过程自动化、隐私保护等在大数据中也是存在的。同时，挖掘算法的可拓展性是大数据的关键。数据挖掘算法必须是可拓展的、可并行化、可分布式实现的。

目前，大数据挖掘成为一个新的、重要的研究课题。解决大数据挖掘问题就是根据数据海量性、高维性、异构性、动态性、多样性、多源性、多尺度性、时空性和模糊性等对数据挖掘技术中的各类算法进行改进或研究与开发新算法，利用数据挖掘技术实现"大数据→知识与智慧→价值"的转化。

1.3 传统数据挖掘

数据挖掘[6,7]是从大量数据中提取或"挖掘"知识，准确的命名应当为"从数据中挖掘知识"，是对观测到的数据集或庞大数据集进行分析，目的是发现未知的关系，并以数据拥有者可以理解的方式对其中有价值的新颖知识进行总结。从技术上的角度考虑，数据挖掘的含义就是从大量的、不完全的、有噪声的、模糊的、随机的实际应用数据中，提取隐含在其中的、人们事先不知道的，但又是潜在有用的信息和知识的过程。

　　数据挖掘技术是多学科技术的集成，包括数据库技术、统计学、机器学习、高性能计算、模式识别、人工智能、数据可视化、信息检索、图像与信号处理和空间数据分析等。数据挖掘技术主要包括：分类方法（Classification）、聚类分析（Cluster Analysis）、关联规则分析（Association Rule Analysis）和异常检测（Anomaly Detection）等方法和技术。

1.3.1　数据源与挖掘任务

　　数据挖掘可以在任何类型的信息存储系统上进行，这包括关系数据库、数据仓库、事务数据库、高级数据库系统、展开文件、WWW 和流数据。高级数据库系统包括面向对象和对象关系数据库；面向特殊应用的数据库，如空间数据库、时间序列数据库、文本数据库和多媒体数据库。

　　数据挖掘任务一般可以分为两类：描述和预测。描述性挖掘任务刻画数据库中数据的一般特性。预测性任务是在当前数据上进行推断，以进行预测。

　　数据可以与类或概念相关联。用汇总的、简洁的、精确的方式描述每个类的概念可能是有用的，这种类或概念的描述称为类/概念描述。这种描述可以通过下述方法得到：（1）数据特征化，一般地汇总所研究类（通常称为目标类）的数据；（2）数据区分，将目标类与一个或多个比较类（通常称为对比类）进行比较；（3）数据特征化和比较。

　　数据特征化是目标类数据的一般特征和特性的汇总。有许多有效的方法可以将数据特征化和汇总。例如，一个 SQL 语句可以用来查询收集关于用户期望的某种统计特性；基于数据立方体的 OLAP 上卷操作可以用来执行用户控制的、沿着指定维的数据汇总；面向属性的归纳技术可以用来进行数据的概化和特征化等。

　　数据特征的输出可以用多种形式提供，包括饼图、条图、曲线、多维数据立方体和包括交叉表在内的多维表。结果描述也可以用概化关系或规则关系提供。

　　数据区分是将目标类对象的一般特性与一个或多个对比类对象的一般特性比较。目标类和对比类由用户指定，而对应的数据通过数据库查询检索。数据区分的输出类似于特征描述，但区分描述应当包括比较度量，帮助区分目标类和对比类。

1.3.2　数据挖掘方法

　　数据挖掘方法大致可分为四种。

　　A　关联规则分析

　　数据中普遍存在的一类现象是数据关联。若两个或多个变量的取值之间存在某种规律性，就称为关联。关联可以分为简单关联、时序关联、因果关联。关联分析发现关联规则，这些规则展示属性值频繁地在给定数据集中一起出现的条件。其目的是找出数据中隐藏的关联网。关联分析用于购物篮或事务数据分析。随着关联规则分析研究的不断深入，量化关联规则分析在科学研究领域得到了更加广泛的应用。

B 分类和预测

分类是这样的一个过程，它找出描述并区分数据类或概念的模型（或函数），以便能够使用模型预测类标记未知的对象类。导出模型是基于对训练数据集（即其类标记已知的数据对象）的分析。导出模型可以用多种形式表示，如分类规则、判定树、数学公式或神经网络。

分类可以用来预测数据对象的类标记。然而，在某些应用中，人们可能希望预测某些空缺的或不知道的数据值，而不是类标记。而被预测的值是数值数据时，通常称之为预测。尽管预测可以涉及数据值预测和类标记预测，通常预测限于值预测，并因此不同于分类。预测也包含基于可用数据的分布趋势识别。

C 聚类分析

聚类分析数据对象，不考虑已知的类标记，这就是与分类和预测的不同之处。一般情况下，训练数据中不提供类标记，聚类可以用于产生这种标记。对象根据最大化类内的相似性、最小化类间的相似性的原则进行聚类或分组，即对象的簇（聚类）这样形成，使得在一个簇中的对象具有很高的相似性，而与其他簇中的对象很不相似。所形成的每个簇可以看作一个对象类，由它可以导出规则。聚类也便于分类编制，将观察到的内容组织成类分层结构，把类似的事件组织在一起。

D 异常检测

异常检测的目标是发现与大部分其他对象不同的对象。通常，异常对象被称作离群点，因为在数据的散布图中，它们远离其他数据点。异常检测也称为偏差检测，因为异常对象的属性值显著地偏离期望的或常见的属性值。异常检测也称为孤立点检测或例外挖掘，因为异常点在某种意义上是例外的、孤立的。在自然界、人类社会或数据集领域，大部分事件和对象，按定义都是平凡的或平常的。然而，我们应当敏锐地意识到不平常或不平凡的对象存在的可能性，以及这些现象通常具有的异乎寻常的重要性。

尽管当前感兴趣的异常检测多半是关注异常的应用驱动的，但是历史上异常检测（和消除）一直被视为一种旨在改进常见数据对象分析的技术。例如，相对少的离群点可能扭曲一组值的均值和标准差，或者改变聚类算法产生的簇的集合。因此，异常检测和消除通常是数据预处理的一部分。

1.3.3 数据挖掘面临问题

从数据挖掘方法、用户交互、性能和各种数据类型几个方面来说明目前数据挖掘存在的主要问题[7]。

A 挖掘方法和用户交互问题

反映所挖掘的知识类型、在多粒度上挖掘知识的能力、领域知识的使用、特定的挖掘和知识显示等。

在数据库中挖掘不同类型的知识：由于不同的用户可能对不同类型的知识感兴趣，数据挖掘系统应该覆盖范围很广的数据分析和知识发现任务，包括数据特征化、区分、关联、分类、聚类、趋势和偏差分析以及类似性分析。这些任务可能以不同的方式使用相同的数据库，并需要开发大量的数据挖掘技术。

多个抽象层的交互知识挖掘：由于很难准确地知道能够在数据中发现什么，数据挖掘应当是交互的。交互式挖掘允许用户聚焦搜索模式，根据返回的结果提出和精炼数据挖掘请求。

结合领域知识：可以使用领域知识或关于所研究领域的信息来指导发现过程，并使得发现的模式以简洁的形式在不同的抽象层表示。

数据挖掘查询语言和特定的数据挖掘：关系查询语言允许用户提出特定的数据检索查询。类似地，需要开发高级数据挖掘查询语言，使得用户通过说明分析任务的相关数据集、领域知识、所挖掘的数据类型、被发现的模式必须满足的条件和约束，来描述特定的挖掘任务。

数据挖掘结果的表达：发现的知识应当用高级语言、可视化表示或其他形式表示，使得知识易于理解，能够直接被人们使用。

处理噪声和不完全数据：存放在数据库中的数据可能反映噪声、异常或不完全数据对象。这些对象可能搞乱分析过程，导致数据与所构造的知识模型过分适应或不适应，故需要处理数据噪声的数据清理方法和数据分析方法，以及发现和分析异常情况的孤立点挖掘方法。

模式评估——兴趣度问题：数据挖掘系统可能发现数以千计的模式。对于给定的用户，许多模式不是有趣的，它们表示的可能是公共知识或缺乏新颖性。使用兴趣度度量指导发现过程或压缩搜索空间，又是一个活跃的研究领域。

B 有效性问题

数据挖掘算法的有效性和可伸缩性：为了有效地从数据库的大量数据中提取信息，数据挖掘算法必须是有效的和可伸缩的。

并行、分布式和增量数据挖掘算法：许多数据库的大容量、数据分布的广泛和一些数据挖掘算法的计算复杂性是促使并行和分布式数据挖掘算法的因素。此外，有些数据挖掘过程的高花费导致了对增量数据挖掘算法的需要。

C 关于数据类型多样性问题

关系的和复杂的数据类型的处理：由于数据库和数据仓库已经广泛使用，对它们开发有效的数据挖掘系统是重要的。然而数据库可能包括复杂的数据对象、超文本、多媒体数据、空间数据、时间数据或事务数据，所以，应当构造针对特定类型数据的特定数据挖掘系统。

由异种数据库和全球信息系统挖掘信息：从具有不同数据语义的结构化的、半结构化的和非结构化的不同数据源发现知识，为数据挖掘提出了巨大挑战。

D 大数据挖掘问题

大数据的海量性、高维性、异构性、动态性、多样性、多源性、多尺度性、时空性和模糊性为数据挖掘技术提出了进一步的挑战。无论赋予大数据什么样的内涵和外延，要实现"大数据→知识与智慧→价值"的转化，数据挖掘技术必须根据大数据的特性对传统的挖掘算法进行改进或研究与开发新的挖掘算法。

参 考 文 献

[1] Naisbitt J Megatrends. Ten new directions transforming our lives［M］. New York：Warner Books，1982，16～17.

[2] 赛迪智库软件与信息服务研究所. 美国将发展大数据提升到战略层面［N］. 中国电子报，2012-7-17（003）.

[3] 陶雪娇，胡晓峰. 大数据研究综述［J］. 系统仿真学报，2013（25S）：142～146.

[4] 刘刚，侯宾，翟周伟. Hadoop 开源云计算平台［M］. 北京：北京邮电大学出版社，2011.

[5] ［美］ Anand Rajaraman，Jeffrey David Ullman. Mining of Massive Datssets［M］. 北京：人民邮电出版社，2012.

[6] ［美］ Pangning Tan，Michael Steinbach，Vipin Kumar. 数据挖掘导论（英文版）［M］. 北京：人民邮电出版社，2006.

[7] Jiawei Han，Micheline Kamber. Data Mining：Concepts and Techniques［M］，Simon Fraser University Press，2000.

2 基于属性加权和密度聚类分析

大数据不仅来源于网络世界，而且也来源于大量的科学实验、天体探测、航天航空数字遥感、地球科学、医疗与生物、商业、金融与保险等领域，其数据的海量性、高维性、异构性、动态性、多样性、多源性、多尺度性、时空性和模糊性特征更加突出。无论面向大数据，还是传统意义上的数据，聚类分析方法是数据挖掘技术中重要的方法之一，聚类分析算法的有效性是数据挖掘领域研究的重点课题。通过利用复相关系数倒数对数据对象属性加权和数据对象的分布密度，在 K-means 算法的基础上提高了聚类分析的有效性。

2.1 聚类分析技术

聚类分析根据数据空间中描述对象的属性特征及其关系的信息，将数据对象进行分组。其目标是组内的对象间是相似的或者是相关的，而不同组中的对象是不同的或者不相关的。组内的相似性（同质性）越大，聚类效果越好。

聚类分析与其他将数据对象分组的技术相关。例如，聚类可以看作一种分类，它用类标号创建对象的标记。当然，只能从数据中导出这些标号。聚类分析可以被称作无监督分类。与此对比，有监督分类是指用一个由类标号已知的对象开发的模型，对新的、无标记的对象赋予一个类标号。

聚类分析将数据对象划分成有意义或有用的组（簇）。如果目标是划分成有意义的组，则簇应当捕获数据的自然结构。无论是旨在理解还是实用，聚类分析都在广泛的领域扮演着重要角色。这些领域包括：心理学和其他社会科学、生物学、统计学、模式识别、信息检索和数据挖掘。聚类分析在许多领域得到了广泛的应用。

2.1.1 数据基础

2.1.1.1 数据对象属性

通常，数据集可以看作是数据对象的集合。数据对象的其他表述是记录、点、向量、模式、事件、案例、样本、观测值或实体。数据对象用一组刻画对象基本特征的属性表达。属性的其他表述是变量、特性、字段、特征或维度。

属性是对象的性质或特性，它因对象而异，或随时间而变化。属性的量化是通过特定的测量过程使用测量标度用一个值将这个特定的对象的特定属性加以表示。一种制定属性类型的有用的方法是，确定对应于属性基本性质的数值的性质。数值的如下性质常常用来描述属性[1~3]。

　(1) 相异性　　= 和 ≠

　(2) 序　　　　< ≤ > 和 ≥

　(3) 加法　　　+ 和 −

　(4) 乘法　　　× 和 ÷

给定这些性质，可以定义四种属性类型：标称（nominal）、序数（ordinal）、区间标度（interval）、比率（ratio）。表 2.1 给出这些类型的定义，以及每种类型上合法的统计操作等信息。

表 2.1　不同的属性类型

属性类型		描　述	例　子	操　作
分类的（定性的）	标称	标称属性的值仅仅只是不同的名字，即标称值只提供足够的信息以区分对象（=，≠）	邮政编码、雇员 ID 号、眼球颜色、性别	众 数、熵、χ^2 检验
	序数	序数属性的值提供足够的信息确定对象的序（<，>）	矿石硬度、成绩等级、街道号码	中值、百分位、秩相关、符号检验
数值的（定量的）	区间	对于区间属性，值之间的差是有意义的，既存在测量单位（+，−）	日历日期、温度、长度、重量	均值、标准差、皮尔逊相关、t 和 F 检验
	比率	对于比率变量，差和比率都是有意义的（÷，/）	绝对温度、货币量、计数、年龄	几何平均、调和平均、百分比变差

其中二元变量（只具有两个状态）可以看成是标称变量的特殊形式。

2.1.1.2　聚类分析数据结构

一些基于内存的聚类算法选择如下两种有代表性的数据结构。

A　数据矩阵（data matrix，或称为数据对象·变量结构）

设有 m 个数据对象，可用 n 个属性描述每个数据对象，这种数据结构是关系表的形式，或者看成 $m \times n$（m 个对象 $\times n$ 个属性）的矩阵

$$\begin{bmatrix} x_{11} & x_{12} & \cdots & x_{1n} \\ x_{21} & x_{22} & \cdots & x_{2n} \\ \vdots & \vdots & \vdots & \vdots \\ x_{m1} & x_{m2} & \cdots & x_{mn} \end{bmatrix} \tag{2.1}$$

称为数据矩阵。数据矩阵是对象·变量结构数据表达方式。

B 相异度矩阵（dissimilarity matrix，或称为对象·对象结构）

按 m 个对象两两间的相异度构建 m 阶矩阵（因为相异度矩阵是对称的，只需写出上三角或下三角即可）：

$$\begin{bmatrix} 0 & & & & \\ d(2,1) & 0 & & & \\ d(3,1) & d(3,2) & 0 & & \\ \vdots & \vdots & \vdots & 0 & \\ d(m,1) & d(m,2) & d(m,3) & \cdots & 0 \end{bmatrix} \tag{2.2}$$

其中 $d(i,j)$ 是对象 i 和 j 之间的相异度，它是一个非负的数据值。当对象 i 和 j 相似或"接近"，其值越接近 0；两个对象越不同，其值越大。显然，$d(i,j) = d(j,i)$，$d(i,i) = 0$。相异度矩阵是对象·对象结构的一种数据表达方式。

数据矩阵经常被称为二模矩阵（two mode），而相异度矩阵被称为单模矩阵（one mode），这是因为前者的行和列代表不同的实体，后者的行和列代表相同的实体，多数聚类算法以相异度矩阵为基础。

2.1.1.3 数据对象的相异度计算

A 数值型变量（属性）

对于数值型数据对象属性，数据对象相异度度量采用距离度量方法。最常用的距离度量方法是欧几里得（Euclidean）距离，它的定义如下：

$$d(x_i, x_j) = \sqrt{\sum_{k=1}^{n} (x_{ik} - x_{jk})^2} \tag{2.3}$$

这里的 $x_i = (x_{i1}, x_{i2}, \cdots, x_{in})$ 和 $x_j = (x_{j1}, x_{j2}, \cdots, x_{jn})$ 是两个 n 维的数据对象。

另一种表示数据对象距离是明考斯基（Minkowski）距离，它的定义如下：

$$d(x_i, x_j) = \left(\sum_{k=1}^{n} |x_{ik} - x_{jk}|^r \right)^{1/r} \tag{2.4}$$

式中，r 是一个正整数。当 $r = 1$ 时，它表示城市块距离；当 $r = 2$ 时，它表示欧几里得距离；当 $r = \infty$ 时，为上确界距离。

当数据对象某些属性相关且值域不同时，数据对象（矢量）x、y 间的马氏（Mahalanobis）距离定义为：

$$\mathrm{mahalanobis}(x, y) = (x - y) \Sigma^{-1} (x - y)^{\mathrm{T}} \tag{2.5}$$

式中，Σ^{-1} 表示数据协方差矩阵 Σ 的逆矩阵。

B 二元变量

对于二元变量要采用特定的方法来计算其相异度[2]。一个方法涉及对给定的数据计算相异度矩阵。如果假设所有的二元变量有相同的权重，得到一个两行两列的可能性表2.2。在表2.2中，q 是对于对象 x_i 和 x_j 值都为1的变量的数目，r 是对于对象 x_i 值为1而对象 x_j 值为0的变量的数目，s 是对于对象 x_i 值为0而对象 x_j 值为1的变量的数目，t 是对于对象 x_i 和 x_j 值都为0的变量的数目。变量的总数是 p，$p = q + r + s + t$。

表 2.2 二元变量的可能性

对象 i		对象 j		
		1	0	求和
	1	q	r	$q + r$
	0	s	t	$s + t$
	求和	$q + s$	$r + t$	p

对称的二元变量：如果它的两个状态是同等价值的，并有相同的权重，那么该二元变量是对称的，也就是两个取值0或1没有优先权。

基于对称二元变量的相似度称为恒定的相似度。对恒定的相似度来说，评价两个对象 x_i 和 x_j 之间相异度的最著名的系数是简单匹配系数，其定义如下：

$$d(x_i, x_j) = \frac{r + s}{q + r + s + t} \tag{2.6}$$

不对称的二元变量：一般情况下，将比较重要的输出结果，通常也是出现概率较小的结果编码为1，而将另一种结果编码为0。给定两个不对称的二元变量，两个都取值为1的情况（正匹配）被认为比两个都取值0的情况（负匹配）更有意义。因此，这样的二元变量经常被认为好像只有一个状态。基于这样的相似度被称为非恒定的相似度。对非恒定的相似度，最著名的评价系数是 Jaccard 系数，在它的计算中，负匹配的数目 t 被认为是不重要的，因此被忽略。

$$d(x_i, x_j) = \frac{r + s}{q + r + s} \tag{2.7}$$

C 标称变量

假设一个标称变量的状态数目是 M，这些状态可以用字母、符号或者一组整数（如1，2，…，M）来表示。两个对象 x_i 和 x_j 之间的相异度可以用简单匹配方法来计算：

$$d(x_i, x_j) = \frac{p - m}{p} \tag{2.8}$$

这里 m 是匹配的数目，即对 i 和 j 取值相同的变量的数目，而 p 是全部变量的数目。可以通过赋权重来增加 m 的影响，或者赋给有较多状态的变量匹配以更大的权重。

D　序数型变量

一个序数型变量的值可以映射为秩，如属性 f 的 M_f 个状态可以映射到一个有序排列 $\{1, 2, \cdots, M_f\}$，设第 x_i 个对象属性 f（维）的值为 x_{if}，用对应的秩 $r_{if} \in \{1, \cdots, M_f\}$ 代替 x_{if} 的值。每个序数型变量一般具有不同数目的状态，通常需要将每个变量的值域映射到 $[0.1, 1.0]$，以便每个变量有相同的权重。可以通过用 Z_{if} 代替第 i 个对象的第 f 个属性的秩 r_{if} 来实现：

$$z_{if} = \frac{r_{if} - 1}{M_f - 1} \tag{2.9}$$

相异度的计算可以采用上述任意一种距离度量方法。

E　混合类型变量

一个可取的方法是将所有的变量一起处理，只进行一次聚类分析。一种技术将不同类型的变量组合在单个相异度矩阵中，把所有有意义的变量转换到共同的值域区间 $[0.0, 1.0]$ 上。

方法一：假设数据集包含 p 个不同类型的变量，对象 x_i 和 x_j 之间的相异度 $d(x_i, x_j)$ 定义为：

$$d(x_i, x_j) = \frac{\sum_{f=1}^{p} \delta_{ij}^{(f)} d_{ij}^{(f)}}{\sum_{f=1}^{p} \delta_{ij}^{(f)}} \tag{2.10}$$

其中，如果 x_{if} 或 x_{jf} 缺失（即对象 i 或对象 j 没有变量 f 的度量值），或者 $x_{if} = x_{jf} = 0$，且变量 f 是不对称的二元变量，则指示项 $\delta_{ij}^{(f)} = 0$；否则，$\delta_{ij}^{(f)} = 1$。变量 f 对 i 和 j 之间相异度的计算方式与其具体类型有关：

（1）如果 f 是二元变量或标称变量：如果 $x_{if} = x_{jf}$，$d_{ij}^{(f)} = 0$，否则 $d_{ij}^{(f)} = 1$。

（2）如果 f 是区间标度变量：$d_{ij}^{(f)} = \frac{|x_{if} - x_{jf}|}{\max_h x_{hf} - \min_h x_{hf}}$，这里的 h 遍取变量 f 的所有非空缺对象。

（3）如果 f 是序数型或者比例标度型变量：计算秩 r_{if} 和 $z_{if} = \frac{r_{if} - 1}{M_f - 1}$，并将 z_{if} 作为区间标度变量值对待。

方法二：假设赋予第 k 个属性的权重为 w_k，$k \in \{1, 2, \cdots, n\}$ 那么对象 i 与对象 j 之间的差异度 $d(i, j)$ 定义为：

$$d(x_i, x_j) = \frac{\sum_{k=1}^{m} w_{ij}^{(k)} d_{ij}^{(k)}}{\sum_{k=1}^{m} w_{ij}^{(k)}} \tag{2.11}$$

混合类型变量相似度度量方法的比较见表 2.3。

表 2.3 混合类型变量相似度度量方法的比较

方法 1	加入指示项	用来表明在计算对象 i 和对象 j 间的距离时是否考虑第 k 个属性的影响
方法 2	加入权值	用来表明第 k 个属性的权重

2.1.2 聚类分析方法

聚类分析根据数据空间中描述对象的属性特征及其关系的信息，将数据对象进行分组。其目标是组内的对象间是相似的或者是相关的，而不同组中的对象是不同的或者不相关的。组内的相似性（同质性）越大，聚类效果越好。聚类分析中根据簇的划分方法不同，聚类分析方法包括[1]：

（1）层次的与划分的方法：划分聚类简单地将数据对象划分成不重叠的子集（簇）。层次聚类是嵌套簇的集族，组织成一棵树。可以将层次聚类看作划分聚类的序列，划分聚类可以通过取序列的任意成员得到，即通过一个特定层剪断层次树得到。

（2）互斥的、重叠的与模糊的方法：每个对象都被指定到单个簇中，那么是互斥类型的聚类。当对象在两个或多个簇"之间"，并且可以合理地指派到这些簇中的任何一个时，可以使用非互斥聚类。比如模糊聚类，具体指的是每个对象以一个 0（绝对不属于）和 1（绝对属于）之间的隶属权值属于每个簇。

（3）完全的与部分的方法：完全聚类将每个对象指派到一个簇中，部分聚类指数据集中某些对象可能不属于明确定义的组，比如数据集存在的噪声、离群点并不属于某个簇。

2.1.3 簇的类型

聚类旨在发现有用的对象组（簇），显然，存在许多不同的簇概念。为了以可视方式说明不同簇类型之间的差别，使用二维数据点作为数据对象，如图 2.1 所示，对于多维数据的分布情况可以据此推广[1]。

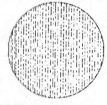

(a) 明显分离的簇

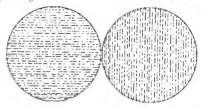

(b) 基于中心的簇

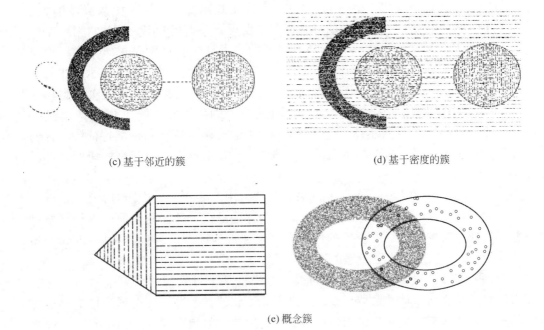

(c) 基于邻近的簇　　　　　　　　　　　(d) 基于密度的簇

(e) 概念簇

图 2.1　用二维点集图示的不同簇类型

　　图2.1(a)为明显分离的簇。每个点到同簇中任意点的距离比到不同簇中所有点的距离更近。

　　图2.1(b)为基于中心的簇。每个点到其簇中心的距离比到任何其他簇中心的距离更近。

　　图2.1(c)为基于邻近的簇。每个点到该簇中至少一个点的距离比到不同簇中任意点的距离更近。

　　图2.1(d)为基于密度的簇。簇是被低密度区域分开的高密度区域。

　　图2.1(e)为概念簇。簇中的点具有由整个点集导出的某种一般共有性质。

2.2　聚类算法

2.2.1　聚类算法分类

　　根据上一节概括的簇类型，可以得到聚类算法的如下分类：

　　（1）基于划分的方法。一个划分的方法构建一个 n 个对象或元组的 k 个划分。划分一般准则是：在同一个类中的对象之间尽可能接近或相关，而不同类间的对象尽可能远离或不同。因此，需要使用一个阈值或者一个判别函数来具体说明簇中所有对象是否充分接近或远离。K-means 和 K-Medoids 算法就是两个比较流行的启发式划分方法。K-means 算法[1~3]尝试找出使平方误差函数值最小的 k 个划分。显而易见，这种类型的算法倾向于发现簇大小相差不大的球状簇。

（2）基于层次的方法。上节基于划分的聚类算法获得的是单级聚类，而层次聚类是将数据集分解成几级进行聚类，层的分解可以用树形图来表示。相对于划分算法，层算法不需要指定聚类数目，然而在凝聚或者分裂的层次聚类算法中，用户可以定义希望得到的聚类数目作为一个约束条件。例如 BIRCH 算法[4]是一个综合的层次聚类方法。它引入了两个概念：聚类特征和聚类特征树。它们用于概括聚类描述。这些结构辅助聚类方法在大型数据库中取得高的速度和可伸缩性。

（3）基于图的方法。在这种算法中，数据用图表示，其中节点是数据对象，边代表对象之间的联系，那么簇可以定义为连通分支，即互相连通但不与组外对象相连通的对象组。一个重要的例子是基于邻近的簇方法，具体比如 Chameleon 算法[1,15]，算法能产生更自然的聚类结果。

（4）基于密度的方法。聚类的很多算法是基于对象间的距离来做的，这些方法只能够找到球状的聚类，难以找到任意形状的类。另外一类算法是基于密度的概念发展起来的。基本思想是：对一个给定的聚类指定数据，邻域的半径内至少包含定数目的对象。这种方法可以过滤出噪声点（孤立点）和发现任意形状的聚类。例如 DBSCAN 算法[3]根据密度限定来进行聚类的算法。算法将具有足够高密度的区域划分为类，可以在带有噪声的空间数据库中发现任意形状的聚类。

（5）基于网格的方法。基于网格的方法是把数据对象空间量化为有限数目的单元，形成一个网格结构。所有的聚类操作都在这个网格结构（即量化的空间）上进行。这种方法的主要优点是它的处理速度很快，处理时间独立于数据对象的数目，只与量化空间中每一维的单元数目有关。例如 STING 算法[5]，它利用了存储在网格单元中的统计信息实现聚类。

（6）基于模型聚类的方法。这个方法为每一个聚类假定一个模型，找出给定模型的最适合的数据，这种算法可以通过建立反映数据点的空间分布情况的密度函数来进行聚类。它还能基于标准的统计自动决定聚类数目，计算出噪声点，构造出健壮的聚类算法。经典的算法有：

1）统计学方法：概念聚类是机器学习中的一种方法，给出一组未标记的对象，它产生对象的一个分类模式。有两个过程：首先进行聚类，然后给出特征描述。概念聚类的绝大多数方法采用了统计学的途径，在决定概念或聚类时使用概率度量。

2）神经网络方法：将每个类描述成一个标本来作为聚类的原型，不一定要对应一个特定的数据实例或对象。根据某些距离度量，新的对象可以分配给标本与其相似的类。被分配给一个类的对象的属性可以根据该类的标本属性来预测。经典的方法有：竞争学习方法、自组织特征映射方法。

（7）共同性质的（概念簇）的方法。这种算法需要非常具体的定义簇的概念，然后根据这些概念成功地检测出这些簇。当然前面几种定义完全可以包含在这种形式的定义之中，但是，概念簇还包含新的簇类型。

2.2.2 聚类算法特性

多种聚类算法重要的特性表现在如下几个方面[1]：

（1）次序依赖性。对于某些算法，所产生的簇的质量和个数可能因数据处理的次序不同而显著地变化。尽管看起来要尽量避免这种算法，但是有时次序依赖性不重要，或者算法可能具有其他期望的特性。SOM 自组织特征映射是次序依赖性的一个例子。

（2）非确定性。如 K-means 算法虽然不是次序依赖的，但是，由于初始聚类中心的随机选择，它每次运行都产生不同的结果，因为它们依赖于需要随机选择的初始化步骤。由于簇的质量可能随运行而变化，因此可能需要多次运行。

（3）可伸缩性。包含数以百万计对象的数据集并不罕见，而用于这种数据集的聚类算法应当具有线性或接近线性的时间和空间复杂度。对于大型数据集，即使具有 $O(n^2)$ 的复杂度的算法也不切实际。此外，数据集聚类技术不能总是假定数据放进内存，或者数据元素可以随机地访问，这样的算法对于大型数据集是不可行的。

（4）参数选择。大部分聚类算法需要用户设置一个或多个参数，选择合适的参数值可能是困难的，因此，通常的态度是"参数越少越好"。如果参数值的微小改变都会显著地改变聚类结果，则选择参数值就变得更加具有挑战性。最后，除非可以提供一个过程来帮助确定参数值，否则算法的用户就不得不通过试探设法找到合适的参数。最著名的参数选择问题是划分聚类算法的"选择正确的簇个数"。

（5）变换聚类问题到其他领域。一种被某些聚类技术使用的方法是将聚类问题映射到一个不同的领域。例如，基于图的聚类将发现簇的任务映射成将邻近图划分成连通分支。

（6）将聚类作为最优化问题处理。聚类常常被看作优化问题：将点划分成簇、根据用户指定的目标函数度量、最大化结果簇集合的优良度。例如，K-means 聚类算法试图发现簇的集合，使每个点到最近的簇质心距离的平方和最小。理论上讲，这样的问题可以通过枚举所有可能的簇集合，并选择最佳目标函数值的那个簇集合来解决。但是，这种穷举的方法在计算上是不可行的。因此，许多聚类技术都基于启发式方法，产生好的但并非最佳的聚类。另一种方法是在一个质心的或局部的基上使用目标函数，比如层次聚类技术就是在聚类过程的每一步都是做局部最优质心的决策。

2.2.3 选用聚类算法参考因素

在确定使用哪种类型的聚类算法时，需要考虑各种各样的因素。下面简要地总结这些因素，清楚地显示对于特定的聚类任务，哪种聚类算法更合适[1]。

2.2.3.1 聚类方法

确定聚类方法与预期使用相匹配的一个重要因素是算法产生的聚类类型。对于一些应用，比如创建生物学分类法，层次聚类是首选的。对于旨在汇总的聚类，划分聚类是常用的。大部分聚类应用要求所有或几乎所有对象的聚类。例如，如果使用聚类组织用于浏览的文档集，则希望大部分文档都属于同一个组。然而，如果要找出文档集合中的最重要的主题，则更期望有一个只产生凝聚的簇的聚类方案。

2.2.3.2 簇的类型

如上文分析，经常遇到的簇有三种类型：基于原型的、基于图的和基于密度的。基于原型的聚类方案以及某些基于图的聚类方案（全链、质心和 Ward）趋向于产生全局簇，其中每个对象都与簇的原型或簇中其他对象足够靠近。例如，如果要汇总数据以压缩它的大小，并且希望以最小误差为目的，则这些类型的技术应当最为合适。相比之下，基于密度的聚类技术和某些基于图的聚类技术（如单链）趋向于产生非全局的簇，因而包含许多相互之间不很相似的对象。如果使用聚类根据地表覆盖将地理区域划分成相邻的区域，则这些技术比基于原型的技术更合适。

2.2.3.3 簇的特性

除一般的簇类型之外，簇得其他特性也很重要。如果想在原数据空间的子空间中发现簇，则必须选择子空间聚类算法。类似地，如果对强化簇之间的空间联系感兴趣，则 SOM 或相关方法更合适。此外，对于处理形状、大小和密度变化的簇，聚类算法的能力也很不相同。

2.2.3.4 数据集和属性特征

数据集和属性类型决定所用算法类型，例如 K-means 算法只能用于簇质心计算是有意义的问题。

2.2.3.5　噪声和孤立点

在实践中，估计数据集中的噪声量和离群点的个数可能是非常困难的。对某一问题有些数据对象可能是噪声或孤立点，对于另一问题可能是有趣的数据对象。例如，如果使用聚类将一个区域划分成人口密度不同的区域，则基于密度的聚类算法，如 DBSCAN 等，其聚类效果不佳，因为它假定密度低于全局阈值的区域或点是噪声或离群点。此外，诸如 CURE 这样的层次聚类技术，通常丢弃增长缓慢的点簇，因为这样的簇趋向于代表离群点。然而在某些应用中，可能对相对小的簇最感兴趣，这样的组群可能代表最有利可图的顾客。

2.2.3.6　数据对象的数量

假设要创建数据集的一个层次聚类，对一路扩展到每个对象的完全层次聚类不感兴趣，而只对将数据分裂成数百个簇的那些点感兴趣。如果该数据集非常大，则不能直接使用凝聚聚类技术。然而，可以使用分裂聚类技术，如最小生成树算法，但这也是仅当数据集不太大才是可行的。在这种情况下，像 BIRCH 这样的不要求数据都在内存中的技术就变得更有用。

2.2.3.7　属性的个数

某些在低维空间中运行得很好的算法在高维空间可能无法运行。正如其他不适当地使用聚类算法的情况那样，聚类算法可能运行并产生簇，但是这些簇可能并不代表数据的真实结构。

总之，选择合适的算法涉及以上所有这些问题，以及特定领域问题的考虑，不存在确定合适技术的公式。尽管如此，可用的关于聚类技术类型的一般知识和对上述问题的考虑，连同对实际应用的密切关注，应当使得数据分析者能够做出试用哪些聚类方法的非形式的决策。

2.2.4　聚类算法面临的挑战

如今在数据挖掘领域，研究工作集中在为大型数据库寻找有效和适当的聚类分析方法。聚类算法的有效性和实际的需求引出了数据挖掘对聚类分析的基本要求[6]：

（1）可伸缩性：有很多聚类算法在小数据集合上工作得很好，但是一个大规模数据库可能包含几百万个对象，在这样的大数据集合样本上进行聚类可能会导致有偏差的结果，因此需要具有高度可伸缩性聚类算法。

（2）处理不同类型属性的能力：有许多算法被设计用来聚类数值类型的数据。但是应用可能要求聚类其他类型的数据，如二元类型、分类/标称类型、序数类型等或者这些数据类型的混合。

（3）发现任意形状的聚类：有很多的聚类算法基于欧几里得距离或曼哈坦距离度量来决定聚类。基于这样的距离度量的算法趋向于发现具有相近尺寸和密度的球状类。但是，一个类可能是任意形状的，所以提出能发现任意形状聚类的算法非常重要。

（4）用于决定输入参数的领域知识最小化：许多聚类算法在聚类分析中要求用户输入一定的参数，例如希望产生的类的数目。聚类结果对于输入参数非常敏感，与此同时参数通常很难确定，特别是对于包含高维对象的数据集来说更是如此。要求用户输入参数不仅加重了用户的负担，也使得聚类的质量难以控制。

（5）处理"噪声"数据的能力：绝大多数现实世界中的数据库都包含了孤立点，空缺、未知数据或者错误的数据。若聚类算法对这样的数据敏感则可能导致低质量的聚类结果。

（6）对于输入记录的顺序不敏感：一些聚类算法对于输入数据的顺序是敏感的。例如，同一个数据集合，当以不同的顺序提交给同一个算法时可能产生差别很大的聚类结果，因此开发对于数据输入顺序不敏感的算法具有重要的意义。

（7）高维性：一个数据库或者数据仓库可能包含若干维或者属性。很多聚类算法擅长处理低维的数据，可能只涉及两到三维。而人最多在三维的情况下可以很好地判断聚类的质量。在高维空间中聚类数据对象非常有挑战性，特别是这样的数据可能非常的稀疏而且高度偏斜。

（8）基于约束的聚类：现实世界的应用可能需要在各种约束条件下进行聚类。假设你的工作是在一个城市中为给定数目的自动提款机选择安放位置。为了作出决定，你可以对住宅区进行聚类，同时考虑如城市的河流和公路网、每个地区的客户要求等情况。要找到既满足特定约束又具有良好聚类特性的数据分组是很有挑战性的任务。

（9）可解释性和可用性：用户希望聚类结果是可解释的，可以理解的和可用的。也就是说聚类可能需要和特定的语义解释和应用相联系。应用目标如何影响聚类方法选择也需要认真地研究。

随着大型数据库、数据仓库和计算技术的发展，数据挖掘中不仅继承了传统的聚类方法，而且对数据聚类提出了新的要求。可以看到，对于数据挖掘中的聚类，目前的研究热点和趋势是：开发具有强可伸缩性的聚类算法以满足海量数据处理；有效的检测及处理噪声和异常数据对象的方法研究；聚类算法有效性评价研究；聚类结果的易解释性；高维数据空间的聚类，考虑维数，噪声与异常，数据统计分布，聚类形状、尺度，聚类密度，类间分离度，非欧氏数据空间，非数值属性数据类型等一系列问题的鲁棒聚类等。

2.3 聚类算法改进

2.3.1 聚类算法分析

2.3.1.1 基于原型的聚类

在基于原型的聚类中，簇是对象的集合，其中任何对象与该簇的原型的距离比到其他簇的原型的距离更近。比如 K-means 就是一种简单的基于原型的技术。这种技术简单，可以用于各种数据类型。尽管往往需要多次运行，但是它也相对有效。然而，K-means 不能处理非球形簇、不同尺寸的簇和不同密度的簇，尽管指定足够大的簇个数时它可以发现纯子簇。当数据中包含离群点时，K-means 得到的簇将有所偏离。而且，K-means 仅限于具有中心或质心概念的数据。当前聚类方法以下面一种或多种方式扩展基于原型的概念。

（1）允许对象属于多个簇。更具体地说，对象以某个权值属于每一个簇。比如模糊聚类[7,8]。模糊聚类的优点是它产生任意点属于任意簇的程度的聚类。此外它具有 K-means 同样的优点和缺点。

（2）用统计分布对簇进行建模，即对象通过一个随机过程，由一个被若干统计参数刻画的统计分布产生。比如著名的期望最大化（Expectation Maxmization，EM）算法[9]，它对参数作初始猜测，然后迭代地改进这些估计。优点是，它比 K-means 或 C-means（FCM）更一般，因为它可以使用各种类型的分布。这样，它可以发现不同大小和椭球形状的簇。其缺点是处理速度很慢，对于具有大量分量的模型可能不切实际；当簇只包含少量数据点时，或者数据点近似协线性时，它也不能很好地处理。同样在估计簇的个数问题上，存在如 K-means 一样的盲目性。在处理噪声和离群点时候也可能存在问题。

（3）簇被约束为具有固定的联系。最常见的，这些联系是指定近邻关系的约束，即两个簇互为邻居的程度[10]。比如基于自组织映射（SOM）的聚类方法。因为互为邻居的簇之间比非邻居的簇之间更相关，所以使用数据近邻关系的这种技术更有利于结果的解释和可视化。事实上，SOM 的这种特性已经用在许多领域，如可视化 Web 文档或基因阵列数据。但是其同样存在缺点，就是一个 SOM 簇通常并不对应单个自然簇。在某些情况下，一个簇可能包含若干个自然簇，而在其他情况下，一个自然簇可能分解到若干个 SOM 簇中。也就是说，当簇的大小、形状和密度不同时，SOM 算法趋向于具有基于原型的算法的局限性，即分裂或合并它们。

2.3.1.2 基于密度的聚类

基于密度的簇是对象的稠密区域，它们被低密度的区域包围。DBSCAN 是一种基于密度的简单有效的算法[11]。它使用簇的基于密度的定义，因此它是相对抗噪声的，并且能够处理任意形状和大小的簇。它能够发现许多 K-means 不能发现的簇。然而，这种算法不能处理密度变化太大的簇。而且，对于高维数据，算法需要计算所有的数据对象（点）间的邻近度，故其开销是很大的。

（1）基于网格的聚类[12]。它将数据空间划分成网格单元，然后由足够稠密的网格单元形成簇。这种技术单遍数据扫描就可以确定每个对象的网格单元和每个网格单元的计数，所以，它常常是有效的，至少在低维空间如此。但是，算法对密度阈值的依赖性非常高，密度阈值过高，可能造成簇丢失。密度阈值过低，则本该分开的两个簇可能被合并。对于存在不同密度的噪声和簇，也许不可能找到适用于数据空间所有部分的密度阈值。

（2）子空间聚类[13]。它在所有维的子空间中寻找稠密区域，然后形成簇。比如 CLIQUE 算法，它基于如下观察提供了一种有效的子空间聚类方法：高维空间的稠密区域暗示低维空间稠密区域的存在性。这种技术的最有用的特征就是，它提供了一种搜索子空间发现簇的技术。但是，它的缺点同基于网格密度的算法一样，过分依赖参数的选择和不能处理密度变化大的数据。

（3）基于核密度函数[14]的 DENCLUE 算法。它使用核密度函数用个体数据对象影响之和对密度建模，它使用基于网格的方法提高性能。这种算法具有坚实的理论基础，因为它基于统计学发展完善的领域——核密度函数和核密度估计。采用这种技术的算法比其他基于网格密度和 DBSCAN 更加灵活，能够提供更加精确的计算密度的方法。但是，算法在处理包含密度很不相同的簇的数据同样是存在问题的。

2.3.1.3　基于图的聚类

基于图的聚类取数据的基于图的观点：其中，数据对象用节点表示，而两个数据对象间的邻近度用对应节点之间边的权值表示。下面给出一些重要方法，算法利用这些方法的不同子集。

（1）稀疏化邻近度图，只保留对象与其最近邻之间的连接。这种稀疏化对于处理噪声和离群点是有用的。典型的基于图的聚类算法比如 Chameleon 算法[15]。此算法能够有效地聚类空间数据，即便存在噪声和离群点，并且簇具有不同形状、大小和密度。但是算法在处理高维数据时，可能存在在执行过程中并没有产生子簇，而导致算法无法继续进行下去的问题。

（2）基于共享的最近邻个数[16]，定义两个对象间的相似性度量。该方法基于这样一种观察：对象和它的最近邻通常属于同一个类。该方法有助于克服高维和变密度簇的问题。基于共享最近邻相似性度量（Shared Nearest Neighbor，SNN）的 Jarvis Patrick 聚类算法。算法克服了传统计算对象相似度的缺点，故擅长处理噪声和离群点，并且能够处理不同大小、形状和密度的簇，对高维数据的处理效果良好。但是，这种算法把簇定义成为 SNN 相似度的连通分支，故一个对象集是分裂成两个簇还是作为一个簇留下，可能依靠一条链。所以说，算法可能分裂真正的簇，或者合并本应分开的簇。还有，可能算法会抛弃本应属于某簇的数据对象。

（3）定义核心对象并构建环绕它们的簇。这种算法使用 SNN 密度，可以发现不同形状和大小的簇。但是同样存在如同 JP 算法一样的缺点。

2.3.1.4 可伸缩的聚类算法

如果算法运行时间长的不可接受，或者需要的存储量太大，那么即使最好的聚类算法也没有多大价值。因为超大型数据集正变得越来越常见，所以一些可以扩展到这些数据集的聚类技术得以开发。可伸缩的算法一般采用某些可伸缩策略，比如降低邻近度计算数量的方法、数据抽样、数据划分和对数据的汇总表示聚类。具体算法比如 CURE[17]、BRICH[4]。

2.3.2 数据对象属性加权

K-means 聚类算法是对具有数值属性的数据进行聚类的一种有效算法。它认为待分析数据对象的各个属性对聚类结果的贡献均匀，没有考虑不同属性特征对聚类结果可能造成的不同影响。本章提出基于属性加权的 K-means 算法考虑数据的不同属性对聚类的影响程度不同，利用复相关系数的倒数作为属性的权重，提高聚类结果的准确性，并减少了算法的迭代次数，提高算法效率，通过权值反映各个属性对聚类结果的贡献大小。

2.3.2.1 问题分析

对 UCI（国际上常用的标准测试数据集）中的 Iris（鸢尾属植物）数据进行分析。Iris 数据包含 150 条样本记录，分别取自三种不同的鸢尾属植物 setosa、versicolor 和 virginica 的花朵样本，每一类各 50 条记录，其中每条记录有 4 个属性：萼片长度（sepal length）、萼片宽度（sepal width）、花瓣长度（petal length）和花瓣宽度（petal width）。

为了能用二维图形象化地表示出来，采用属性对的方式来进行分析。分别取两对属性：sepal length 和 sepal width，petal length 和 petal width，图 2.2 所示为 Iris 数据集关于这两对属性的散点图。

分别观察两个属性对关于样本的散点图（如图 2.2 所示）。由图可知，第二类（即用 * 表示的数据）的数据对象在任何一对属性的表示中都可较好地与其他两类分离，实验选用两类分离较差的数据，因此将第二类的数据对象去除，只对另外两类数据进行讨论，去除了第二类数据后的散点图，如图 2.3 所示。

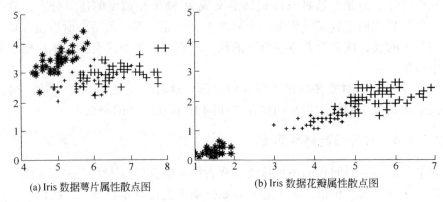

(a) Iris 数据萼片属性散点图　　　　(b) Iris 数据花瓣属性散点图

图 2.2　Iris 数据关于不同属性对的散点图

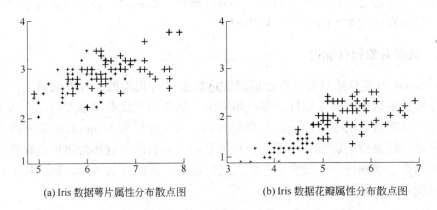

(a) Iris 数据萼片属性分布散点图　　　　(b) Iris 数据花瓣属性分布散点图

图 2.3　Iris 的第 0、1 类数据关于不同属性对的散点图

由图 2.3 所示的散点图可知，利用花瓣属性可以较好地对两类数据进行分类。所以，如果直接对数据进行聚类，将 4 个属性的重要性同一对待，一方面显示不出花瓣属性能够提高聚类质量的突出作用，另一方面会使不利于聚类结果的萼片属性对花瓣属性起到干扰作用，这样就会影响最终聚类结果的正确性。

2.3.2.2　欧氏距离权值的选择

针对这一问题，采用加权欧氏距离的聚类方法，根据每个属性在聚类过程中所起作用的程度不同，给每个属性赋一个权值，这样即充分利用了数据的分布特征，又提高了聚类结果的准确性。通过图 2.2 和图 2.3 可以看出，属性对于分类任务很重要，这主要是依据如下的启发式思想：数据集若用可分性越好的属性子集来描述，具有相同类别的数据对象越集中，而不同类别的数据对象越远离，表现在散点图上就是数据点的分散性比较好，而且类与类之间的距离比较大。为了反映数据的离散程度，通过对多种赋权法的比较，选用复相关系数的倒数作为权重系数。

2.3.2.3 复相关系数

复相关系数能够反映各属性的综合影响和相关性。几个属性与某一个属性之间的复相关程度，用复相关系数来测定。复相关系数可以利用单相关系数和偏相关系数求得。设属性 y 为因变量，属性 x_1，x_2，$\cdots$，x_k 为自变量，将 y 与 x_1，x_2，$\cdots$，x_k（当有 k 个自变量时）之间的复相关系数记为 $R_{y,12\cdots k}$。则它可利用单相关系数和偏相关系数求得：

$$R_{y,12\cdots k} = \sqrt{1 - (1 - r_{y1}^2)(1 - r_{y2.1}^2)\cdots[1 - r_{yk.12\cdots(k-1)}^2]} \tag{2.12}$$

复相关系数的性质：

（1）复相关系数介于 0 到 1 之间。

（2）复相关系数越大，属性的相关程度越密切。复相关系数为 1，完全相关；复相关系数为 0，完全无关。

（3）复相关系数必大于或至少等于单相关系数的绝对值。

由复相关系数的性质，可以得出每个属性在聚类过程中的重要程度。

2.3.2.4 权值的计算

复相关系数的倒数赋权法是在方差倒数赋权法的基础上提出的。每一个被选的属性 X_i，用其余的属性对它的相关程度——复相关系数 $\rho_{x1,x2,\cdots,xk}$ 来考虑时，复相关系数简记为 ρ_i，它反映了非 X_i 的那些属性能替代 X_i 的能力。当 $\rho_i = 1$ 时，X_i 可以去掉，或者说应减小其权值；当 ρ_i 很小时，非 X_i 的值并不能代替它，应增加其权值。所以可以用 $|\rho_i|^{-1}$ 计算权重系数 w_i：

$$w_i = |\rho_i|^{-1} / \sum_{j=1}^{k} |\rho_j|^{-1}, i = 1, 2, \cdots, k \tag{2.13}$$

w_i 即为复相关系数倒数的绝对值，可以证明 $0 < w_i \leqslant 1$。则加权的欧氏距离表示为：

$$d_2(x_i, x_j) = \left[\sum_{k=1}^{p} w_k |x_{ik} - x_{jk}|^2\right]^{1/2} \tag{2.14}$$

式中，$w_k = (k = 1, 2, \cdots, p)$ 表示每个变量的权重。

2.3.3 基于属性加权 K-means 算法

假定 $\boldsymbol{x} = \{x_1, x_2, \cdots, x_n\}$ 是一组数据元组，其中 $\boldsymbol{x}_i = [x_{i1}, x_{i2}, \cdots, x_{im}]$ 表示具有 m 个分类属性的数据对象。将其划分到 k 个类别中。考虑数据的不同属性对聚类分

析的不同贡献，对输入数据进行加权处理。假设每个属性的权值为 $w_1,w_2,\cdots,w_n$ ，且 $w_j \geqslant 0, j = 1,2,\cdots,m$ ，则加权后的数据对象为：$\boldsymbol{x}'_i = \boldsymbol{w} \cdot \boldsymbol{x}_i$，$i = 1, 2, \cdots, n$

$$\boldsymbol{w} = \begin{bmatrix} w_1 & 0 & 0 & \cdots & 0 \\ 0 & w_2 & 0 & \cdots & 0 \\ 0 & 0 & w_3 & \cdots & 0 \\ \vdots & \vdots & \vdots & \vdots & \vdots \\ 0 & 0 & 0 & \cdots & w_m \end{bmatrix}$$

两个数据对象的加权欧氏距离为：

$$d(\boldsymbol{x}_i, \boldsymbol{x}_j) = \Big[\sum_{k=1}^{m} w_k |x_{ik} - x_{jk}|^2 \Big]^{1/2}, i = \{1,2,\cdots,n\}, j = \{1,2,\cdots,m\}$$
$$(2.15)$$

在实际聚类分析时，对于加权矩阵，要求其元素大于或等于零。

具体算法描述如下：

（1）加权矩阵：计算样本每个属性的权值 w_i，形成加权矩阵；

（2）数据集属性加权：$\boldsymbol{x}'_i = w_i \boldsymbol{x}_i, i = 1,2,\cdots,n$ ；

（3）执行 K-means 算法；

（4）计算平方误差函数：如果平方误差函数满足条件，即聚类结果达到最佳，则算法结束；否则继续迭代转到（3）。算法终止时，聚类结果达到最佳。

2.3.4 实例验证算法

为了测试基于属性加权 K-means 聚类算法的性能，给出了原始 K-means 算法与基于属性加权的 K-means 算法对数据集的实验结果，实验对有 150 个数据对象的集合进行了聚类。聚类结果如图 2.4 和图 2.5 所示。

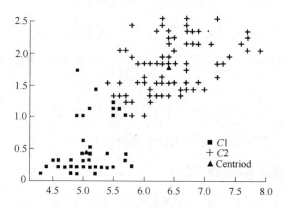

图 2.4 K-means 聚类结果

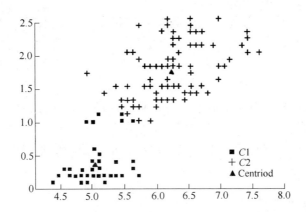

图 2.5 基于属性加权的聚类结果

从图 2.4 和图 2.5 可以看到，基于属性加权的 K-means 算法的聚类结果基本识别出数据点的客观分布状态，只有少量数据点从簇 C2 划分到了簇 C1；而未进行属性加权的 K-means 算法不合理划分的数据点相对要多。聚类实验表明，改进的聚类算法得到的聚类结果更为合理，而且算法收敛得更快。

2.4 基于密度与对象方向聚类算法

2.4.1 算法的提出

基于属性加权的 K-means 算法虽然性能比原始算法有所提高，但是没有解决算法的自动化问题，即需要人为地指定分类的数目 K 值；而且初始聚类中心点的选取对聚类结果质量的影响也没有消除；还需要给定其聚类过程的终止条件，这个条件不但对聚类的质量有严重的影响而且其同样不好确定。

基于上述对经典划分方法 K-means 算法的分析，来讨论对其的逐步改进，而且改进的过程受到其他聚类方法的启发。

（1）用 K-means 方法进行聚类的前提必须是由用户预先确定分类的类别数目 K，但是事先确定 K 值是一件非常困难的事情，并且由于聚类结果对 K 值非常的敏感，不同的 K 值往往会得到完全不同的聚类结果，所以由用户给定的 K 所产生的误差会使聚类的效果很不尽如人意；而且人为地确定 K 值，就要求用户必须具备一定的领域知识，这样就降低了算法的应用程度和自动化程度。

（2）度量测度采用单一的距离公式，不考虑样本中每个属性在聚类过程中体现作用的程度不同，采用"一刀切"的方式，认为每个属性在聚类过程中的重要性是相同的。这种度量方法不但不能完全反映样本之间的相似度，而且还可能消除某个属性在聚类中的作用。

（3）随机地选取任意 K 个点作为初始聚类中心，选取的点不同，聚类结果可能就不同，所以算法的聚类结果对初值的依赖性是很强的，这样的依赖性导致聚类结果的不稳定。目前，选择初始点的问题还没有一个简单、普遍适用的解决办法。

（4）K-means 算法对异常数据也是非常敏感的，如果存在极大值，就可能大幅度地扭曲数据的分布。

算法改进的首要目标就是不需要用户事先指定聚类结果类的数目 K，同时兼顾其他方面的性能。

2.4.2 DENCLUE 算法

DENCLUE 算法的几个基本概念[3]：

定义 1 密度（Density）：空间中任意一个数据点的影响函数的值。

定义 2 影响函数（Influence Function）：假设 x 和 y 是 d 维特征空间 F^d 中的对象，数据对象 y 对 x 的影响函数是一个函数 $f_B^y : F^d \to R_0^+$，它是根据一个基本的影响函数 $f_B^Y(x) = f_B(x, y)$ 来定义的。它是由某个邻域内的两个对象之间的距离来决定的。

定义 3 邻域（Neighborhood）：对于空间中任意对象 x 和距离 R，以 x 为中心，半径为 R 的圆形区域，称该区域为对象 x 的邻域，记为 ζ。

定义 4 密度吸引点（Density Attractor）：空间中全局密度函数的局部最大的数据点。

以上概念构成了 DENCLUE 算法的基础。

Hinneburg 等人提出的 DENCLUE（DENsity-based CLUstEring）算法是一个基于一组密度分布函数的聚类算法，其基本原理是：

（1）每个数据点的影响可以用一个数学函数[18]来形式化地模拟，它描述了一个数据点在邻域内的影响，即影响函数。

（2）数据空间的整体密度可以被模型化为所有的数据点的影响函数的总和。

（3）聚类可以通过确定密度吸引点得到。

如果全局密度函数是连续的且在任意点可导，就可以用全局密度函数的梯度指导爬山算法有效地确定密度吸引点。

原则上，影响函数可以是一个任意的函数，它由某个邻域内的两个对象之间的距离来决定。距离函数 $d(x, y)$ 应当是自反的和对称的，例如欧几里得距离函数。最常用的两种函数：

方波影响函数

$$f_{\mathrm{Gauss}}(x,y) = \begin{cases} 0 & \text{if } \mathrm{d}(x,y) > \sigma \\ 1 & \text{otherwise} \end{cases} \tag{2.16}$$

高斯影响函数

$$f_{\mathrm{Gauss}}(x,y) = \mathrm{e}^{-\frac{d(x,y)^2}{2\sigma^2}} \tag{2.17}$$

它们的密度函数分别定义为：

$$f_B^D(x) = \sum_{i=1}^n f_B^{x_i}(x) \tag{2.18}$$

$$f_{\mathrm{Gauss}}^D(x) = \sum_{i=1}^n \mathrm{e}^{-\frac{d(x,y)^2}{2\sigma^2}} \tag{2.19}$$

DENCLUE 算法的优缺点分析：

（1）它有一个坚实的数学基础，概括了其他的聚类方法，包括划分的、层次的及基于位置的方法。

（2）对于有大量"噪声"的数据集合，算法有良好的聚类特性。

（3）对高维数据集中任意形状的类提供了简洁的数学描述。

（4）基于单元组织的数据结构使算法能够高效地处理大型高维数据；但是，这个算法对密度参数 σ 和噪声阈值 ξ 的依赖性很强，因为这样的参数选择可能显著地影响聚类结果的质量。

DENCLUE 算法能够根据密度函数自动找出聚类中心点和聚类的数目 K，不需要人工干预，因此，利用基于密度聚类算法的上述特点，K-means 算法就不再受输入参数 K 值的影响和随机选取初始聚类中心的影响，分析人员不再需要具备专业的知识，两者的结合能够有效提高聚类算法的性能。

2.4.3 算法设计

2.4.3.1 算法相关概念与定义

支撑基于属性加权和密度聚类算法的基本概念与定义：

定义 1 对象的密度（Object Density）：已知空间 $\Omega \in F^d$ 中包含 n 个对象的数据集 $D = \{x_1, x_2, \cdots, x_n\}$，其中，对象 x_i 的密度记作 $\mathrm{density}(x_i)$，是指对象在空间中的影响函数值。

定义 2 对象的邻域（Object Neighborhood）：对于空间中任意对象 x 和距离 R，以 x 为中心，半径为 R 的圆形区域，称该区域为对象 x 的邻域，记为 $\delta = \{x \mid 0 < d(x, x_i) \leqslant R\}$，其中 $d(x, x_i)$ 表示对象 x 与对象 x_i 之间的距离。

定义 3 对象的方向（Object Direction）：根据聚类定义，可以得出对于类边界上的对象的一个特征，即类边界上的对象在某个方向（通常是往类中心的方向）上有较多的临近点，而在相反方向却只有很少的临近点。由此，得出对象方向的定义：

在数据集合 D 中，存在 $d(x,y) = \min(|x-y|) \leqslant R$（$R$ 为距离），如果 $y \in C_j, j \in \{1,2,\cdots,k\}$，则 $x \in C_j$，即对象 x 聚往类 C_j 中心的方向，记作 $x \rightarrow C_j$。

定义 4 影响函数（Influence Function）：假设 x 和 y 是 d 维特征空间 F^d 中的对象，数据对象 y 对 x 的影响函数是一个函数 $f_B^y : F^d \rightarrow R_0^+$，它是根据一个基本的影响函数 $f_B^Y(x) = f_B(x,y)$ 来定义的。它是由某个邻域内的两个对象之间的距离来决定的。

定义 5 密度吸引点（Density Attractor）：空间中全局密度函数的局部最大的数据点，即如果某个对象的密度比它周围的邻近对象密度大，那么这个对象就是密度吸引点。

2.4.3.2 密度影响函数的数学模型

根据每个对象对聚类的影响利用数学函数形式化地建模，而每个对象对聚类的影响，用对象在数据空间中的整体密度来表示。基于这样的假设：聚类内的所有对象都是一致分布的，当然这并不要求数据库中的所有对象都要一致分布。

设在数据空间 R 中的 N 个数据对象是一致分布的，采用高斯函数作为分布函数，计算其密度。从这个对象出发，计算其他对象与它之间距离，再利用高斯函数计算出其整体密度。其公式如下：

$$\text{density}(x_i) = \sum_{j=1}^{N} e^{-\frac{w_l d(x_i,x_j)^2}{2\sigma^2}}, i,j = \{1,2,\cdots,N\}, l = \{1,2,\cdots,m\} \quad (2.20)$$

从公式（2.20）可以看出，高斯分布函数有三个参数 N、σ 和 w_l。在这里 N 是非常直观的；w_l 是分类属性的权值（见公式（2.13））；密度参数 σ 是需要用户定义的，在后面详细讨论；m 是数据集属性的维数。

2.4.3.3 算法设计

在定义算法的概念和模型后，设计算法来有效地实现数据对象属性加权与 DENCLUE 算法的整合，这种算法称为基于属性加权和密度的聚类算法（Clustering Algorithm Based on Weighted Attributes and Density，CABWAD）。该算法用它邻近的数据对象来不断地增大初始聚类，只要候选数据点符合某一个类的聚类准则，即可认为这个候选点属于此聚类。

算法中要强调的是，只有某对象是密度吸引点，此点才是一个聚类中心。只有聚类中心才可以将周围的对象聚成一个类。所以算法主要分以下步骤：

（1）将数据库中的数据读入内存，并构造一个特定的数据结构。这个数据结构应该能够很容易地确定某个对象是不是聚类中心，从而知道它有没有资格进行类的扩展；它也应该很容易地能够确定某个对象的邻域内有哪些对象，从而算法进行时能方便地进行聚类；同时，它还应该容易地确定某个对象是否已经被聚类，从而不必浪费时间再进行重复地操作。

（2）实施聚类，它主要就是严格按照算法模型设计进行聚类，在算法完成过程中，记录下每一个对象的类的 ID。主要由两个过程构成：

1）找出密度吸引点作为聚类中心，产生候选数据对象；

2）检验落选的数据对象。

一个候选数据对象是这样的一个点，这个点目前还不属于当前的聚类，但要被检验确定是否属于这个聚类。对于当前聚类 C 的每一个新成员 S，根据定义的邻域半径 R 来确定其是否属于当前簇。

设 N 是对象数目，mean（D）表示所有对象间距离的平均值，coefR 是邻域半径调节系数，$0 < coefR < 1$；那么 R 所必须满足的条件为：

$$\min(D) \leqslant R \leqslant \max(D) \tag{2.21}$$

计算邻域半径 R 的公式如下：

$$R = coefR \times \mathrm{mean}(D) \tag{2.22}$$

接下来就要检验候选样本。检验每个对象与聚类中心之间的距离是否小于或等于邻域半径 R，如果符合这个条件，就属于这个聚类，否则就落选，然后，依此程序寻找其他的类，最后剩下的不属于任何类的对象即为孤立点。CABWAD 算法中聚类的检验方式隐含了对于对象间距离的依赖性，但对于检验对象的顺序没有关系。对象间的距离根据选择的度量标准的不同而有很大的变化，相对的聚类结果也发生很大的改变。因此检验候选样本的距离是非常关键的。在 CAB-WAD 算法中，通过使用赋予权重的方式来降低这种依赖性。实际中为了减少对距离的依赖性，CABWAD 结合以下特性：

1）当某个对象被聚为某类之后，就不再参加下一次的聚类过程。

2）当所有的类都聚完以后，剩余的落选样本再根据聚类对象方向的定义进行再次检验。

3）最后剩余的不属于任何类的对象就属于孤立点。

CABWAD 算法描述：

算法：基于属性加权和密度的聚类算法

输入：包含 N 个对象的数据集 S，密度参数 σ，半径调节系数 coefR

输出：生成的聚类簇

过程：

1. 从数据集中取对象 $S = \{x_1, x_2, \cdots, x_n\}$；

2. 调用基于属性的加权函数，给分类属性赋上权值；

3. 计算所有对象之间的距离即相异度 $d(x_i, y_j)$，形成相异度矩阵 $\boldsymbol{D}$；

---

4. 根据相异度矩阵 D 确定邻域半径 R 的大小；

5. 计算数据集 S 中对象的密度 $density(x_i)$，再根据梯度指导的爬山算法（Hill-Climbing Algorithm）找出所有的局部极大值点，计算其个数 K，且这些局部极大值点的位置就是聚类的中心 $C_j(j = 1, 2, \cdots, k)$；

6. 取数据集 $S = S - C_j(j = 1, 2, \cdots, k)$ 中一个数据对象 x_i，分别计算这个数据对象与 K 个聚类中心的距离 $d_{ij}(j = 1, 2, \cdots, k)$，如果 $\min(d_{ij}) \leqslant R$，则对象 x_i 属于在 C_j 的邻域内，聚为类 C_j，且 $S = S - x_i$；否则对象 x_i 就成为落选对象，$S' = S' + x_i$（S' 为落选对象集）；

7. 重复第 6 步，直到数据集 S 中再也没有聚类 C_j 邻域内的数据对象；

8. 若 S' 不为空，即有落选数据对象。根据数据对象方向的定义，进行数据对象方向的聚类；

9. 取落选数据对象集 S' 中的一个数据对象 x_i，从数据对象 x_i 出发，根据相异度矩阵 D 查找与其距离最小的数据对象 x_l（自身除外），如果 $d(x_i, x_l) > R$，就认为数据对象 x_i 是孤立点；否则数据对象 x_l 是否属于某个聚类，如果 x_l 属于 C_j，则根据数据对象方向的定义数据对象 x_i 属于 C_j；反之，从数据对象 x_l 出发，重复第 8 步；

10. 最后剩余没有被聚类的数据对象就是孤立点。

CABWAD 算法流程如图 2.6 所示。

综上所述，CABWAD 算法具有如下的优点：

（1）最少的用户介入，它不需要人为地确定 K 值及初始聚类中心。这个特性极大地减轻了用户的负担，同时也消除了人为因素对聚类结果及其质量的影响。

（2）可以发现任意形状的聚类。由于它是基于对象密度和对象方向来进行聚类，考察对象的分布是否符合对象的几何分布特征来决定对象的归属问题，所以可以发现任意形状的聚类。

（3）对输入数据的顺序不敏感。由于聚类的结果是基于对象的几何分布特征的，所以对数据的输入顺序不敏感。

（4）对异常数据不敏感。

（5）此算法是增量式的，具有良好的伸缩性，因此它适合于大型的数据库。

2.4.3.4 邻域半径 R 和密度参数 σ 的选择

密度参数 σ 和邻域半径 R 的取值因实验数据不同而不同。σ 的选取会影响密度函数的计算，从而影响聚类初始中心点的选取；R 取值越小，聚类效果越好，但是数据集中的剩余对象就越多，算法的计算量增加，执行效率就会越低，并且可能使一个簇分成两个或更多个簇。R 取值越大，算法的计算量越少，执行效率

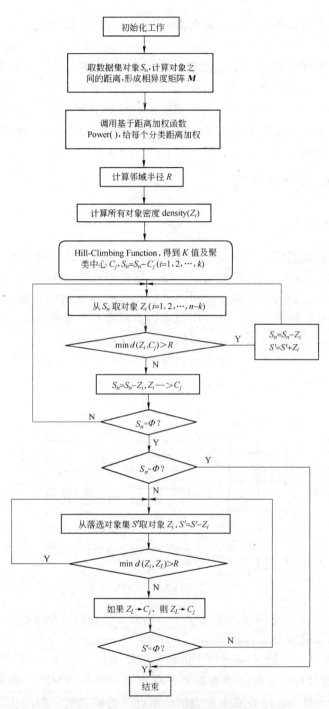

图 2.6 CABWAD 算法流程图

越高，但可能使初始聚类中心点偏离密集区域，得到不符合实际对象分布的聚类中心点。

从上述分析可以看出，密度参数 σ 的取值在 0 到 1 之间，根据具体情况选取。邻域半径的大小应介于所有对象间距离的最小值与最大值之间，即 $\min(D) \leqslant R \leqslant \max(D)$，半径 R 的取值要尽可能反映实际对象空间分布情况。根据对象数目和对象分布的密集程度可以动态地确定邻域半径的大小。coefR 是邻域半径调节系数，$0 < \text{coef}R < 1$。

2.5 CABWAD 算法实现

2.5.1 数据结构建立

对于这个数据结构，选择并不是唯一的。有一种选择是建立数组，但其实现和相关操作比较繁琐，而且不能动态扩展。数据集对象由于邻域的存在形成了一种相邻的关系，这跟图很相像。而对图进行操作一般使用的是邻接表[19]。由此，考虑用邻接表来实现此结构，并且用邻接表实现具有很多优点：简单直观、操作简便、使用频繁。这些特点将在以后的实践中得到证明。

除了数据集使用邻接表，聚类结果与数据集样本有相似的结构，所以也使用邻接表，但是又嵌套了链表。邻接表由两部分组成：表头和表节点部分，如图 2.7 所示。

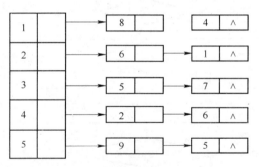

图 2.7 邻接表图例

CABWAD 算法中的邻接表是一个结构链表，分别设计如下：

（1）数据集链表节点设计结构。

1）需要定义一个指针 next 用于链接其后继接点。

2）在聚类过程中常常需要查看某个样本点是否已被聚类，故此结构中应该设定一个整型变量 flag 用 0 或 1 来表示样本点是否被聚类，以防止不必要的重复操作。

3）每个样本点的数据必须存储起来，而且样本点所具有的属性是动态的，结构应设定一个链表 DataNode 用来存储数据。

4）为了区别样本点，每个样本点都有一个标识号，以便聚类过程中使用。因此设定一个整型变量 IdNode 来表示该样本点。

节点定义如下：

```
struct DoubleNode
{
    DataNode *      object;
    DoubleNode *    next;
    int             IdNode;
    int             flag;
};
```

（2）聚类结果链表节点设计结构。

1）每个类都有聚类中心，故该结构中应设定一个 DoubleNode 变量 Center 用来存储此样本点的数据。

2）聚类的结果如何表达出来，某个样本点属于某个聚类只要用一个整型值来表示即可，故需在结构中设定一个整型变量 ClusterID 存储该样本点的类号。事实上，ClusterID 的值是在聚类过程中自动填入的，并且它是唯一用来标识该样本点属于哪个类的。

3）所有属于这个类的样本点都应存储在这个类中，所以结构中应该设置 IntNode 变量 Member 来记录样本点。

4）每个类含有多少个样本点，只要用一个整型值 NumMembers 来表示即可。

5）需要定义一个 next 指针来链接其他的类。

节点定义如下：

```
struct aCluster
{
    DoubleNode *    Center;
    IntNode *       Member;
    int             NumMembers;
    int             ClusterID;
    aCluster *      next;
};
```

（3）聚类成员链表节点设计结构。

1）在聚类过程中常常需要查看某个成员是否已被聚类，故此结构中应该设定一个整型变量 flag 用 0 或 1 来表示成员是否被聚类，以防止不必要的重复操作。

2）每个成员都有一个用来标识其在聚类中位置的整型变量 data。

3）对于如何反映出这个成员在数据集链表中所处的位置，在结构链表中设定一个整型变量 IdNode 来表示即可。

4）需要定义一个指针 next 用于链接其后继接点。

节点定义如下：

```
struct IntNode
{
    int         data;
    IntNode *   next;
    int         IdNode;
    int         flag;
};
```

（4）其他链表节点的定义

```
struct DataNode
{
    double      data;
    DataNode *  next;
};
```

2.5.2 数据结构上聚类

第一步，调用 LoadPattern（）函数从数据库中逐一读出数据写入数据集链表 pattern 中，同时判断出数据集中记录的数目 NumPatterns 和维数 SizeVector。数据集链表 pattern 使用 IdNode 来标志它们中的对象，所有的对象是否被聚类的标志 flag 初始化为 0；在实现过程中要根据具体数据库的不同而进行数据类型转换。

第二步，调用基于属性加权的函数 Power（），得到每个分类属性的权值，即每个分类属性对于聚类贡献的不同程度。

第三步，扫描 pattern 中每个对象，并在扫描过程中计算某个对象与其他对象之间的距离，形成相异度矩阵 D，然后计算邻域半径 R，以后可以通过查找 D 来得到与每个对象和与其他对象之间的最小和最大距离。

第四步，通过函数 ObjectDensity（），根据相异度矩阵 D 构造密度链表 densitydata，然后通过梯度指导的爬山算法 Climb（）在密度链表 densitydata 中找出所有的密度吸引点，所有是密度吸引点的对象的聚类标志 flag 都置为 1，从而可以初步确定出聚类的个数 k' 值和聚类中心点 Center。

第五步，调用函数 InitClustersCenter（）初始化准聚类链表 Cluster。为聚类链表 Cluster 生成一个新的 aCluster 节点，类号 ClusterID 为 0，然后调用函数 FindMaxdensity（），找出最大密度吸引点 maxnode，这就是第 0 类的聚类中心，K 值为 1。将其写入聚类链表 Ecluster 的中心域 Center 和成员域 Member，这一类成员数目 NumMembers 为 1；接着调用对象分配函数 DistributerSamples（aCluster*）、扫描链表 pattern，检验每个对象是否已经被聚类，如果已经被聚类则继续扫描下一个对象；如果没有则判断这个对象与 maxnode 之间的距离（查找相异度矩阵 D）是否小于或等于邻域半径 R，不符合条件则跳过，继续扫描下一个对象；反之则将这个对象在链表 pattern 的聚类标志 flag 置为 1，将其链接在第 0 类成员域 Member 的 next 域，成员数目 NumMembers 加 1。依次类推，直到所有对象检验完毕。然后再生成一个新的 aCluster 节点，链接在第 0 类的 next 域，类号 ClusterID 加 1，再调用函数 FindMaxdensity（），除去已经被聚类的对象，在剩余的密度吸引点中查找密度最大的对象 maxnode，将其作为第 1 类的聚类中心，K 值加 1，这样依次迭代，迭代次数不能超过 k'。

第六步，在数据集链表 pattern 中，检验是否有没被聚类的对象。调用 RemainDistributers（），先找出与这个对象距离最近的聚类中心，得到类号 ClusterID，判断它们之间的距离是否小于或等于 R（在 M 中查找），如果是则将这个对象的标志 flag 置为 1，然后聚为类 ClusterID；反之，调用函数 FindSampleDirection（）（详见第七步）。依次检验，直到所有对象检验完毕。

第七步，假设对象 X 与所有聚类中心的距离都大于 R，则根据对象方向进行聚类的函数为 FindSampleDirection（）；找出与这个对象距离最小且距离不大于 R 的对象 Y，判断 Y 是否已被聚类，如果已经被聚类为类 ClusterID，根据前面章节样本方向的定义，则 X 也属于类 ClusterID。反之，分两种情况：

（1）继续查找与 Y（不包括 X）距离最近且这个距离不大于 R 的对象 Z，再判断 Z 是否已经被聚类为类 ClusterID，再迭代上面的操作。

（2）查找的与 Y（不包括 X）距离最近的对象 Z，它们之间的距离大于 R，所以对象 X、Y 不属于任何类，停止查找，跳转第六步。

第八步，再次扫描 pattern 链表，对于步骤五、六、七中的遗留点进行收尾处理。运行孤立点函数 Outlier（），将不属于任何类的对象写入孤立点链表 outlier。

其中 Hill-Climbing Algorithm 算法描述如下：

```
function Hill-Climbing (problem) returns a state that is a local maximum
    inputs: problem, a problem
    local variables: current, a node
            neighbor, a node
current←Make-Node (Initial-State [problem])
loop do
    neighbor←a hightest-valued successor of current
    if Value [neighbor] < = Value [current] then return State [current]
    current←neighbor
```

2.5.3 时间和空间复杂度

2.5.3.1 时间复杂度分析

对于 K-means 算法，其操作主要是计算距离 EucNorm（ ）和迭代所花费的时间，其时间复杂度为 $o(n^2) + l \times o(n^2)$，l 为迭代次数越多，花费时间也越多。

CABWAD 算法中每次 I/O 操作都是以矩阵为依据的，即以矩阵中的一行为单位进行，这样可以大大提高算法的速度。该算法的时间主要用于构造相异度矩阵，时间复杂度为 $O(n^2)$；算法中增加的额外开销，一是多次扫描数据点集链表，时间复杂度为 $O(l*n)$，l 为扫描的次数，$l \ll n$。从理论角度看，时间复杂度还是 $O(n^2)$；二是寻找对象方向的计算，这一部分计算量很小，可以忽略不计，所以其处理不影响算法总的时间复杂度。

至于维数 $d > 2$ 的情况，除了构造对象的相异度矩阵 $\boldsymbol{D}$ 的时间会随着维数 d 的增大而增加外，CABWAD 算法中其他部分的计算都不会发生变化，时间复杂度和空间复杂度都不受维数 d 的影响。也就是说，CABWAD 算法中除了相异度计算与维数 d 有关，其余计算是与维数无关，只与数据对象数目 n 有关。

综合以上分析，CABWAD 算法实现的总的时间复杂度为 $O(n^2)$。可以看出 CABWAD 算法时间复杂度要比 K-means 算法小。

2.5.3.2 空间复杂度分析

空间复杂度的考虑主要是邻接表的建立，因为对于大型数据库，CABWAD 算法在其他方面的内存使用与邻接表的内存存储相比，将显得微不足道。

对于原始的 K-means 算法，占用内存空间为 n。由于维数的不确定性，从最坏角度考虑，是 $O(n^2)$，所以空间复杂度为 $O(n^2)$。

CABWAD 算法，相对于原算法而言，增加辅助的数据结构链表。n 个样本被分配在这个链表中，并不会发生重复，故该辅助的数据结构的空间复杂度是 $O(n)$。主邻接表的空间复杂度跟原始算法是一样的，为 $O(n^2)$，所以空间复杂度为 $O(n^2)$。

综合以上分析，CABWAD 算法实现的总的空间复杂度为 $O(n^2)$。

2.6 实验分析

实验分析所用测试数据集来源于国际上常用的标准测试数据集 UCI。实验从两个方面对 CABWAD 算法进行性能测试：一是聚类结果的准确性和稳定性即准确度方面；二是可扩展性方面。逐渐增大数据点集，观察算法运行的时间效率和空间效率随之变化的情况，分析该算法对于大数据量处理能力的演变情况，利用算法 K-means 和 CABWAD 算法进行性能比较与分析。

2.6.1 准确度分析

实验1：UCI 中的 Iris（鸢尾属植物）数据集。Iris 数据包含150 条样本记录，分别取自三种不同的鸢尾属植物 setosa、versicolor 和 virginica 的花朵样本，每一类各 50 条记录，其中每条记录有 4 个属性：萼片长度（sepal length）、萼片宽度（sepalwidth）、花瓣长度（petal length）和花瓣宽度（petal width）。分别运行 K-means 算法和 CABWAT 算法对这个数据集进行聚类，得到聚类结果见表 2.4 和表 2.5。

表 2.4　原始 K-means 算法聚类结果

类	植物品种			数　量
	setosa	versicolor	virginica	
0	0	3	36	39
1	0	47	14	61
2	50	0	0	50
总　计	50	50	50	150

表 2.5　CABWAD 算法聚类结果

类	植物品种			数　量
	setosa	versicolor	virginica	
0	0	0	48	48
1	0	50	2	52
2	50	0	0	50
总　计	50	50	50	150

从表2.4 和表2.5 能够看出，原始 K-means 算法有 14 + 3 = 17 个数据分错了类，其准确度是（150 − 17）/150 = 86.7%；而 CABWAD 算法只有 2 个数据分错了类，其准确度为（150 − 2）/150 = 98.7%。由此可知，CABWAD 算法的准确度远远高于原始 K-means 算法，其准确度与 K-means 算法相比提高了12%。

实验2：UCI 中的 machine（螺丝钉型号）数据集。螺丝钉型号包括209 个样本记录，分别取自七种不同型号：Ⅰ号、Ⅱ号、Ⅲ号、…、Ⅶ号的螺丝钉样本，每条记录有 7 个属性。分别运行 K-means 算法和 CABWAD 算法对这个数据集进行聚类，得到聚类结果见表 2.6 和表 2.7。

表 2.6   原始 K-means 算法聚类结果

类	螺丝钉型号							数量
	I	II	III	IV	V	VI	VII	
0	16	0	0	0	0	0	0	16
1	2	122	0	0	5	0	0	129
2	3	11	30	0	1	0	2	47
3	0	0	0	7	0	0	0	7
4	0	1	0	0	5	0	0	6
5	0	0	0	0	0	1	1	2
6	0	0	0	0	0	0	2	2
合 计	21	134	30	7	11	1	5	209

表 2.7   CABWAD 算法聚类结果

类	螺丝钉型号							数量
	I	II	III	IV	V	VI	VII	
0	21	4	0	0	0	0	0	25
1	0	126	0	0	0	0	0	126
2	0	0	29	0	0	0	0	29
3	0	0	0	7	0	0	0	7
4	0	0	0	0	11	0	0	11
5	0	4	0	0	0	1	1	6
6	0	0	1	0	0	0	4	5
合 计	21	134	30	7	11	1	5	209

由表 2.6 和表 2.7 可以得出，原始 K-means 算法有 5 + 12 + 6 + 3 = 26 个数据分类错误，其准确度是 87.6%；而 CABWAD 算法有 8 + 1 + 1 = 10 个数据分类错了，其准确度为 95.2%。CABWAD 算法与 K-means 算法相比，准确度提高了 7.6%。

对任意对象分布形态的聚类结果分析如图 2.8 和图 2.9 所示。

由图 2.8 和图 2.9 可得，CABWAD 算法可以很好地处理任意形状的数据集，同时也较好地屏蔽了"噪声"和孤立点数据对聚类结果的影响，准确地反映了原有数据的空间分布形态特征。

数据集数据对象聚类分析准确度对比见表 2.8。从表 2.8 可以看出，一般情况下 CABWAD 算法聚类准确度比 K-means 算法高；但也有例外的情况，Balloons 数据集，两种算法的聚类准确度是一致的，这是因为 Balloons 数据集的空间分布

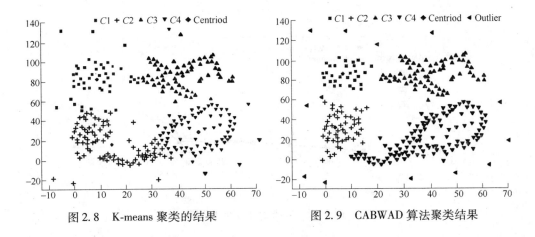

图 2.8　K-means 聚类的结果　　　　图 2.9　CABWAD 算法聚类结果

是密集的，类与类之间的区别明显，而且没有"噪声"和"孤立点"的影响。经过以上的测试，CABWAD 算法的正确性得到了验证。

表 2.8　准确度测试结果

Dataset	准确度/%	
	K-means	CABWAD
Iris	86.7	95.2
Machine	86.7	96.7
Auto-mpg	83.2	87.0
Breast-w	94.9	98.0
Balloons	92.1	92.1
Diabetes	73.2	94.9
Glass	78.0	81.8

2.6.2　可扩展性分析

对于 K-means 算法和 CABWAD 算法，分别地逐渐增加数据量，统计算法运行时间效率变化测试结果如图 2.10 所示。从对比结果中可以看出，K-means 算法虽然实现简单，但由于需多次迭代的原因，K-means 算法的运行时间是不确定的，在数据对象数较少的情况下，两种算法的运行效率基本一致；随着数据对象数增加，K-means 算法由于迭代次数的增加导致运行效率有所降低，而 CABWAD 算法具有相对较高的时间效率，表明其具有良好的可扩展性。

通过前面的对比分析，K-means 算法与 CABWAD 算法的性能比较如表 2.9 所示。

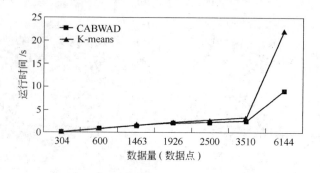

图 2. 10 算法运行时间比较图

表 2. 9 两种算法的性能比较

算 法	K-means 算法	CABWAD 算法
确定 K 值	人工确定	自动确定
选取聚类中心	随机选取	自动确定
聚类类型	凸形或球形	任意形状
对异常数据敏感	敏感	不敏感
算法效率	较高	高
发现奇异点	不能发现	能够发现

　　通过实验测试验证了 CABWAD 算法的准确度与可扩展性。尽管基于属性加权和密度的聚类分析算法 CABWAD 与 K-means 算法相比，在一定程度上克服了 K-means 算法存在的一些问题。但是，在算法改进、设计、实现、实验和分析的过程中，会存在其他方面的不足，有待于进一步研究。

参 考 文 献

[1] Pangning Tan, Michael Steinbach. 数据挖掘导论 [M]. 北京：人民邮电出版社，2010.

[2] 张云涛，龚玲. 数据挖掘原理与技术 [M]. 北京：电子工业出版社. 2004.

[3] Jiawei Han, Micheline Kamber. 数据挖掘概念与技术 [M]. 范明，孟小峰等译. 北京：机械工业出版社，2001.

[4] Zhang T, Ramakrishnan R, Livny M. BIRCH: An efficient data clustering method for very large databases [C] // In Proceedings of the ACM SIGMOD International Conference on Management of Data, Montreal, Canada, 1996, 103~114.

[5] Zhang W, Yang J, Muntz R. STING: A statistical information grid approach to spatial data min-

ing ［C］// In Proceedings of the 23rd VLDB Conference, Athens, Greece.

［6］Chen M S, Han J H, Yu P S. Data mining: an overview from a database perspective ［J］. IEEE Trans. KDE, 1996, 8 (6): 866 ~ 883.

［7］王宇，杨莉. 模糊 k-prototypes 聚类算法的一种改进算法 ［J］. 大连理工大学学报，849 ~ 853.

［8］郭海湘，诸克军. 基于模糊 c-均值算法和遗传算法的新聚类方法 ［J］. 华南理工大学学报，2004, 32 (10): 93 ~ 97.

［9］骆剑承，周成虎. 有限混合密度模型及遥感影像 EM 聚类算法 ［J］. 中国图象图形学报，2002, 7 (4): 336 ~ 342.

［10］梁敏，郭新涛. X-dist———一个柔性语义距离函数 ［J］. 计算机研究与发展，2004, 41 (10): 1728 ~ 1736.

［11］荣秋生，颜君彪，郭国强. 基于 DBSCAN 聚类算法的研究与实现 ［J］. 计算机应用，2004, 24 (4): 45 ~ 48.

［12］胡泱，陈刚. 一种有效的基于网格和密度的聚类分析算法 ［D］. 2003, 23 (12): 64 ~ 68.

［13］Grawal R A, Gehrke J, Gunopulos D, Raghavan P. Automatic sub. space clustering of high dimensional data for data mining applications. ［C］//In proc. 1998 ACM. SIGMOD Int. Conf. Management of Data (SIGMOD' 98), pages 94-105, Seattle, WA, June 1998.

［14］阎辉，张学工，李衍达. 基于核函数的最大间隔聚类算法 ［J］. 清华大学学报，2002, 42 (1): 132 ~ 134.

［15］George K, Han EH, Kumar V. CHAMELEON: a hierarchical clustering algorithm using dynamic modeling ［J］. IEEE computer, 1999, 27 (3): 329 ~ 341.

［16］黄晓斌，万建伟，张燕. 一种改进的自适应 K 近邻聚类算法 ［J］. 计算机工程与应用，2004, 15: 76 ~ 79.

［17］冯兴杰，黄亚楼. 增量式 CURE 聚类算法研究 ［J］. 小型微型计算机系统，2004, 25 (10): 1847 ~ 1850.

［18］Hong Xingli, Li D. Xu. Feature space theory-a mathematical foundation for data mining ［J］. Knowledge-Based Systems, 2001, 14: 253 ~ 257.

［19］严蔚敏，吴伟民. 数据结构（C + +语言版）［M］. 北京：清华大学出版社. 2003.

3　基于密度与密度可达聚类分析

大数据对象具有数据空间分布状态的复杂性，如数据空间分布不同大小、不同形态和不同密度数据对象的分布模式，为了能够有效地在数据空间发现客观存在的复杂形态数据对象分布模式，本章通过计算数据空间数据对象的分布密度，确定密度吸引点（极值点）和数据对象到密度吸引点的密度可达实现不同大小、不同形态和不同密度簇的有效聚类。

3.1　CABWAD 算法分析

3.1.1　算法过程分析

在第 2 章研究与开发了基于属性加权和密度的聚类算法（Clustering Algorithm Based on Weighted Attributes and Density，CABWAD），该算法克服了 K-means 算法的某些不足，但是，也存在需要进一步改进的必要性。

算法首先用高斯影响函数来模拟一个数据点在邻域内的影响，数据空间的整体密度被模型化为所有数据点的影响函数的总和；然后，利用爬山算法确定密度吸引点，根据密度可达的定义确定密度吸引点链的核心对象；依据给定邻域半径定义，确定第一个直接密度可达数据子簇 Ω_1；在数据点集中去除 Ω_1 中数据点后，选择密度吸引点链表中的第二个核心对象，确定第二个直接密度可达数据子簇 Ω_2；依次类推，得到 m 个最终聚类数据子簇链表 $\{\Omega_1, \Omega_2, \cdots, \Omega_m\}$；对于数据集中没有被聚类的点根据对象方向定义构建密度可达链；余下的数据点被划归为数据的孤立点。

算法利用爬山算法自动确定密度吸引点，避免了需要数据挖掘用户事先指定分类数的领域知识限制，更加符合无指导聚类的理论要求；利用对象方向定义使得算法对挖掘任意形状聚类的能力大大提高；基于数据点密度，从而规避了噪声和离群点的影响。

算法基于以下相关定义：

（1）影响函数。假设 x 和 y 是 d 维特征空间 F^d 中的对象，数据对象 y 对 x 的影响函数是一个函数 $f_B^y : F^d \rightarrow R_0^+$，它是根据一个基本的影响函数 $f_B^y(x) = f_B(x, y)$ 来定义的。在算法中采用高斯函数来形式化模拟每个数据点的影响：

$$f_{\text{Guass}}(x, y) = e^{-\frac{d(x, y)^2}{2\sigma^2}} \tag{3.1}$$

式中，$d(x,y)$ 表示对象 x 与对象 y 之间的距离；σ 为密度参数。

（2）数据点密度。数据空间的整体密度可以被模型化为所有数据点的影响函数的总和：

$$\text{density}(x_i) = \sum_{j=1}^{n} e^{-\frac{d(x_i,x_j)^2}{2\sigma^2}} \tag{3.2}$$

（3）密度吸引点。数据空间中全局密度函数的局部最大的数据点，即如果某个对象的密度比它周围的邻近对象密度大，那么这个数据对象就是密度吸引点。

（4）对象的邻域。对于空间中任意对象 x 和距离 R，以 x 为中心，R 为半径的圆形区域，称该区域为对象 x 的邻域，记为 $\delta = \{x \mid 0 < d(x_i,x_j) \leqslant R\}$。这里定义邻域半径如下：

$$R = \text{coef}R * \text{mean}(D) \tag{3.3}$$

式中，$\text{mean}(D)$ 为所有对象的平均距离；$\text{coef}R$ 为邻域半径调节系数。

（5）核心对象。在密度吸引点链 $d_{m_1}, d_{m_2}, \cdots, d_{m_k}$ 对应对象 $p_{m_1}, p_{m_2}, \cdots, p_{m_k}$ 中存在一节点，其密度值满足 $d_{m_j} > d_{m_1}, \cdots, d_{m_{j-1}}, d_{m_{j+1}}, \cdots, d_{m_k}$，称 d_{m_j} 对应的数据点 p_{m_j} 为第一核心对象；对于 $d_{m_1}, d_{m_2}, \cdots, d_{m_k}$ 对应对象 $p_{m_1}, p_{m_2}, \cdots, p_{m_k}$ 满足 $d(p_{m_i}, p_{m_j}) > R, 1 \leqslant m \leqslant k$，即与第一核心对象的距离大于邻域半径的对象空间 $p_{s_1}, p_{s_2}, \cdots, p_{s_k}$ 中存在某一节点，其密度值满足 $d_{s_j} > d_{s_1}, \cdots, d_{s_{j-1}}, d_{s_{j+1}}, \cdots, d_{s_k}$，称其为第二核心对象；依次类推。

（6）直接密度可达。给定一个对象集合 D，如果 p 是在核心对象 q 的 ε 邻域内，则称对象 p 从对象 q 出发是直接密度可达的。

（7）对象方向。根据聚类定义，可以得出对于类边界上的对象的一个特征，即类边界上的对象在某个方向（通常是往类中心的方向）上有较多的临近点，而在相反方向却只有很少的临近点。由此得出对象方向的定义：

在数据集合 D 中，存在 $d(x,y) = \min(|x,y|) \leqslant R$（$R$ 为距离），如果 $y \in C_j$，$j \in \{1,2,\cdots,k\}$，则 $x \in C_j$，即对象 x 聚往类 C_j 中心的方向，记作 $x \to C_j$。

3.1.2 两个输入参数的分析

3.1.2.1 密度参数 σ

CABWAD 算法把数据空间内某点的密度形式化模拟为用高斯函数表示的影响函数之和。由于高斯函数具有负指数衰减性质，数据集在一点处的密度函数值更加依赖于该点邻域的局部数据分布特征；而且选用的此函数值域在（0，1）区间内，所以保证了数据点密度值不会过大，从而影响值的计算。

函数中密度参数 σ 控制着一点对周围数据点的影响度。当邻域半径为定值时，密度参数 σ 越大，$e^{-\frac{d(x,y)^2}{2\sigma^2}}$ 就越来越接近于 1，$\text{density}(x_i)$ 就越大，直接密度可达数据子簇中点数越多，当然 σ 过于大，使得 $e^{-\frac{d(x,y)^2}{2\sigma^2}}$ 近似于 1，那么 $\text{density}(x_i)$ 的值就近似于数据点个数值，如此，数据对象密度值过于平均，抹平了数据点之间的影响度，故聚类效果不会好；与此相反，如果 σ 越小，$e^{-\frac{d(x,y)^2}{2\sigma^2}}$ 就越来越接近于 0，$\text{density}(x_i)$ 变小，越接近于或近似等于 1。显而易见，如果 $\text{density}(x_i)$ 中存在过多的等于 1 的值，那么聚类效果必然不好。

因此，对于一个给定具有 n 个数据对象的集合，其数据对象的密度范围应该落在 $(1, n)$ 这个开区间内，在这其上与所取的密度参数 σ 成反比关系。聚类时，不妨先取密度参数为 1，然后要观察数据点的密度大概取值，如果大部分数据点密度值接近于 1，那么要增大密度参数的值；如果大部分密度参数值接近于 n，那么要减小密度参数的值；同时要注意的一点是，尽量避免密度参数的选取使得数据对象密度值接近于 1 或者 n。

当数据集存在噪声点时（事实上这种情况最为常见），密度参数的选择往往决定着密度吸引点的位置是否恰好选定到了数据的最密集处。当数据为多维情况，可视化变得不容易进行时，究竟选择何种密度参数比较合理，期望能够在下一步聚类模式评估中或算法的改进中给出解决方法。

3.1.2.2 邻域半径调节系数

CABWAD 算法利用爬山算法确定了数据对象的密度吸引点之后，运用直接密度可达的定义，根据指定的全局邻域半径来确定直接密度可达子簇，那么这个邻域半径的定义就至关重要了。

其中，$\text{mean}(D)$ 为所有对象的平均距离；$coefR$ 为邻域半径调节系数，范围在 $(0, 1)$ 开区间内。在相同的密度参数下，$coefR$ 越大，领域半径越小，聚类数目越多，孤立点越多，而且越发容易将一个簇分成两个簇或多个簇；反之，$coefR$ 越小，领域半径越大，聚类数目越少，在构建第一个直接密度可达子簇时包含进来的数据点越多，而可能使得第二个核心对象的选取偏离密集区域，从而得到不太合理的聚类数据子簇，依次类推，整个数据集的聚类效果就可能不理想。对于领域半径的影响，如图 3.1 ~ 图 3.3 所示。

可见，领域半径过大，得到的簇将不属于本簇的数据点也包括进来了；领域半径过小，容易使得原本是一个簇的数据分裂为多个子簇；因此，需要通过进一步改进算法来获得更好的聚类效果。

（1）传统基于原型的算法及其变种要求数据的中心或质心有意义，偏向于处理球形簇或椭球形簇，不能处理不同大小、尺寸或密度的簇，易受噪声点和离群点影响，同时最大的问题是需要人为地确定簇个数。流行层次算法中诸如 ward

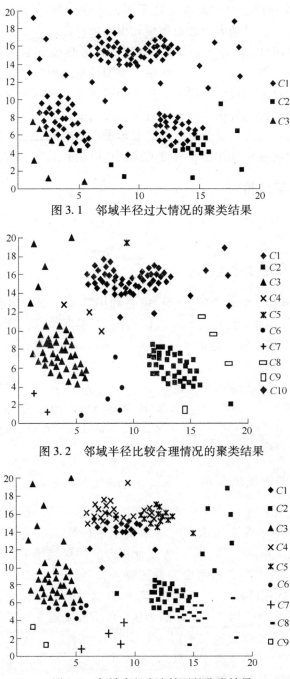

图 3.1 邻域半径过大情况的聚类结果

图 3.2 邻域半径比较合理情况的聚类结果

图 3.3 邻域半径太小情况的聚类结果

方法等也属于基于原型的算法，故其同样具有上述缺点。

（2）基于密度的算法虽然能够处理不同大小和形状的簇，但是不能处理密度变化很大的数据，而且输入参数对领域知识的依赖性过大。

（3）CABWAD算法采用全局邻域半径概念，虽然能够采用基于密度可达的定义来构建密度可达链，一定程度上拓展了挖掘任意簇形状的能力，但是在簇的大小不一致、簇密度不一致的情况下，算法仍旧存在一定的不合理之处。

因此，有必要对聚类分析算法进行进一步改进或研究与开发新的聚类分析算法，提高聚类分析算法发现复杂形状簇和处理噪声数据的能力，使其具有可扩展性，实现输入参数对领域知识依赖程度的最小化以及有效地发现孤立点。

3.2 算法设计与分析

3.2.1 相关定义

3.2.1.1 间接密度可达

CABWAD算法有一个重要的思想，就是利用"基于对象方向"的定义拓展算法挖掘任意形状簇的能力。借鉴了GDBSCAN算法[1]提出的密度相连定义（denity-connected）和密度可达定义（density-reachable），在算法中引入间接密度可达定义，其数学描述如下：

间接密度可达：对于数据对象链 $p_1, p_2, \cdots, p_n, p_k = q$，设 q 是一个核心对象，其 R 邻域内的点链为 $dd_1, dd_2, \cdots, dd_m$，其 R 邻域外的点链为 $pp_1, pp_2, \cdots, pp_{n-m}$，如果某一 pp_j 满足 $\mathrm{dis}(pp_j, dd_i) < R, 1 < j < n-m, 1 < i < m$，那么定义为 pp_j 为 q 的间接密度可达对象。

3.2.1.2 局部密度吸引点

密度参数的选择往往决定着密度吸引点的位置是否恰好选定到了数据对象的最密集处，当数据集中存在噪声点时（事实上这种情况最为常见）。图3.4（a）和（b）所示是 σ 取值不同时采用全局密度计算方法的聚类结果。不同的密度参数值密度吸引点的位置不同。当密度参数选择得比较大时，如图3.4（a）所示，簇 $C1$、$C5$、$C6$、$C7$ 的密度核心点（簇中符号标号较大的点）选定到了数据稀疏区域，以至于得到了几个结构并不明显的小簇，而实际上这几个簇的成员应当识别为噪声数据。当密度参数选定较小时，如图3.4（b）所示，密度核心点分别选定到了几个数据的最密集处（簇中圆点），由此根据数据密度可达的定义进行聚类得到的结果是符合数据的空间分布形态的。

目前密度算法普遍采用"全局密度"的概念[2]。通过上面的实验，可知某一密度参数下，"全局密度"的采用使得数据中心点未必恰好选定到数据最密集

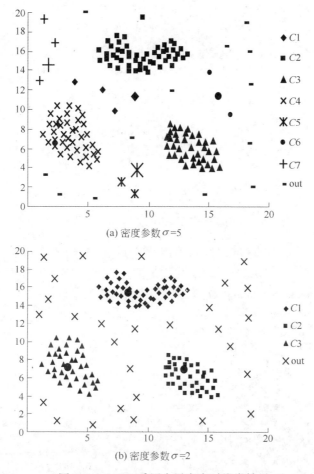

(a) 密度参数 $\sigma = 5$

(b) 密度参数 $\sigma = 2$

图 3.4 CADD 采用全局密度时聚类结果

处，以至于得不到合理的聚类结果。

针对这种情况，引入"局部密度"的定义：对于给定的邻域半径 R，计算每个数据点 R 邻域内的密度，仅仅考虑 R 邻域内数据对象的影响，即局部范围内数据点的影响。如果数据对象 P_i 的 R 邻域内的点最密集，那么 P_i 对应处的密度必然全局最大，这时用它作为密度中心点将是合理的[3]。根据局部密度定义，密度参数 $\sigma = 2$ 和 $\sigma = 5$ 的聚类结果如图 3.5 所示。可以看出，引入局部密度的概念后，当密度参数在较宽范围内变化时，三个簇的密度中心点均选择到了数据相对密集的位置，使得密度中心点选择得更为合理。

3.2.1.3 动态邻域半径

传统基于密度算法不能有效地处理数据对象变密度分布的簇，如图 3.6 所

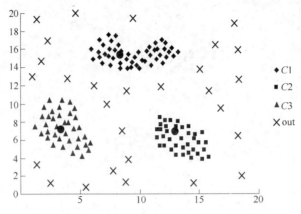

图 3.5　采用局部密度聚类结果（$\sigma = 2$ 和 $\sigma = 5$）

示，其原因在于传统基于密度算法均采用"全局邻域半径"，即在整个聚类过程中邻域半径保持不变。事实上，如果在聚类的过程中能够根据数据对象分布密度变化逐步调节邻域半径 R，可以实现不同分布密度簇的聚类。

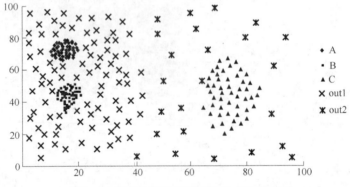

图 3.6　埋藏在不同密度噪声中的三个簇

对于基于密度函数的聚类算法，在高斯函数密度参数 σ 不变的前提下，密度值较大的局部密度吸引点所代表的簇中，数据对象间的密度可达距离较小；而在密度值小的局部密度吸引点所代表的簇中，数据对象间的密度可达距离较大。也就是说，在聚类的过程中对于不同密度的簇，密度可达距离 R 是变化的。因此，在聚类的过程中定义动态邻域半径——自适应密度可达距离为：

$$R_{\mathrm{Adapt}} = R \frac{\mathrm{density}(\mathrm{Attractor}_i)}{\mathrm{density}(\mathrm{Attractor}_{i+1})} \tag{3.4}$$

式中，R 为初始密度可达距离；$\mathrm{density}(\mathrm{Attractor}_i)$ 和 $\mathrm{density}(\mathrm{Attractor}_{i+1})$ 分别为先后确定的两个簇密度吸引点的密度值。

3.2.2 CADD 算法设计

根据直接密度可达和间接密度可达定义，提出了基于密度和密度可达聚类算法（Clustering Algorithm based on Density and Density-reachable，CADD）。

算法的执行过程：

第一步，函数 ObjectDensity（）计算每个数据点的局部密度值。

第二步，函数 FindMaxDensity（）寻找局部密度最大点，将其作为第一个簇中心点，在 DistributerSamples（）函数中根据动态邻域半径，得到第一个直接密度可达子簇 $C01\text{-}01$，包外的点集记为 ϕ'。

第三步，利用函数 FindSamplesDirection（）计算 ϕ' 内点与 $C01\text{-}01$ 内点的距离，如果两个点的距离小于动态邻域半径 R，那么将这些点的集合记为 $C01\text{-}02$，即得到第二个簇，然后将 ϕ' 中删去 $C01\text{-}02$ 点。

第四步，递归调用 FindSamplesDirection（），寻找 $C01\text{-}02$ 的子簇，依次类推，直到数据集中的点全部被聚类完毕。

基于密度和自适应密度可达聚类算法描述如下：

算法：基于密度和自适应密度可达聚类算法（CADD）

输入：数据对象集，初始密度可达距离调节系数 $coefR$、密度参数 σ

输出：簇数目，每一簇对象、簇中心点、孤立点或噪声

过程：

1. 计算对象相异度矩阵、对象密度，构造候选数据对象链表；
2. $i = 1$；
3. repeat；
4. 在候选数据对象链表中寻找局部密度吸引点（密度最大点）$O_{\text{DensityMaxi}}$，作为簇 C_i 中心点；
5. 将自适应密度可达范围内的数据对象划分到簇 C_i 中（存放到 C_i 的数据链表中，同时从候选数据对象链表中删除已选择的对象）；
6. $i = i + 1$；
7. until 候选数据对象链表为空；
8. 将簇中数据对象点数小于给定阈值的簇划分到孤立点数据链表；
9. 输出聚类结果

3.2.3 算法执行过程分析

第一步，算法根据数据对象的密度找到数据局部密度最大的数据点 O，以 O 为中心、以邻域半径 R 为半径划一超圆，落在此圆内的数据点就是直接密度可达

子簇；第二步，以此直接密度可达子簇内的对象（例如 P_1 点）为中心、以邻域半径 R 为半径再划一超圆，落在此圆内的数据点就是间接密度可达子簇；第三步，继续寻找间接密度可达子簇内的数据对象，依次类推，直到找不到数据点密度可达；第四步，将上面几步骤中得到的点集合并，得到完整的簇；第五步，按照上述过程对其他数据对象实现聚类，同时将不在密度可达范围内的数据点标识为孤立点，如图 3.7 所示。

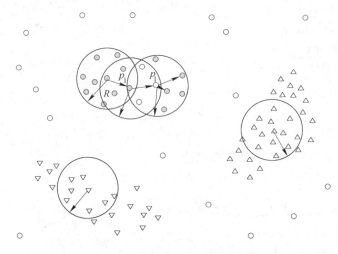

图 3.7 CADD 算法执行过程图解

另外，算法增设了一个参数：孤立点阈值。这样做的目的就是当算法在寻找密度核心点到某些数据非常稀疏的区域（其中数据可能为候选孤立点）时，如果密度核心点个数的间接密度可达子簇的数据点个数小于用户指定的孤立点阈值，那么这个簇不成为簇，这些点将作为孤立点。当指定的孤立点阈值为 0 时，CADD 算法聚类后结果如图 3.8 所示；而当指定孤立点阈值为 5 时，CADD 聚类之后的结果如图 3.9 所示，可以看出其聚类结果较为合理。因此，在实际应用中要合理选择孤立点阈值。

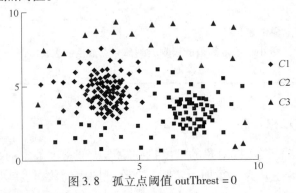

图 3.8 孤立点阈值 outThrest = 0

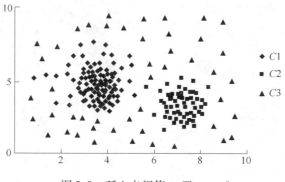

图 3.9 孤立点阈值 outThrest = 5

3.3 实验分析

　　为了实现聚类结果的可视化表达，在实验分析过程中采用了二维模拟数据对象集。针对不同簇分布形态，做了一系列实验，并且将结果与 K-means 和层次聚类算法做了实验对比。实验结果同样适用于维度大于二维的数据对象集。

3.3.1 不同分布形态的簇（缠绕簇）

　　实验结果如图 3.10 所示。对于图 3.10 中所构造的不同分布形态的簇，无论数据空间有无孤立点或噪声存在，基于密度和密度可达算法 CADD 均能够有效地识别出簇的分布以及孤立点，如图3.10(a)和(b)所示；而基于划分和层次的聚类算法均不能实现有效的聚类，如图3.10(c)、(d)、(e)和(f)所示。

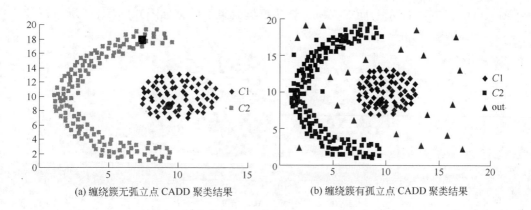

(a) 缠绕簇无孤立点 CADD 聚类结果　　　　　　(b) 缠绕簇有孤立点 CADD 聚类结果

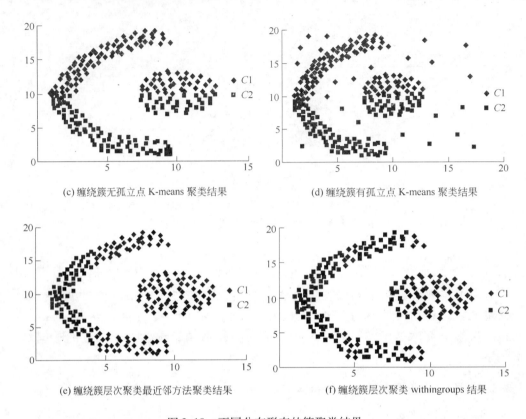

(c) 缠绕簇无孤立点 K-means 聚类结果　　　　(d) 缠绕簇有孤立点 K-means 聚类结果

(e) 缠绕簇层次聚类最近邻方法聚类结果　　　　(f) 缠绕簇层次聚类 withingroups 结果

图 3.10　不同分布形态的簇聚类结果

3.3.2　不同密度的簇

　　为了进一步验证 CADD 算法的有效性，构造了数据空间不同密度的簇，如图 3.11 所示。实验结果表明，CADD 算法和层次聚类算法具有理想的聚类效果，如图3.11(a)和(c)所示；而 K-means 算法聚类效果不佳，如图3.11(b)所示。

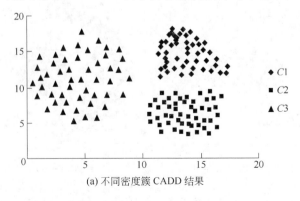

(a) 不同密度簇 CADD 结果

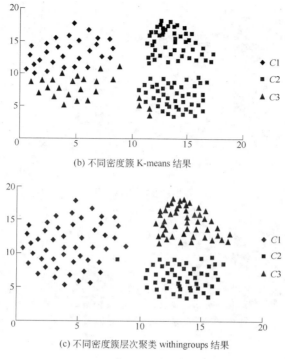

(b) 不同密度簇 K-means 结果

(c) 不同密度簇层次聚类 withingroups 结果

图 3.11   不同密度簇实验

3.3.3   分布在不同密度噪声中的变密度簇

聚类分析的难点之一是在噪声中识别簇的存在，特别是当分布噪声密度和簇分布密度不同时，簇的识别更加困难。在图 3.12 中模拟了分布在不同密度噪声中的变密度簇。CADD 算法能够有效地识别出数据空间中的变密度簇和变密度噪声，聚类结果如图3.12(a)所示；而 K-means 和层次聚类算法不能够进行有效聚类，如图3.12(b)和(c)所示。

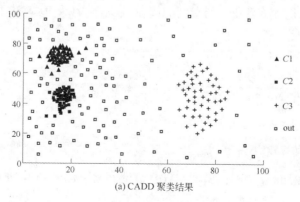

(a) CADD 聚类结果

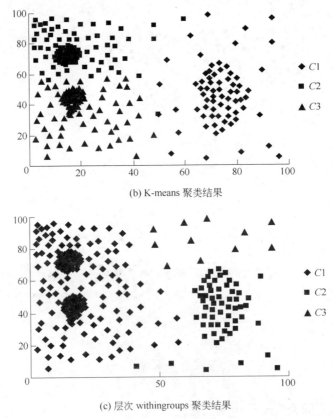

(b) K-means 聚类结果

(c) 层次 withingroups 聚类结果

图 3.12 分布在不同密度噪声中的变密度簇

3.3.4 复杂形态簇

通过构造如图 3.13 所示的数据空间，综合验证了 CADD 算法的聚类效果，如图 3.13 所示。实验结果表明，当数据空间中数据对象分布形态复杂时，如分布有不同尺度、不同形态和不同密度的簇以及噪声，CADD 算法能够对数据空间进行有效的聚类分析。

总结实验结果，可见 CADD 算法在处理缠绕簇、不同密度簇、不同尺寸簇等效果很好；当然算法也存在不足之处，比如"不同尺寸簇实验"结果中所示那样，有时一个数据对象可能会将离得很近的两个簇连到一起，除非选择足够小的邻域半径。

3.3.5 算法复杂度分析

针对算法的时间复杂度，做了 CADD 算法与 K-means 算法和 DBSCAN 算法的对比实验。下面给出实验结果曲线,如图3.14所示。

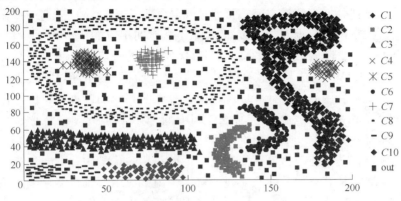

图 3.13 复杂形态的簇 CADD 聚类结果

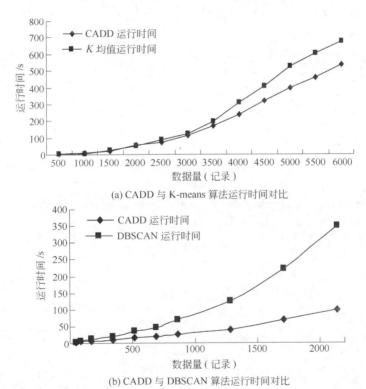

(a) CADD 与 K-means 算法运行时间对比

(b) CADD 与 DBSCAN 算法运行时间对比

图 3.14 算法时间复杂度实验结果

由图3.14(a)可以看出,当数据集的空间复杂度较小(数据对象小于3500)时,K-means 与 CADD 算法的时间复杂度相近。随着空间复杂度的增大(数据对象点大于3500),K-means 算法的时间复杂度大于 CADD,其主要原因是空间复杂度较大时 K-means 算法迭代的次数增多，增大了时间复杂度；而 CADD 不需要迭代，只需要划分，当数据空间直接密度可达簇确定之后，只需遍历剩余未被聚类的数据点，就可以根据间接密度可达将其聚类到相应的簇或孤立点集。同时，实验结果也表明，随着数据量的增大，CADD 算法的计算复杂度也优于 DBSCAN 算法。因此，CADD 算法具有较高的时间效率以及良好的空间可扩展性。这里需要指出，由于实验用计算机计算性能较低，算法执行时间以秒为单位进行计算。

基于密度和密度可达的聚类算法 CADD 能够较好地处理任意形状和大小的簇，较之现有基于划分和基于层次的算法效果显著，同时算法能够较好地处理不同密度的簇，打破了传统密度算法在这方面的局限。CADD 对不同分布的数据类型、对噪声数据具有有效的处理能力。但是，由于应用领域数据繁复多变，分布形态多种多样，算法是否能在具体领域取得较好的聚类效果值得进一步研究。同时，可以考虑在增量聚类方向深入研究，以增加算法的可伸缩性能。

参 考 文 献

[1] Sander J，Ester M，Kriegel H P，Xu X. Density-based clustering in spatial databases：The algorithm GDBSCAN and its applications［J］. Data Mining and Knowledge Discovery，1998，2（2）：169 ~ 194.

[2] Cao F，Ester M，Qian W，Zhou A. Density based clustering over an evolving data stream with noise［C］// In：Proc. of the SIAM Conf. on Data Mining（SDM）. 2006.

[3] Christopher R Palmer，Christos Faloutsos. Density based sampling：An improved method for data ming and clustering［J］. ACM Press，2000，29（2）：82 ~ 92.

4 动态增量聚类分析

数据的海量性是大数据的重要特征，如何实现大数据空间数据对象的有效聚类分析是大数据挖掘技术研究的重要内容之一，也是实现"大数据→知识与智慧→价值"转化需要解决的重要问题。本章根据数据空间数据对象密度可达与子簇特征相似定义，研究与开发了动态增量聚类分析算法，为解决聚类分析算法的可扩展性问题提供了一种方法。

4.1 算法提出

4.1.1 增量聚类算法

随着信息技术的发展，许多行业的数据量已经发展成与业务应用相关的海量数据，在空间气象、国土资源、医学影像、生物制药等领域尤其明显。同时，由于数据库中的数据通常是不断变化的，原来得到的模型/模式可能与新的数据不匹配，得到针对更新后数据库的新的模型/模式通常有两种解决方法：一是重新运行算法；另一种就是增量的算法，通常前者的代价太大，因此如何设计增量聚类算法是当今的一个重要的挑战。

在面向大数据的数据挖掘过程中，由于数据规模太大，不能一次处理，有的应用中数据库在不断地更新。聚类能发现大型数据库中潜在的有用模式，但是经过一系列数据库后更新这些模式可能会过时、有可能导致错误的决策支持，所以保持模式更新是很重要的。由于大规模数据库及聚类算法的高时间复杂性，非常期望进行增量更新，而且增量更新无需每次聚类时均对整个数据库进行处理而只对数据库中的增量部分数据进行处理即可完成聚类，并对已有的聚类结果进行增量式更新与完善。

增量聚类算法就是要求利用前次的结果来加速本次聚类过程，而不是简单将算法重新作用于整个数据集，从而提高聚类效率。一个增量聚类算法所以存在一定具备一个前提：新增数据对象对整体的格局只会进行部分的改变，通过部分的调整，能够达到与整体更新一样的效果，但付出的代价要小得多。

最早的增量聚类算法是 Martin Ester 等提出的 DBSCAN 的增量聚类算法[1]，它是在 DBSCAN 算法的基础上，针对数据仓库环境中增量式数据加载要求而改造的。该算法依次将更新表的一条当前记录与数据仓库中的记录比较，更新聚类结果，但算法在增量聚类过程中，更新对象依次一个个地单独处理，而没有考虑更新对象之间的关系，效率较低。之后，人们又提出了多种增量聚类算法。

在基于密度的增量式聚类方面：黄永平等和陈峰[3,4]分别提出了基于 DBSCAN 算法的批量增量聚类算法；徐新华和谢永红[2]对批量更新的增量 DBSCAN 聚类算法进行了改进；周永锋[5]在研究基于密度的聚类算法的基础上，提出了基于孤立点因子的聚类算法，有效地解决了算法受参数影响较大的问题。刘青宝等[6]提出的基于相对密度的增量式聚类算法继承了基于绝对密度聚类算法的抗噪声能力强、能发现任意形状簇等优点，通过定义新增对象的影响集和种子集能够有效支持增量式聚类；算法的不足之处是，必须用簇中的所有点来表示聚类形成的任意形状，这在内存有限的情况下对动态数据集进行增量式聚类是难以适用的。

在增量式模糊聚类方面：S. Asharaf，M. Narasimha Murty，S. K. Shevade[7]针对区间数据集提出了一种基于粗糙集的增量聚类算法。算法利用粗糙集理论来获得聚类分析中的不确定度。董一鸿等[8]提出的 IFHC 算法可以高效地发现任意形状的簇。倪国元[9]在其论文中给出了一种基于模糊形似度的增量式聚类算法，算法可以在已取得的聚类结果的基础上，通过计算和比较相似度直接得到全部数据的聚类，该算法虽然可以发现任意形状的聚类，但往往由于弱传递或弱连通问题使得多个聚类合并成一个聚类。

在增量式层次聚类方面：吴琪等[10]在传统层次聚类算法基础上，提出了一种基于距离的增量聚类算法；冯兴杰等[11]提出了增量式 CURE 聚类算法；王晓涛[12]给出了增量式的层次聚类分析法；Chung-Chian Hsu，Yan-Ping Huang[13]提出了一种基于层次距离的增量聚类算法，该算法可以直接处理混合型数据集，并利用概念层次树来解决数据间的相似度问题，然而其中涉及权重的选择问题，它要求用户具有相关的领域知识，这一点在实际操作中很难保证。

在基于划分的增量聚类方面，高小梅等[14]提出了一种增量式 K-Medoids 聚类算法，它能够很好地解决传统聚类算法在伸缩性、数据定期更新时所面临的问题；雷震等[15]提出了一种用于事件探测的改进的增量 k 均值算法——IIKM。

在基于密度和基于网格相结合的增量式聚类方面，苏守宝等[16]提出了增量式算法 IGDCLUS；Ning Chen，An Chen，Longxiang Zhou[17]针对高维数据，也提出了基于密度的增量式网格聚类算法——IGDCA，它们可以发现任意形状的聚类；朱倩等[18]提出了改进的基于密度和网格的高维聚类算法。

尽管每种增量聚类算法都有一定的局限性，但是从总体上来说，增量聚类继承了已有聚类结果，通过对新增数据逐个或者批量处理，在很大程度上避免了大量的重复计算，提高了聚类效率，尤其当数据量越大时，增量聚类就越能体现出其优越性。

总之，在数据量不断增长的情况下，利用增量聚类技术，不仅易于维护和扩充聚类结果，而且能够提高聚类效率，节省系统开支。

4.1.2 CADD 算法分析

第 3 章根据直接密度可达和间接密度可达定义，提出了基于密度和密度可达聚类算法（Clustering Algorithm Based on Density and Density-reachable, CADD)[19~21]。根据密度可达与子簇特征相似准则实现动态增量聚类过程中，采用了 CADD 算法及其相关定义。

4.1.2.1 CADD 算法基本过程

算法的执行过程：

第一步，函数 ObjectDensity () 计算每个数据点的局部密度值；

第二步，函数 FindMaxDensity () 寻找局部密度最大点，将其作为第一个簇中心点，在 DistributerSamples () 函数中根据动态邻域半径，得到第一个直接密度可达子簇 $C01\text{-}01$，包外的点集记为 ϕ'；

第三步，利用函数 FindSamplesDirection () 计算 ϕ' 内点与 $C01\text{-}01$ 内点的距离，如果两个点的距离小于动态邻域半径 R，那么将这些点的集合记为 $C01\text{-}02$，即得到第二个簇，然后将 ϕ' 中删去 $C01\text{-}02$ 点；

第四步，递归调用 FindSamplesDirection ()，寻找 $C01\text{-}02$ 的子簇，依次类推，直到数据集中的点全部被聚类完毕。

基于密度和自适应密度可达聚类算法描述如下：

算法：基于密度和自适应密度可达聚类算法（CADD）

输入：数据对象集、初始密度可达距离调节系数 $coefR$、密度参数 σ

输出：簇数目，每一簇对象、簇中心点，孤立点或噪声

过程：

1. 计算对象相异度矩阵、对象密度，构造候选数据对象链表；
2. $i = 1$；
3. repeat；
4. 在候选数据对象链表中寻找局部密度吸引点（密度最大点）$O_{\text{DensityMaxi}}$，作为簇 C_i 中心点；
5. 将自适应密度可达范围内的数据对象划分到簇 C_i 中（存放到 C_i 的数据链表中，同时从候选数据对象链表中删除已选择的对象）；
6. $i = i + 1$；
7. until 候选数据对象链表为空；
8. 将簇中数据对象点数小于给定阈值的簇划分到孤立点数据链表中；
9. 输出聚类结果

4.1.2.2 CADD 相关定义

(1) 数据点密度: 数据空间的整体密度可以被模型化为所有数据点的影响函数的总和:

$$\text{density}(x_i) = \sum_{j=1}^{n} e^{-\frac{d(x_i, x_j)^2}{2\sigma^2}} \qquad (4.1)$$

其中, 高斯函数 $f_{\text{Guass}}(x_i, x_j) = e^{-\frac{d(x_i, x_j)^2}{2\sigma^2}}$ 表示每个数据点对 x_i 点的影响; σ 为密度参数, 决定密度函数的变化梯度。

(2) 密度可达距离: 对于空间中任意对象 x 和距离 R, 将以 x 为中心、R 为半径的圆形区域定义为对象 x 的密度可达距离邻域, 记为 $\delta = \{x \mid 0 < d(x_i, x_j) \leqslant R\}$。定义密度可达距离的计算公式:

$$R = \text{coef}R \times \text{mean}(D) \qquad (4.2)$$

式中, D 为数据对象集; $\text{mean}(D)$ 为所有数据对象的平均距离; $\text{coef}R$ 为距离调节系数, $0 < \text{coef}R < 1$, 用于调节聚类精度。

(3) 局部密度吸引点: 数据点密度 $\text{density}(x)$ 的局部最大值点。

(4) 局部密度: 对于给定的邻域半径 R, 计算每个数据点 R 邻域内的密度, 也就是仅仅考虑数据点 R 邻域内点的影响。如果数据点 P_i 的 R 邻域内的点最密集, 那么 P_i 对应处的密度必然全局最大, 这时用它作为密度中心点将是合理的。

(5) 密度可达: 如果存在一个对象链 $p_1, p_2, \cdots, p_n, p_n = q$, q 是一个局部密度吸引点, 那么对于 $p_i \in D, (1 \leqslant i < n - 1)$, 满足 $d(p_i, p_{i+1}) < R$, 定义对象 $p_i, (1 \leqslant i < n - 1)$ 是从对象 q 出发的密度可达对象。

(6) 间接密度可达: 对于数据对象链 $p_1, p_2, \cdots, p_n, p_k = q$, 设 q 是一个核心对象, 其 R 邻域内的点链为 $dd_1, dd_2, \cdots, dd_m$, 其 R 邻域外的点链为 $pp_1, pp_2, \cdots, pp_{n-m}$, 如果某一 pp_j 满足 $\text{dis}(pp_j, dd_i) < R, 1 < j < n - m, 1 < i < m$, 那么称 pp_j 为 q 的间接密度可达对象。

(7) 自适应密度可达距离: 在高斯函数密度调节系数 σ 不变的前提下, 在密度值较大的局部密度吸引点所代表的簇中, 数据对象间的密度可达距离较小; 而在密度值较小的局部密度吸引点所代表的簇中, 数据对象间的密度可达距离较大。也就是说, 在聚类的过程中对于不同密度的簇, 密度可达距离 R 是变化的。因此, 在聚类的过程中定义自适应密度可达距离为:

$$R_{\text{Adapt}} = R \frac{\text{density}(\text{Attractor}_i)}{\text{density}(\text{Attractor}_{i+1})} \qquad (4.3)$$

式中, R 为初始密度可达距离; $\text{density}(\text{Attractor}_i)$ 和 $\text{density}(\text{Attractor}_{i+1})$ 分别为先后确定的两个簇密度吸引点的密度值。

CADD 算法一方面克服了基于密度的算法不能处理不同数据分布密度簇的不

足，另一方面也克服了传统单纯划分或层次的算法需要人为指定簇数目、不能很好地聚类复杂形状簇的缺点。同时，算法利用基于自适应密度可达的思路来划分簇，提高了聚类效率。

4.1.3 抽样技术

在统计学中，抽样长期用于数据的事先调查和最终的数据分析。抽样技术在数据挖掘领域中的主要作用有：提高速度和效率；帮助分析特殊性问题；满足数据处理本身的需要[22,23]。

在分析 CADD 算法的执行过程时发现，计算数据点的密度会占用较长的时间，事实上，并不需要计算所有数据点的密度值，只需随机地抽取一定容量的数据，计算样本的密度值，然后计算密度可达包即可。只要所选的样本容量合适，最后的聚类结果不受影响，主要是因为 CADD 算法是一个不断寻找密度可达包的过程。假设经过抽样，某一簇的簇中心点没有被抽到，而是抽到这个簇中的其他的点，那么，经过一系列的密度可达包计算之后，得到的聚类结果和未使用抽样时的结果是一致的。也就是说每一类中只要保证有一个数据点被抽到，最后的聚类结果就不会产生任何影响。

具体做法如下：首先使用简单随机抽样的方式从数据集中随机地抽取一定容量的数据，计算这些数据点的密度值，然后从中寻找局部密度最大吸引点，开始计算密度可达包。在许多情况下，根据这种方法所找到的密度最大吸引点并不是整个数据集的密度最大点，但是由于 CADD 算法是一个不断寻找密度可达包的过程，经过多次的密度可达包的计算后，整个数据集的密度最大吸引点极有可能已经被聚到簇中。

但是，对于抽样技术存在样本容量的确定问题。样本容量（即样本大小）是决定抽样后聚类分析的正确性和效率的重要因素之一。较大的样本容量会增大样本具有代表性的概率，但也抵消了抽样带来的许多好处，反过来，使用较小容量的样本，可能丢失模式，或检测到错误模式。只有选择合适的样本容量，才会以很高的概率确保得到期望的结果。为了确定抽样率和簇的大小以及准确率的关系，进行了相关实验，实验结果如图 4.1 所示。

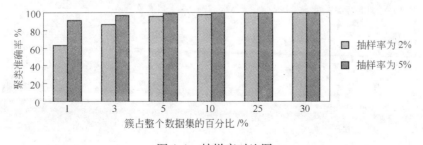

图 4.1　抽样率对比图

通过实验发现，当簇的大小占总数据集的5%，抽样率为2%时，聚类的准确率已达90%以上。这里的簇是指相对集中的簇，在簇成员分布非常分散的情况下，抽样率就要适当地增大，否则会出现类丢失的现象。当一个簇的大小固定后，抽样率越大，其聚类的准确率越高，类似地，当抽样率确定之后，簇越大，聚类效率也越高。引入抽样技术之后，由于不再计算所有数据点的密度值，节省了大量的时间。

4.2 基于密度可达的动态增量聚类算法

4.2.1 算法设计

4.2.1.1 密度可达

CADD 算法在聚类过程中首先计算数据集中每个数据点 $P_i(i = 1,2,\cdots,m)$ 的密度值，即将数据空间的整体密度模型化为所有数据点的影响函数的总和；然后，寻找局部密度最大吸引点 $O_{DensityMax}$，将其作为第一个簇中心点，根据自适应密度可达半径 R_{Adap}，得到第一个密度可达簇 C_1，如图4.2(a)所示；接着在剩余的数据点中搜索次级局部密度最大点，将其作为第二个簇中心点，根据自适应密度可达半径 R_{Adap}，得到第二个密度可达簇 C_2；依次类推，直到将满足相应条件的所有数据点聚集到相应的簇，如 C_3；最后，将不属于自适应密度可达半径 R_{Adap} 范围内的所有点指定为孤立点，如果存在。

由于 CADD 是依次从局部密度吸引点 $O_{DensityMax}$ 出发，根据自适应密度可达半径 R_{Adap} 搜索各个局部密度吸引点密度可达范围内的所有数据点，因此，假如重新划分数据集 D，使数据集 D 出现增量 ΔD_1、ΔD_2、ΔD_3 时，如图4.2(b)所示，从已经找到的簇或在增量集中新发现的局部密度吸引点出发，在增量数据集中搜索其属于各自密度可达的数据点，可以实现动态数据集的增量聚类。

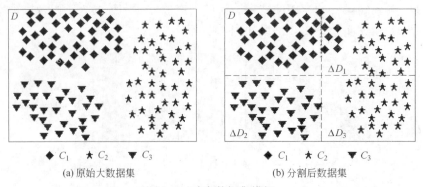

(a) 原始大数据集　　　　　　　　(b) 分割后数据集

图4.2 动态数据集模拟

4.2.1.2 算法流程图

根据 CADD 算法的特点，提出了基于密度可达的增量聚类算法，英文简称 ICADD（Incremental Clustering Algorithm based on Density and Density-reachable, ICADD）。算法执行过程如下：

（1）利用 CADD 算法对初始数据集进行聚类，得到数据对象簇和孤立点集。

（2）当出现增量数据集时，在增量数据集中依次寻找各数据对象簇成员的密度可达包，并链接到相应的簇链表中。

（3）将增量数据集中剩余的数据点和第一步中的孤立点合并，再次利用 CADD 算法进行聚类。

（4）对其他的增量数据集循环执行（2）、（3）步。

图 4.3 给出了算法的流程图。

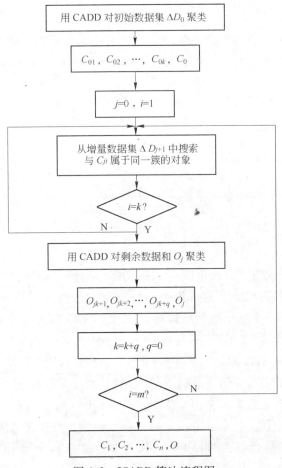

图 4.3 ICADD 算法流程图

4.2.2 算法实现

根据 ICADD 算法的设计和运行流程，实现了如下的算法：

算法：基于密度可达的增量聚类算法（ICADD）

输入：增量集数目 m，初始数据集 ΔD_0，初始密度可达距离调节系数 $coefR$、密度参数 σ。

输出：簇数目 K，各簇数据对象、簇密度吸引点，孤立点或噪声。

方法：

1. 利用 CADD 算法对初始数据集 ΔD_0 聚类，得到簇 C_{01}，C_{02}，$\cdots$，C_{0k} 和孤立点集 O_0，并从内存中释放数据集 ΔD_0；

2. $j = 0$；

3. repeat；

4. $i = 1$；

5. repeat；

6. 将增量数据集 ΔD_{j+1} 调入内存，根据密度可达条件搜索与簇 C_{ji} 属于同一簇的数据对象（将这些数据对象存放到 C_{ji} 的聚类链表中，同时从 ΔD_{j+1} 删除这些数据对象）；

7. until $i = k$；

8. 再次利用 CADD 算法对 ΔD_{j+1} 中剩余的数据对象和孤立点集 O_j 中的数据对象进行聚类，得到簇 C_{jk+1}，C_{jk+2}，$\cdots$，C_{jk+q} 和新的孤立点集 O_j，并从内存中释放数据集 ΔD_{j+1}；

9. $k = k + q$；$q = 0$；

10. $j = j + 1$；

11. until $j = m$。

4.2.3 算法复杂度分析

m 是增量数据集的个数；n 是初始数据集、增量数据集中数据点的个数（在这里假设初始数据集和增量数据集中的数据点的个数相等）；k 是初始数据集中簇的数目；p_j 是第 j 个增量数据集经过扩展聚类之后剩余的数据点的个数；q_j 是对 p_j 个数据点聚类得到的簇的数目。对于 ICADD 算法的时间复杂度：

（1）首先对初始数据集 ΔD_0 进行聚类，当数据空间密度吸引点确定之后，需从各个密度吸引点出发遍历数据空间中的数据点，就可以根据密度可达将其聚类到相应的簇或孤立点集。在这一步中，算法的时间复杂度是 $O(kn)$。

（2）当出现增量数据集 ΔD_1 时，首先需要对增量数据集 ΔD_1 中的数据进行一次遍历，从而找到符合条件的数据点，将这些数据点划分到相应的已经存在的簇中，然后对剩余的数据点进行聚类，时间复杂度为 $O(kn) + O(q_1 p_1)$；当出现增量

数据集 ΔD_2 时，时间复杂度为 $O((k+q_1)n)+O(q_2p_2)$；依次类推，当出现增量数据集 ΔD_m 时，时间复杂度为 $O((k+q_1+q_2+\cdots+q_{m-1})n)+O(q_mp_m)$。

因此，ICADD 总的时间复杂度为：$O((m+1)kn)+O((\sum_{j=1}^{m-1}(m-j)q_j)n)+O(\sum_{j=1}^{m}q_jp_j)$。在算法运行过程中，如果完成的聚类簇和孤立点集全部保留在内存中，则 ICADD 空间复杂度为 $O(mn)$；如果内存中只保留当前聚类簇，则 ICADD 的空间复杂度为 $O(\mathrm{Max}(C_i))$，其中 $\mathrm{Max}(C_i)$ 表示最大簇的数据对象数。

综上所述，ICADD 算法实现了对海量动态数据集的聚类，具有较好的聚类效果，但是该算法的时间复杂度较大。原因是该算法依次处理增量数据集中每一个对象，是一种非批量聚类的方法，聚类效率较低。

4.3 基于子簇特征的增量聚类算法

4.3.1 相关定义

针对 ICADD 聚类效率较低的问题，根据 BIRCH 算法中聚类特征的概念，又设计和实现了基于子簇特征的增量聚类算法（Incremental Clustering Algorithm based on Subcluster Feature，ICASF）。

4.3.1.1 子簇特征描述

层次聚类算法 BIRCH 引入了聚类特征 CF 的概念，用于概括聚类描述，这种聚类方法在大型数据库中取得较高的聚类速度和可扩展性。在客观数据对象空间中，存在的客观同类子簇具有相似性，BIRCH 提出的聚类特征 CF 对实现动态增量聚类非常有启示。

与 BIRCH 的聚类特征 CF 类似，一个子簇特征 CF 是一个三元组，给出对象子聚类的信息的统计描述。假设某个子聚类中有 N 个 d 维的数据点或对象 $\{O_i\}$，则该子聚类的 CF 定义如下：

$$CF = (N, \overline{X}_0, R) \tag{4.4}$$

式中，N 是子簇中的数据点数目；$\overline{X}_0 = \dfrac{1}{N}\sum_{i=1}^{N}X_i$，是子簇中数据点的均值；$R = (\dfrac{1}{N}\sum_{i=1}^{N}(\overline{X}_i - \overline{X}_0)^2)^{\frac{1}{2}}$，是子簇的凝聚性度量。

从统计学的观点来看，子簇特征 CF 是对给定子聚类（簇）的统计汇总，即子聚类簇的 0 阶矩，1 阶矩以及 2 阶矩。子簇特征参数分别确定了簇数据点的数目，中心（或质心）的空间位置，以及簇中数据点分布的凝聚度。CF 总结了子簇个体的有关信息，从而使得一个数据点簇的表示可以总结为对应的一个 CF，而没必要再用具体的簇中所有的数据点来表示。

4.3.1.2　子簇的相似准则定义

增量数据集的产生，或者来自图像分割，或者来自事务数据的动态增加，如图 4.4 所示，其中图 4.4(a) 表示数据空间 D 中初始数据点的分布状况，表示存在客观簇 $C1$、$C2$、$C3$，其簇中心点分别为 O_1、O_2、O_3，以及孤立点集。当在数据空间 D 中出现增量数据集 D'，如图 4.4(b) 所示，增量数据集中可能存在子簇 $C'1$、$C'3$，其簇中心点分别为 O'_1、O'_3，以及孤立点集。根据子簇特征 CF，初始数据集中簇 $C1$、$C2$、$C3$ 与增量数据集中子簇 $C'1$、$C'3$ 间的相似关系可定义为：

（1）空间位置相似性。

$$S = \mathrm{e}^{-\frac{d(o,o')^2}{2\sigma^2}} \tag{4.5}$$

式中，$d(o,o')$ 表示初始数据集中聚类簇中心 O 与增量数据集中子聚类簇中心 O' 之间的距离；$\sigma^2 = R \times R'$，R 和 R' 分别为初始数据集和增量数据集中簇数据点的凝聚度，表示初始数据集和增量数据集中簇数据点的凝聚度对空间位置相似性的综合影响，因此，$0 < S \leqslant 1$。

当 $S = 1$ 时，说明初始数据集中聚类簇 C 与增量数据集中聚类子簇 C' 中心距离为 0，簇位置完全相似；

当 $S < 1$ 时，说明初始数据集中聚类簇 C 与增量数据集中聚类子簇 C' 中心距离不为 0，具有一定相似性。实验表明，在聚类过程中取阈值 $S \geqslant 0.7$，认为簇空间位置相似，簇相似；否则，不相似，能够取得良好的聚类效果。

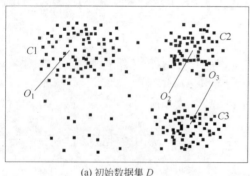
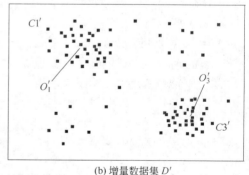

(a) 初始数据集 D　　　　　　　　　　　　　　(b) 增量数据集 D'

图 4.4　动态增量数据集

（2）空间分布（凝聚度）相似性。

如果 $R \leqslant R'$ 　　　　　　$D = \dfrac{R}{R'}$ 　　　　　　　(4.6)

如果 $R > R'$ $$D = \frac{R'}{R}$$ (4.7)

因此，D 的值域为 $0 < D \leqslant 1$。

当 $D = 1$ 时，说明初始数据集中聚类簇 C 与增量数据集中聚类子簇 C' 凝聚度一致；

当 $D < 1$ 时，说明初始数据集中聚类簇 C 与增量数据集中聚类子簇 C' 凝聚度存在差异。在聚类过程中取阈值 $D \geqslant 0.7$，认为簇凝聚度相似，簇相似；否则，不相似。

4.3.1.3　相似准则

在实现增量聚类过程中，同时满足上述两条件，簇相似，两簇合并；否则，不合并，保留各自簇。

4.3.2　算法设计

设初始数据集 D（对于动态增量聚类表示为 ΔD_0，以下用此表示），包含 n 个数据对象 $d_p^0(p = 1, \cdots, n)$；在该数据集中，存在数据对象簇 $C_i^0(i = 1, \cdots, k_0)$ $\in \Delta D_0$，以及孤立点（噪声点）集 $O^0 \in \Delta D_0$。随着数据集动态递增，当数据集 ΔD_0 出现数据对象增量集 $\Delta D_j(j = 1, \cdots, m)$ 时，设计增量聚类流程如下：

（1）利用 CADD 算法在初始数据集 ΔD_0 中发现可能存在的数据对象簇 $C_i^0(i = 1, \cdots, k_0)$ 以及孤立点集 O^0；

（2）利用 CADD 算法在增量数据集 ΔD_1 中发现可能存在的对象簇 $C_i^1(i = 1, \cdots, k_l')$ 以及孤立点集 O^1；

（3）比较簇 $C_i^0(i = 1, \cdots, k_0)$ 和簇 $C_i^1(i = 1, \cdots, k_l')$ 子簇特征 CF，将满足相似准则的簇合并，形成新的数据对象簇 $C_i^1(i = 1, \cdots, k_l, k_l \leqslant k_0 + k_l')$；

（4）对于其他增量数据集 $\Delta D_j(j = 2, \cdots, m)$，循环执行（2）到（3）步骤，得到数据对象簇 $C_i^m(i = 1, \cdots, k_m, k_m \leqslant k_0 + k_1' + \cdots + k_m')$；

（5）将孤立点集 O^0，O^1，$\cdots$，O^m 求和 $O^0 \cup O^1 \cup \cdots \cup O^m$，在其中寻找可能存在的数据对象簇 $C_i^q(i = 1, \cdots, k_q)$，并与簇 $C_i^m(i = 1, \cdots, k_m)$ 比较，将满足相似准则的簇合并；

（6）结果输出聚类簇 $C_i^{m+1}(i = 1, \cdots, k_{m+1}, k_{m+1} \leqslant k_m + k_q)$，以及孤立点集 O。

4.3.3　算法实现

根据 ICASF 算法设计，实现了如下的算法：

算法：基于子簇特征的增量聚类算法（ICASF）

输入：增量集数目 m，初始数据集 ΔD_0，初始密度可达距离调节系数 $coefR$、密度参数 σ。

输出：簇数目 K，各簇数据对象集、簇密度吸引点，孤立点或噪声点集。

过程：

1. 利用 CADD 算法对初始数据集 ΔD_0 聚类，得到数据对象簇 C_{01}，C_{02}，$\cdots$，C_{0k}^0 和孤立点集 O_0，并从内存中释放数据集 ΔD_0；

2. $j = 0$；

3. repeat；

4. 将增量数据集 ΔD_{j+1} 调入内存，利用 CADD 算法对增量数据集 ΔD_{j+1} 聚类，得到数据对象簇 C_{j+11}，C_{j+12}，$\cdots$，C_{j+1k}^{j+1} 和孤立点集 O_{j+1}，并从内存中释放数据集 ΔD_{j+1}；

5. 计算簇 $C_{j1}, C_{j2}, \cdots, C_{jp}$（当 $j = 0$ 时，$p = k^0$；当 $j \geqslant 1$ 时，$p \leqslant k^0 + k^1 + \cdots + k^j$）和簇 C_{j+11}, C_{j+12}，$\cdots, C_{j+1k}^{j+1}$ 各自的子簇特征参数 CF，将满足相似准则的簇合并，形成新的簇 $C_{j+11}, C_{j+12}, \cdots$，$C_{j+1p}$（$p \leqslant k^0 + k^1 + \cdots + k^{j+1}$）；

6. $j = j + 1$；

7. until $j = m$；

8. 得到新的簇 $C_{m1}, C_{m2}, \cdots, C_{mp}$（$p \leqslant k^0 + k^1 + \cdots + k^m$）；

9. 将孤立点集 $O_0, O_1, \cdots, O_m$ 合并，在其中寻找可能存在的簇 $C_{m+11}, C_{m+12}, \cdots, C_{m+1k}^q$，并与 $C_{m1}, C_{m2}, \cdots, C_{mp}$（$p \leqslant k^0 + k^1 + \cdots + k^m$）比较，将满足相似准则的簇合并，形成最后的簇 $C_{m1}, C_{m2}, \cdots, C_{mp}$（$p \leqslant k^0 + k^1 + \cdots + k^m + k^q$），以及孤立点集 O。

4.4　实验分析

4.4.1　仿真动态增量聚类

为了验证增量聚类算法在处理大型动态增量数据库方面的有效性，并且将聚类结果可视化，通过将 BMP 位图转换为空间数据库作为实验数据对象，并将 BMP 位图进行分割，即将静态的整体数据集模拟为几个动态的增量数据子集，实现增量聚类。同时，为了验证增量聚类算法的可扩展性，在实验分析中采用了大小不同的图像。

4.4.1.1　600×400 像素图像内容增量聚类

在实验中选择不同图像内容进行增量聚类，如图 4.5 所示。在增量聚类过程中，分别将原始图像（图 4.5(a)、(c)、(e)、(g)、(i) 和 (k)）分割为 6 块，左上角图块设置为初始数据子集，其他为增量数据子集。聚类以图像像素为数据对象，像素三元色（红、绿、蓝）为数据对象属性，聚类结果如图4.5(b)、(d)、(f)、(h)、(j)和(l)所示。聚类结果表明，增量聚类算法有效地实现了图像内容的聚类。

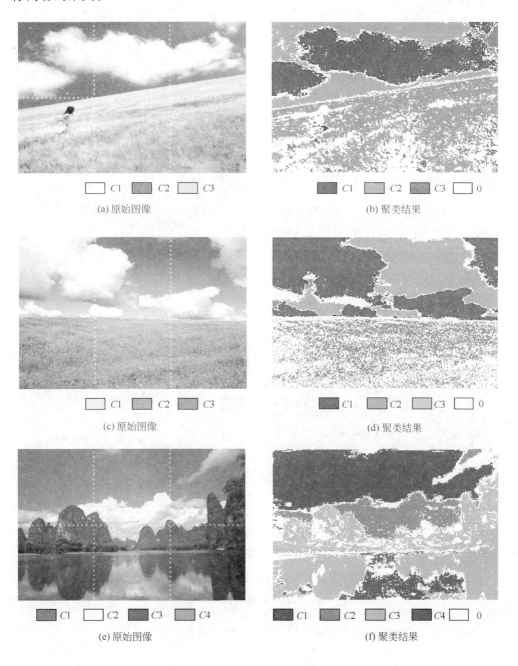

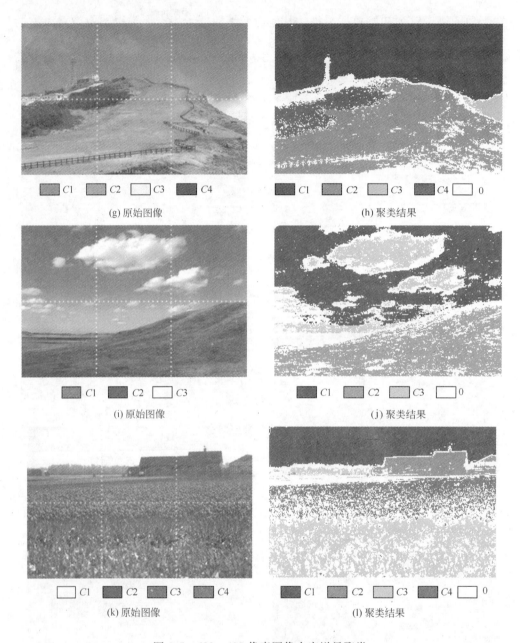

(g) 原始图像　　　　　　　　　　　(h) 聚类结果

(i) 原始图像　　　　　　　　　　　(j) 聚类结果

(k) 原始图像　　　　　　　　　　　(l) 聚类结果

图 4.5　600×400 像素图像内容增量聚类

4.4.1.2　600×600 和 800×600 图像内容增量聚类

通过增大图像来增加数据量，同时增加增量数据子集，如图 4.6 和图 4.7 所示。在增量聚类过程中，分别将原始图像分割为 9 块（图4.6(a)和(c)）和 12 块（图4.7(a)），左上角图块设置为初始数据子集，其他为增量数据子集。聚类以图像像素为数据对象，像素三元色（红、绿、蓝）为数据对象属性，聚类结果如图4.6(b)、(d)和图4.7(b)所示。聚类结果表明，增量聚类算法不但能够实现图像内容的有效聚类，而且也具有良好的可扩展性。

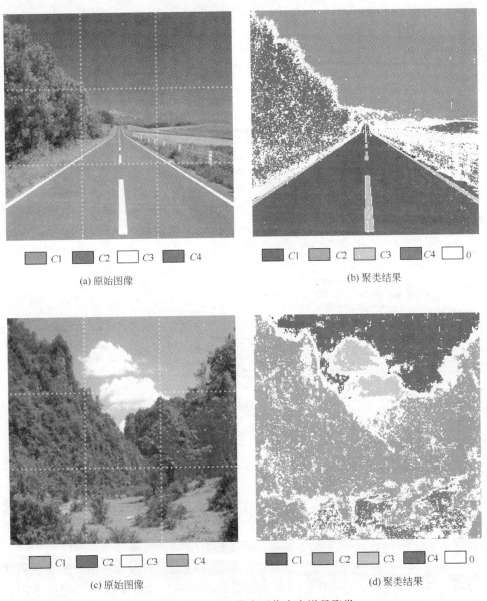

(a) 原始图像

(b) 聚类结果

(c) 原始图像

(d) 聚类结果

图 4.6 600×600 像素图像内容增量聚类

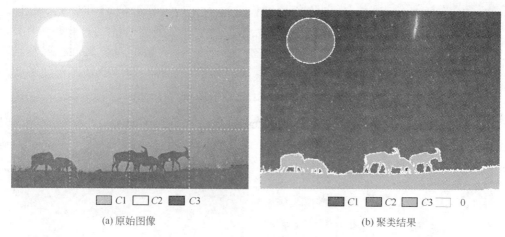

$C1$ □ $C2$ ■ $C3$
(a) 原始图像

■ $C1$ ■ $C2$ □ $C3$ □ 0
(b) 聚类结果

图 4.7 800 × 600 像素图像内容增量聚类

4.4.2 算法对比分析

针对算法的时间复杂度，进行了 ICASF 算法与 CADD 算法、ICADD 算法的对比实验。对于整体数据集，CADD 算法采用一次性聚类，而 ICADD 算法和 ICASF 算法采用将数据集分割逐步动态聚类的方式，实验结果如图 4.8 所示。

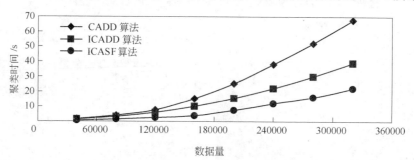

图 4.8 算法时间复杂度对比分析

由图 4.8 可知，当数据量相对较小时，ICASF 算法和 ICADD 算法的性能略优于 CADD 算法，但是随着数据量继续增大，表现出如下特征：

（1）ICADD 算法的时间复杂度远大于 ICASF 算法，其主要原因是 ICADD 算法是非批量的聚类方式，需要逐个地比较增量数据集中数据对象。而 ICASF 算法是批量方式，只需比较簇与簇之间是否满足相似准则，故其聚类效率较高。

（2）ICASF 算法性能数倍优于 CADD 算法，这主要是因为，当数据空间直接密度可达簇确定之后，CADD 运行时间主要取决于遍历未被聚类的数据点所用的时间。当数据量较小时，CADD 聚类效率较高，遍历所用的时间很短；但随着数

据量的增大，CADD 算法的可伸缩性变差。而 ICASF 算法正是利用 CADD 在小数
据量上聚类效率高的优点，将整体数据集分割成几个小数据集进行逐步动态聚
类，使得每个小数据集的遍历时间非常短，另外，抽样技术的引入也降低了时间
复杂度。

实验结果表明，与 CADD 算法和 ICADD 算法相比，ICASF 增量聚类算法具
有较高的聚类效率以及良好的空间可扩展性。

通过逐步动态增量聚类，能实现对大型数据库的聚类分析，有很好的可扩展
性和伸缩性，特别是在空间聚类（如图像处理）方面能够发挥重要的作用。但
是，动态增量聚类算法在高维空间中的性能以及在不同领域的应用上，应用领域
数据繁复多变，分布形态多种多样，算法是否能在某一领域取得较好的聚类效果
值得进一步研究。同时，由于硬件计算环境的日益改善，并行处理将成为解决大
规模、高维数据聚类的一种重要技术手段。因此，开发并行聚类算法也将是今后
研究的一个重要课题。

参 考 文 献

［1］ Ester M，Kriegel H P，Sander J，et al. Incremental clustering for mining in a data warehousing environment［C］// In Proceedings of the 24th International Conference on Very Large Data Bases，New York，Morgan Kaufmann Publishers Inc.，1998：323～333.

［2］ 徐新华，谢永红. 增量聚类综述及增量 DBSCAN 聚类算法研究［J］. 华北航天工业学院学报，2006，16（02）.

［3］ 黄永平，邹力鹍. 数据仓库中基于密度的批量增量聚类算法［J］. 计算机工程与应用，2004，29.

［4］ 陈峰. 基于聚类的增量数据挖掘研究［D］. 大连：大连海事大学硕士学位论文. 2007.

［5］ 周永锋. 基于密度的海量数据增量式挖掘技术研究［D］. 长沙：中国人民解放军国防科学技术大学硕士学位论文. 2002.

［6］ 刘青宝，侯东风，邓苏，等. 基于相对密度的增量式聚类算法［J］. 国防科技大学学报，2006，28（5）：73～79.

［7］ Asharaf S，Narasimha Murty M，Shevade S K. Rough set based incremental clustering of interval data［J］. Pattern Recognition Letters，2006，27：515～519.

［8］ Yihong Dong，Yueting Zhuang，Ken Chen，Xiaoying Tai. A hierarchical clustering algorithm based on fuzzy graph connectedness［J］. Fuzzy Sets and Systems，2006，157：1760～1774.

［9］ 倪国元. 基于模糊聚类的增量式挖掘算法研究［D］. 武汉：华中科技大学硕士学位论文. 2004.

［10］ 吴琪，高滢，王晓涛，等. 一种基于距离的增量聚类算法［J］. 解放军理工大学学报，2005，6（6）：538.

[11] 冯兴杰，黄亚楼．增量式 CURE 聚类算法研究 [J]．小型微型计算机系统，2004，25 (10)．

[12] 王晓涛．一个增量式粮食单位信息聚类分析系统的设计和实现 [D]．长春：吉林大学 硕士学位论文．2004．

[13] Hsu C C, Huang Y P. Incremental clustering of mixed data based on distance hierarchy [J], Expert Systems with Applications：An International Journal，2008，35 (3)：1177～1185．

[14] 高小梅，冯云，冯兴杰．增量式 K_ edoids 聚类算法 [J]．计算机工程，2005，31．

[15] 雷震，吴玲达，雷蕾，等．初始化类中心的增量 K 均值法及其在新闻事件探测中的应用 [J]．情报学报，2006，25 (03)．

[16] 苏守宝，郁书好．一种基于密度的增量式网格聚类算法 [J]．皖西学院学报，2004，20 (05)．

[17] Chen Ning, Chen An, Zhou Longxiang. An incremental grid density-based clustering algorithm [J]．Journal of Software. 2002，13 (01)．

[18] 朱倩，黄志军．一种改进的基于密度和网格的高维聚类算法 [J]．舰船电子工程，2005，25 (05)．

[19] 孟海东，张玉英．基于密度和对象方向聚类算法的改进 [J]．计算机工程与应用，2006，42 (20)：154～156．

[20] 孟海东，宋飞燕，郝永宽．基于密度与划分方法的聚类算法设计与实现 [J]．计算机工程与应用，2007，43 (27)：171～174．

[21] 宋宇辰，宋飞燕，孟海东．基于密度复杂簇聚类算法研究与实现 [J]．计算机工程与应用，2007，43 (35)：162～165．

[22] 于海涛．抽样技术在数据挖掘中的应用研究 [D]．合肥：合肥工业大学硕士学位论文，2006．

[23] 葛继科．偏差抽样技术在聚类挖掘中的应用 [D]．重庆：西南农业大学硕士学位论文，2005．

5 并行聚类分析

Gartner Group 的一次高级技术调查将数据挖掘和人工智能列为"未来三到五年内将对工业产生深远影响的五大关键技术"之首,并且还将并行处理体系和数据挖掘列为未来五年内投资焦点的十大新兴技术前两位。根据最近 Gartner 的 HPC 研究表明,"随着数据捕获、传输和存储技术的快速发展,大型系统用户将更多地需要采用新技术来挖掘市场以外的价值,采用更为广阔的并行处理系统来创建新的商业增长点。"本章采用任务和数据并行技术,研究与开发了并行聚类分析算法。

5.1 并行计算技术

并行计算是伴随并行计算机的出现,在近 30 年来迅速发展的一门交叉学科,是指在并行计算机上,将一个任务分解成多个任务,分配给不同的处理器,各个处理器之间相互协同,并行地执行子任务,从而达到加快求解速度或者提高求解应用问题规模的目的[1]。为了成功进行并行计算,应用问题必须具有并行度和并行编程环境实现并行算法。并行计算研究的内容有并行算法的设计和分析、并行实现技术和并行应用。并行计算不同于分布式计算(distributed computing),后者主要是指通过网络相互连接的两个以上的处理机相互协调、各自执行相互依赖的不同应用,从而达到协调资源访问,提高资源使用效率的目的,但是它无法达到并行计算所倡导的加快求解同一个应用的速度,或者提高求解同一个应用的问题规模的目的。

具体地说,并行机是由两个以上的处理器连接起来并发操作的计算机。并行机最早的雏形诞生于 1963 年 2 月 18 日,美国西屋(Westing House)宇航实验室的工程师将 9 个 CPU 部件连接成一个 3×3 阵列,并用它进行计算求得了一个偏微分方程的解。这在当时是一个创举。

现在我国的并行机技术也发展到一个新阶段。我国自行研制成功的并行机"曙光系列"、"神威系列"及"银河系列"是我国高性能计算机技术的代表。曙光 1000 是我国第一套大规模并行机系统,峰值运算速度为 25.6 亿次浮点每秒。目前曙光、神威及银河新一代产品运算速度已达到数千亿次浮点每秒,我国高性能计算机的研制能力正在不断快速地发展。国防科技大学与天津滨海新区合作研制的"天河一号"计算峰值已经达到了 1.206 千万亿次双精度浮点运算,是中国首台千万亿次超级计算机。

随着经济和社会的飞速发展，大规模科学和工程计算应用是推动并行技术快速发展的主要动力。例如，全球气象预报中期天气预报模式要求在 24 小时内完成 48 小时天气预测数值模拟，此时，至少需要计算 635 万个网格点，内存需求大于 1TB，计算性能要求高达 25 万亿次/s。随着数据的日积月累，利用并行计算机技术对海量数据集挖掘将会成为研究热点。

5.1.1 并行计算定义

并行是指两个以上的事件在同一时刻或同一时间段内发生[1,2]。并行计算是一种信息处理的有效方式，这种信息处理方式着重于开发计算过程中的并发事件。并发性的概念有三层含义：同时性、并行性和流水线。因此并发事件也分三类：（1）同时事件：即同一瞬间发生的事件；（2）并行事件：在同一时间段内发生的事件；（3）流水线事件：在重叠的时间段内发生的事件。

同时性利用资源的重复实现并行，同时性是最严格的并行性。多处理机系统就是利用资源的重复实现并行的例子。广义的并行性是利用资源共享实现并行。例如分时操作系统可使多个用户的多个进程在一个时间段内并行运行，通过时间分片、资源共享支持并发事件。流水线通过时间重叠实现并行。向量机就是流水线并行技术的典型代表。一般来说，高性能的计算机都可称为并行机，因为实际上现代计算机都采用了各种各样的并行技术，如每个机器周期内可执行多条指令的超标量结构、每个机器周期内可执行多级流水操作的超流水线等，尤其是 CPU 执行指令的流水线结构已经成为基本技术，使一般计算机，特别是高性能计算机都具有并行能力。由于现在 VLSI 迅猛发展，价格便宜的微处理器大量涌现，从而使资源重复成为实现并行机的重要途径。

5.1.2 并行计算分类

在并行计算中，参与并行计算的基本单位的大小称为粒度（granularity）。粒度一般可分为三级：

（1）粗粒度，以大块的程序为并行处理单位。

（2）细粒度，以语句、表达式甚至一个简单的算术或逻辑操作为并行处理单位。

（3）中粒度，介于粗细粒度之间。

也可以按编程级划分粒度：

（1）粗粒度，作业级（或程序级），多个作业（或程序）并行处理。

（2）中粒度，任务级（或过程级），多个任务（或过程）并行处理。

（3）细粒度，指令级，多个指令并行执行。

粒度是并行处理技术中的一个基本要素，粒度大小对并行机系统的效率有很重要的影响。如果并行系统的网络通信速度不高，但却采用细粒度并行处理，由于细粒度要求频繁的通信，并行机系统效率很低。只有当粒度选择适当，计算问题的并行算法与硬件结构相适应时，才能充分发挥并行机的潜力。节点机数少的并行机一般都采用粗粒度并行，节点机数多的并行机大都采用细粒度并行。商品并行机大多数都属于中粒度并行。

并行处理的最高级是作业级粗粒度并行处理。多个作业并行处理比较简单，因为各个作业相互独立计算和处理，不需要通信，互不干扰。各个作业的处理程序都按传统的串行程序编写方法相互独立编写，不存在并行编程的通信和执行时序问题。通常中、大型机的分时系统就支持多作业并行处理。对于多机系统，可以给各个节点机分配不同的作业并行处理。

任务级并行处理为粗、中粒度（以并行处理的程序单元大小为依据）并行处理。一个用户的任务分为多个子任务，或一个程序分为多个过程（程序块），以便并行地、分工合作地完成同一个计算任务。这样就需要利用并行算法把一个任务分解成多个子任务，按并行程序编程方法编程，各个子任务相互联系进行通信，才能高效地分别在不同的处理机上运行。并行程序的编写不同于传统的串行程序，需要有相应的并行语言、并行软件、并行处理环境等，这一问题也是影响并行计算机是否能推广应用的重要因素。

指令级并行为细粒度并行。要实现指令级并行，必须事先分析数据相关性。如果先后执行的指令要用到的操作变量之间有依赖关系，称为数据相关。没有数据相关性的指令才能并行执行。

5.1.3 并行计算模型和体系结构

并行计算模型通常是指从并行算法的设计和分析出发，将各种并行计算机（至少某一类并行计算机）的基本特征抽象出来，形成一个抽象的计算模型。按照指令流和数据流的不同可以将并行计算机分为三类：

（1）单指令多数据流（Single Instruction and Multiple Data，SIMD）模式：SIMD 计算机由一个控制器、多个处理器、多个存储器部件和连接网络组成。控制器负责向多个处理器广播指令，所有处于活动态的处理器分别在来自存储器的不同数据流上并行执行相同的指令流。处理器通过连接网络访问存储器系统，即按同一条指令，并行计算机的各个不同的功能部件同时对不同的数据进行不同的处理，目前这类并行计算机已经退出历史舞台。

（2）多指令多数据流（Multiple Instruction and Multiple Data，MIMD）模式：这是一种比较理想的并行结构，不同的处理器可同时对不同的数据执行不同的指令，与其他处理机无关。它的主要特征有：指令流可以同步或异步地执行；指令流的执行具有确定性和不确定性；适合块、回路或子程序级的并行；可以按照多指令或单程序的模式执行。它与 SIMD 计算机的区别在于：SIMD 计算机的各处理器同步运行，同步地使用连接网络，而 MIMD 计算机的各处理器则异步运行，异步地使用连接网络，如图 5.1 所示。目前，所有并行计算机均属于这一类。

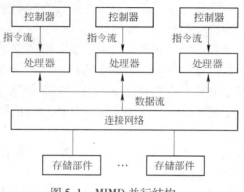

图 5.1　MIMD 并行结构

　　（3）多指令单数据流（Multiple Instruction Single Data，MISD）模式：在这种计算机中，各个处理单元组成一个线性阵列，分别执行不同的指令流，而同一个数据流则顺次通过这个阵列中的各个处理单元。这种系统结构只适用于某些特定的算法。在大多数情况下多个指令流处理多个数据流才是更加有效的处理方式，因此这种并行计算机一般只是作为一种理论模型出现，投入实际应用的计算机至今还没有出现。

　　按照内存访问模型、微处理器和互联网络的不同，并行计算机又可分为对称多处理共享存储并行计算机（Symmetric Multi Processing，SMP）、分布共享存储并行计算机（Distributed Shared Memory，DSM）、集群（Cluster）、星群（Constellation）和大规模并行计算机（Massively Parallel Processing，MPP）。

　　对称多处理共享存储并行计算机的内存模块和处理器对称地分布在互联网络的两侧，内存访问属于典型的均匀访问模型，它有如下特征：对称共享存储；单一系统操作映像；局部高速缓存 cache 及数据一致性；低通信延迟；共享总线带宽和支持消息传递；共享存储并行程序设计。但是它的可靠性和可扩展性差，总线、存储器或操作系统失效可导致系统崩溃。SMP 计算机的处理器数量不超过32 个，且只能提供每秒数百亿次的浮点运算性能。

　　分布共享存储并行计算机的内存模块局部在各个节点内部，并被所有节点共享。这样，可以较好地改善对称多处理共享存储并行计算机的可扩展能力，它的主要特征有：以节点为单位，每个节点包含一个或多个 CPU，每个 CPU 拥有自己的局部 cache，并共享局部存储器和 I/O 设备，所有节点通过高性能互联网络连接；单一的地址空间；可扩展性好，可以扩展到数百个节点；通信延迟低，通信带宽高。

集群是由通用性的微机或 PC 服务器通过以太网或专用网络连接起来的高性能并行计算机，属于 MIMD 类型。集群有时称为工作站集群 COW（Cluster of Workstation）、工作站网络 NOW（Network of Workstation）或者高性能计算机集群（High Performance Cluster of Computer），它的主要特征如下：系统由微机或 PC 服务器构成，每个节点包含 2~4 个微处理器，节点内部共享存储；使用以太网交换机或专门计算网络交换机连接节点，节点间分布存储；各个节点上，采用 Linux 操作系统、GNU 编译环境和作业管理系统。目前，集群采用的典型 64 位处理器代表有 Intel Xeon 四核 2.66GHZ，AMD Opteron 2.2GHZ。互联网络有 Mynet（点对点延迟 9μs，带宽 256MB/s）、Infiniband（点对点延迟 5μs，带宽 1.25GB/s）[3]。

星群的每个节点是一台共享存储或分布共享存储的并行计算机子系统。节点上允许专用的操作系统、编译环境和作用管理系统。

MPP 在某种程度上是专用并行计算机，它的处理器或节点间的互联网络是针对应用需求而特殊定制的。

由于集群的每个节点都是传统的平台，节点操作系统可以是 Windows Cluster 2008 或 Linux，用户可以在熟悉的成熟平台下开发和运行他们的应用程序，而且如果有的节点硬件发生故障，不会影响其他节点的工作。总之，集群系统使用方便、可靠性好、可缩放性好、性价比高，并行计算开发平台计划采用 VMWARE 虚拟机模拟的集群系统，测试平台采用 128 核 CPU，infiniband 网络的集群。

在当前并行计算机上，比较流行的并行编程环境可以分为 3 类：消息传递、共享存储和数据并行，它们的典型代表、可移植性、并行粒度、并行操作方式、数据存储模式、数据分配方式、学习难度和可扩展性见表 5.1。

表 5.1 并行编程环境列表

特 征	消息传递	共享存储	数据并行
典型代表	MPI, PVM	OpenMP	HPF
可移植性	所有流行并行计算机	SMP, DSM	SMP, DSM, MPP
并行粒度	进程级大粒度	线程级细粒度	进程级细粒度
并行操作方式	异步	异步	松散同步
数据存储方式	分布式存储	共享存储	共享存储
数据分配方式	显示	隐式	半隐式
学习难度	较难	容易	偏易
可扩展性	好	较差	一般

　　PVM 是美国国家基金会资助的开源软件，由美国 Oak Ridge 国家实验室于 1989 年开始研制，1995 年初推出了 PVM 的 3.3.7 版，目前最高的版本是 PVM3.4.3。

　　PVM 是一个以 UNIX 操作系统为基础，以 TCP/IP 为通信协议的并行计算软件环境，已经成为广泛使用的并行虚拟机工业标准。PVM 为并行环境提供了相当成功的虚拟化，支持的节点机可以是并行机、向量机、工作站甚至微机，通信网络可以是以太网、光纤网等。可以把多个异构计算机通过网络互连在一起构成虚拟并行计算机系统，同时也能支持经典的 MPP 并行机。PVM 提供了控制多任务并行执行和实现多任务间通信同步的并行库，其宿主语言是 FORTRAN 和 C/C++。

　　PVM 具有以下特点：

　　(1) 通用性强，即适用于 TCP/IP 网络，又适用于 MPP 大规模并行系统。

　　(2) 系统规模小。

　　(3) 美国国家基金会资助的开源软件，并且得到所有的并行机厂商支持。

　　(4) 成熟度高，已在世界范围内得到应用。

　　MPI 是 Message Passive Interface 的简称。为了统一互不兼容的消息传递用户界面，1992 年国际上成立了 MPI 委员会，并组织了 MPI 论坛，负责制定消息传递界面的新标准。MPI 的标准化从 1992 年 4 月开始，当年 11 月发表了草稿。1994 年 5 月发布了 MPI 的定义与实验版本 MPI-1，此后 MPI 标准的修订和扩充一直在不断地进行，目前的最新标准是 MPI-2。

　　MPI 是目前国际上最流行的并行编程环境之一，具有良好的可移植性和易用性，尤其是对于分布式存储的可缩放并行机和工作站机群并行系统，MPI 可称为是一种并行编程环境范例。

　　MPI 有以下特点：

　　(1) 实现 MPI 标准的方式多样化。

　　(2) 具有完备的异步通信功能，消息发送与接收完全能与计算重叠进行。

　　(3) 能有效地管理消息缓存区。

　　(4) 能在 MPP 与工作站机群上有效运行，是完全可移植的平台。

　　由于消息传递并行编程环境可移植性好，可以在其他结构并行计算机上运行，可扩展性好，适用于处理海量数据集。而且，MPI 与 PVM 相比，它具有很好的可移植性，支持所有的并行计算机；具有很好的可扩展性；有完善的异步通信功能；有精确的定义，已成为消息传递并行编程模型的标准。

5.1.4　并行数据挖掘

　　数据挖掘发展到现在，对海量数据及其激增数据——大数据的挖掘研究已经成为当前的热点和趋势之一。并行数据挖掘已经得到了较为广泛且成功的应用，并行数据挖掘的应用有两个潜在的原因：数据挖掘算法本身的复杂度很高，不得不采用高性能计算机。这就诞生了并行数据挖掘的任务并行技术；同时，由于通常数据挖掘本身分析的数据量非常庞大，将大数据量的挖掘工作交给并行机处理就成为了一种自然的想法，这种做法称之为数据并行；目前，大部分的并行数据挖掘算法一般是任务并行、数据并行或两者的结合。

并行数据挖掘技术不同于其他并行算法的地方在于它需要处理的数据规模很大。人们知道，对于并行而言，交互之间的消耗（即内存的使用）是比执行时间（计算阶段）重要得多的因素。串行数据挖掘算法对于规模很小的数据也需要大量的运行时间，而且可用于分析的数据增长得很快，这样就需要寻找用于数据挖掘的并行算法，目前对并行数据挖掘算法已有了充分的研究。

一个算法的复杂性可以表示为空间复杂性和时间复杂性两个方面。并行算法的目标是尽可能减少时间复杂性，但其代价是通过增加空间复杂性（如增加空间的维数及增加处理器的台数）来实现的。从算法树的结构来看，通常的串行算法树"深而窄"；而并行算法树的结构截然不同。为了达到把时间复杂性转化为空间复杂性的目的，并行算法树采用"浅而宽"的结构，即每个时刻可容纳的计算量相应增加，使整个算法的步数尽可能减少。

并行数据挖掘策略通常有三种：

（1）朴素并行，也就是人们通常说的网络并行。网络并行，就是通过高速信息网络充分利用网上的计算机资源，实现大规模数据上的并行计算。在这种并行类型中用于计算的时间会减少，但是每一个处理器都要扫描所有的数据，这样就阻碍了算法性能的提高。

（2）典型并行是当前并行数据挖掘策略的典型代表（这里称为典型并行）。在算法的每一步中，一个处理器只处理 $1/p$ 的数据，而且在步骤的最后需要交换从数据中收集到的信息。

（3）逻辑并行类型的技术是适用于逻辑性较强的并行。对于这种类型的并行数据挖掘策略，初始化阶段可能要重复进行是为了给该类型技术的结构减小数据规模。然而，该结构进一步发生在进一步抽取信息的过程中。许多归纳的逻辑方法就是这种并行类型。

目前并行数据挖掘的研究已经变得非常普遍，分类、聚类、关联规则等方法中很多经典算法都有相应并行版本。根据算法的特点，一般是任务并行，数据并行或者任务并行与数据并行相结合的并行算法。

5.1.5 并行聚类分析

在基于 MPI 的并行聚类方面：赵中堂、孙申利等人在其文章中提出了 K-means 聚类的并行算法，它是任务并行的[4]。朱映辉和刘波对 BRICH 算法进行了并行化,并在 Windows 平台集群环境 MPICH 的基础上用 C++实现其算法[5]。谷淑化和吕维先提出了 K 均值的并行化算法,并对算法的加速比做了分析[6]。王辉和张望等人提出了 K-means 的并行化算法,并且指出节点数量的增加导致加速比的降低[7]。杜秋媛在其硕士论文中提出了聚类融合的概念以及基于并行 K-medoids 的融合方法 CEPK-medoids 算法和并行聚类融合方法 PCE[8]。张潇介绍了 NOW 并行数据挖掘体系结构[9]。毛绍阳提出了改进的密度函数和基于密度的并行聚类算法[10]。阳琳赟和王文渊对聚类融合的方法做了详细的概述[11]。郭里和陈乐在其硕士论文中提出了 OpenMPI 的并行聚集算法[12,13]。Geoffrey Fox 提出了基于云计算的数据挖掘并行方法[14]。D. Foti 和 D. Lipri 等人指出了处理大数据集的五种可行方法,提出了 AutoClass 算法的并行版本,并且与串行版的 AutoClass 算法做了对比,验证了并行化的正确性[15]。Jianwei Li 提出了基于 Apriori 的并行关联算法和并行的 HOP 算法[16]。Yanjun Li 等人提出了 Parallel Bisecting K-means with Prediction(PBKP)算法[17]。陈敏和高学东在其论文中实现了基于内存的并行 DBSCAN 算法[18]。

引入并行计算技术对海量数据集进行数据挖掘,是数据挖掘技术逐步走向深入的一个重要层次。它和增量技术旨在提高单机处理能力是不同的方向,增量技术提高了单机处理大数据集的能力,并行技术加快了处理大数据集的速度,然而,它们都是适应大数据集的发展趋势的。

研究基于并行的聚类数据挖掘,对于增强数据挖掘的时效性、提高聚类效率等方面,都具有十分重要的意义。

总之,在海量数据集的知识发现中,特别是在数据集大到单机无法处理的情况下,引入并行计算技术,不仅可以加快处理数据的速度,而且可以提高数据挖掘处理海量数据的能力。因此,对并行聚类算法的研究具有十分重要的意义。

以 DBSCAN 的并行算法为例,并行算法主要技术路线如下:

(1)针对数据集分布特点进行数据分区。扫描数据库通过程序计算找出数据的分布特征,对数据库在每一坐标轴上进行投影,从而找到数据库在每一维上的分布特征,进行合理的数据库划分,这是人机交互的过程。分割原数据库需要遵循两个原则:1)依据空间分布特点进行数据块划分,寻找能显示数据分布特征的点,从该处进行区域划分。2)划分数据块的多少,要根据数据库大小及计算环境来共同决定。当数据库较小及计算节点较少时,均不宜将其划分成过多的数据块,原因是将消耗过多的合并成本。

(2)合并算法。

1)如果某点 Z 分别属于类 1 和类 2,Z 至少有一次为核心对象,则类 1 和类 2 合并为一个类。

2)如果某点 Z 在类 1 和类 2 中都是边界点,则 Z 可以属于类 1 或类 2,但类 1 和类 2 不能合并。

3）如果 Z 点有一次属于类 1，而另一次是噪声点，则 Z 属于类 1。

4）如果 Z 点两次都是噪声点，Z 在全局聚类中就是噪声点。

5.2 并行聚类算法设计与实现

如前章所述，ICADD 算法执行过程中，首先对数据集划分，然后利用 CADD 算法对初始数据集进行聚类，增量数据集输入后，再利用 CADD 算法对增量数据集进行聚类，最后根据子簇特征合并聚类结果，正是因为如此，ICADD 算法具备并行的可行性，在此基础上设计与实现了基于 CADD 的并行聚类算法（Parallel Clustering Algorithm Based on CADD，PCADD）。

5.2.1 算法总体流程

根据以上分析，ICADD 算法具有并行执行的可行性。首先根据计算节点的数量对海量数据集 D 进行划分，形成 p 个子数据集 $D_1, D_2, \cdots, D_p$（p 为节点个数或进程数），然后分别在 p 个节点运行聚类算法，形成局部数据集的簇 $\{C_{11}, C_{12}, \cdots, C_{1x}\}$、$\{C_{21}, C_{22}, \cdots, C_{2y}\} \cdots \{C_{p1}, C_{p2}, \cdots, C_{pz}\}$（$x, y, z$ 为簇的个数，p 为子数据集个数）以及孤立点的集合 $O_1, O_2, \cdots, O_p$，对所有子数据集的孤立点进行聚类，得到新的簇集合 $\{C_{o1}, C_{o2}, \cdots, C_{om}\}$（$o$ 表示孤立点数据，m 为簇个数）和新的孤立点集合 $\{O_o\}$（o 表示孤立点数据），最后合并局部聚类结果和孤立点聚类结果为全局聚类结果，形成最后的聚类结果。

在基于 MPI 的集群环境中，节点之间的通信采用的是 TCP/IP 等协议，通信过程产生的延迟一般达到了 ms 级，就是采用 infiniband 网络作为计算网络，延迟相对于节点的计算能力来说也是相当大的，甚至将影响并行聚类算法的运行性能，因此，设计的算法尽量降低节点间互相通信的次数和合并通信内容。那么对于集群环境，将采用数据并行为主结合任务并行的方法进行并行聚类算法的设计，把整个数据空间按照节点数分成若干子空间，每个节点拥有一个自己的局部聚类模式，然后对每个子空间独立地进行聚类，最后输出各自的聚类结果。这样，可以降低通信次数，当然在聚类过程中，也可以进行一定量的通信，交换各个节点的聚类信息，以改善聚类质量。

根据以上思想，并行聚类算法一般分为以下三个步骤：

（1）根据数据划分策略，等量或差量地划分待聚类的数据集为 P 个数据子集，其中 P 为当前可用的节点个数，并且把每个数据子集发送到各个节点。

（2）在各个节点上对本地数据集运行局部聚类算法，形成各自簇的集合和孤立点集合。聚类完成后把结果发送给主节点。

（3）主节点收到各个其他节点的聚类结果后，首先对所有孤立点结合应用局部聚类算法，形成簇的集合和孤立点集合，这个孤立点集合就是最终的孤立点。然后应用聚类合并技术对各个节点的聚类结果以及刚才的聚类结果即簇的集合进行合并，形成最终的簇集合。

当然在局部聚类过程中，为了提高聚类质量，各个节点之间也可以要求少量的通信发生。总体流程如图 5.2 所示。

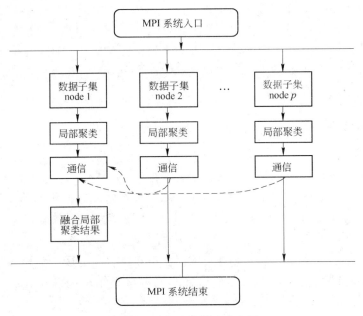

图 5.2 并行聚类算法流程图

5.2.2 数据并行聚类算法

并行聚类算法采用数据并行，数据划分决定负载平衡和通信粒度。相对于处理机的 CPU 速度，数据的发送和接收所需要的网络延迟和消息处理开销太大，因此集群环境下数据分配是影响并行性能的主要原因。数据划分的方法主要有两种：

（1）静态数据划分：数据划分过程在程序设计阶段设定，执行程序时使用预先安排好的分配方法将数据分配到各个节点上进行计算，在网络负载和处理器负载较轻的环境下，静态数据分配能有效处理负载平衡问题。

（2）动态数据划分：数据划分过程在计算过程中动态进行，主节点没有一次分配完所有的数据，待某个从节点计算完成并传送结果到主节点时，由主节点重新分配剩余数据，直到所有数据都被处理完为止。对于集群环境来说，静态数据划分容易出现负载不平衡，但是容易设计出粗粒度的并行程序，减少计算过程中的通信量，而动态数据分配较易达到负载平衡，便于利用集群环境中的高性能机器进行技术，但相应的并行程序较难设计，而且数据划分也需要一定的开销。在算法中，CADD 算法在聚类局部聚类结果时，数据量一样，执行时间也一样，从节点返回计算结果的时间就相同，导致主节点在合并聚类结果时造成等待，但是动态数据分配如果数据发送增量过大或者过小，也会造成主节点的等待，增量的大小不好把握，因此算法采用数据等量划分的方法。

待聚类的数据集划分为 p 个等量数据子集，其中 p 为当前可用的节点个数，并且把每个数据子集发送到各个节点。在各个节点上对本地数据集运行局部聚类算法 CADD，形成各自簇的集合和孤立点集合。在聚类过程中，各个节点分别进行聚类，完成后把结果发送给主节点 1。主节点收到各个其他节点的聚类结果后，首先对所有孤立点集合采用局部聚类算法，形成簇的集合和最终孤立点集合，然后应用聚类簇合并技术对各个节点的聚类结果以及孤立点集合聚类得到的聚类结果进行合并，形成最终的簇集合。

根据并行聚类过程的描述，实现了如下算法：

算法：基于密度和自适应密度可达的并行聚类算法

输入：海量数据集 D，初始密度可达距离调节系数 $coefR$，密度参数 σ，划分 p。
输出：簇个数 K，各簇数据对象，孤立点或噪声。
过程：

1. 主节点 1 读取数据文件，根据节点数 p 等量划分数据集 D，得到局部数据集 $D_i (i = 1, \cdots, p)$，发送局部数据到各个其他节点；
2. 节点 i 上运行 CADD 算法进行局部聚类 $(i = 1, \cdots, p)$；
3. 节点 i 发送各自聚类结果 $C_{ij} (i = 2, \cdots, p; j = 1, \cdots, j^i)$ 给主节点 1；
4. $x = 0$；
5. repeat；
6. 主节点接收发送过来的簇数据和孤立点数据；
7. until $x = p - 1$；
8. 对孤立点进行聚类，得到新的簇和新的孤立点集合。根据区分度 D 和范围 d 合并所有聚类结果。

5.2.3 数据并行和任务并行聚类算法

以上实现的算法虽然达到了和 ICADD 算法一样的效果，但是在聚类过程中由于没有通信，不同子数据集中数据点的影响缺少，当聚类时，随着进程数增多或者划分过多时，聚类结果会出现下降的情形，为了克服以上的问题，又设计了数据并行和任务并行结合的聚类算法。

CADD 算法的执行基本上分为：（1）距离矩阵和密度计算，选取密度最大吸引点，获得局部密度最大点作为簇中心点；（2）以簇中心为圆心，获得直接密度可达包；（3）以直接密度可达包成员为中心，获得间接密度可达包，直到所有数据都被聚类。当然，如果直接密度可达包或间接密度可达包成员数小于孤立点阈值，就标记这些点为孤立点。

分别在 CADD 算法的三个阶段实现并行计算，并行程序设置为主从模式，主节点负责初始数据发送和接收，全局值的广播，从节点计算结果的收集。从节点只负责单纯的距离矩阵计算和聚类。首先，主节点根据进程数或者节点数发送等量的局部数据和所有数据给每个从节点。然后，从节点收到数据后，开始距离矩阵计算，假如待聚类数据集有 n 个数据点，进程数为 $p+1$ 个，则每个从节点只需计算 n/p 个点的距离，时间复杂度从 n^2 降低到 n^2/p。在计算距离的同时，数据点的密度也顺便进行计算。从节点选取局部密度最大点发送给主节点，主节点收到各个从节点发送过来的局部密度最大点后求出全局密度最大点，然后广播全局密度最大点到所有节点。在求最大值时，也是并行计算的方式。从节点以全局密度最大点为中心，搜索所有直接密度可达数据点，然后主节点收集所有从节点的直接密度可达数据点，形成全局直接密度可达数据点，广播到所有节点。从节点以直接密度可达数据点为中心，搜索间接密度可达点，然后主节点再收集所有从节点的间接密度可达数据点，形成全局间接密度可达点，广播到所有节点，然后再次重复以上过程，一直到所有数据点都被聚类。如果直接密度可达点或者间接密度可达点数小于孤立点阈值，则形成孤立点集合。

根据以上描述，实现了如下算法：

算法：数据并行和任务并行结合的并行聚类算法

输入：海量数据集 D，领域半径调节系统 $coefR$、密度参数 σ，节点数 $p+1$

输出：簇个数，簇成员，孤立点集合

过程：

1. 主节点发送等量数据集和所有数据集给所有从节点，广播 $coefR$ 和 σ 参数；

2. 从节点计算密度和距离，求出局部最大密度点，并且发送距离和局部密度最大点；

3. 主节点求全局密度最大点和领域半径，并且广播到所有节点；

4. $j=0$；

5. repeat；

6. 从节点以全局密度最大点为中心，在局部数据集上聚类，得到直接密度可达数据点；

7. 主节点收集从节点的局部直接密度可达数据点，形成全局直接可达数据点，广播到所有节点；

8. repart；

---

9. 从节点以全局密度可达数据点为中心,在局部数据集上聚类,得到间接密度可达数
   据点;
10. 主节点收集从节点的局部间接密度可达数据点,形成全局间接密度可达数据点,广播
    到所有节点;
11. until 所有数据点被聚类或者间接密度可达数据点数小于孤立点阈值;
12. until 所有数据点被聚类或者直接密度可达数据点数小于孤立点阈值;
13. 主节点收集聚类过的局部数据集,输出结果和孤立点集合。

5.3 实验分析

为了验证 PCADD 算法处理海量数据集方面的能力,并且使得聚类结果可视化,采用 BMP 图像转换为空间数据库作为实验数据对象。从算法的有效性、加速比、时间复杂度和与 CADD 算法执行时间对比几个方面进行了分析。

5.3.1 算法有效性分析

在算法有效性实验分析过程中,为了实验结果的可视化,同样对图像内容进行聚类分析。大量的实验结果表明,并行聚类算法能够有效地实现对图像内容的聚类。以图 5.3 所示图像为例,聚类结果有效地识别出原始图像中的内容。

(a) 原始图   (b) 聚类结果

图 5.3　BMP 图像内容并行聚类

5.3.2 算法加速比分析

为了验证算法的加速比,对一幅 BMP 图像内容分别使用不同数量的并行节点进行聚类,统计聚类消耗的时间,实验结果如图 5.4 所示。算法在 9 个节点以

下计算时，执行时间随着节点数增加线性地降低，说明算法有线性的加速比。同时超过 9 个节点计算时，执行时间反而增加，是因为节点愈多，节点间消息通信要增加，从而增加了执行时间。

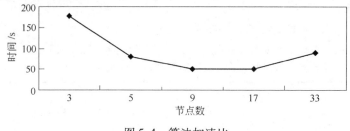

图 5.4　算法加速比

5.3.3　算法时间复杂度分析

串行算法运行时消耗的时间主要是在距离矩阵和寻找簇成员的计算上，计算距离矩阵的时间复杂度为 $O(n^2)$，寻找簇成员的时间复杂度为 $O(n)$，总的时间复杂度 $O(n^2)$。引入并行后，在节点个数为 p 的前提下，计算距离矩阵的时间复杂度为 $O(n^2/p)$，寻找簇成员的时间复杂度为 $O(n/p)$，总的时间复杂度为 $O(n^2/p)$。

5.3.4　PCADD 与 CADD 算法执行时间对比

在不同数据量下，CADD 算法的执行时间与 PCADD 算法在 5 个节点和 9 个节点上的执行时间对比如图 5.5 所示。

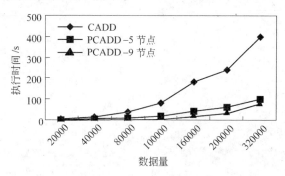

图 5.5　PCADD 算法与 CADD 算法执行时间对比

CADD 算法在数据量增大的情况下，执行时间也在增加，PCADD 算法虽然随着数据量的增加，执行时间增加，但是在节点数增大的情况下，尤其是数据量越大时，执行时间增加的幅度变小，但是在小数据时，执行时间增加的幅度变大，这是因为数据量越小，节点越多，节点间通信花费时间占总执行时间的比例过高，导致总执行时间过长。

参 考 文 献

[1] 张林波，迟学斌．并行计算导论［M］．北京：清华大学出版社，2006．

[2] ［美］格兰马（Grama M.），等．并行计算导论（原书第 2 版）［M］．张武，等译．北京：机械工业出版社，2005．

[3] 周兵，冯中慧，王和兴．集群环境下的并行聚类算法之研究［J］．计算机科学，2007，30（10）：195．

[4] 赵中堂，孙申利．基于 MPI 的并行聚类算法［J］．郑州航空工业管理学院学报，2005，6（160）．

[5] 朱映辉，刘波．MPI 环境下的聚类并行化研究［J］．电脑开发与应用，2005，18（9）．

[6] 谷淑化，吕维先．基于消息传递的并行聚类算法［J］．Modern Computer，2006，1（83）．

[7] 王辉，张望．基于集群环境的 K-means 聚类算法的并行化［D］．吉林大学硕士学位论文，2008．

[8] 杜秋媛．基于 Linux 集群的并行聚类融合的研究与实现［D］．吉林大学硕士学位论文，2002，13（01）：11～35．

[9] 张潇．并行数据挖掘研究［J］．计算机工程，2003，10：58～75．

[10] 毛绍阳．基于密度的并行聚类算法研究［D］．高教硕士学位论文，2007．

[11] 阳琳赟，王文渊．聚类融合方法综述［J］．小型微型计算机系统，2004，25（10）．

[12] 郭里．并行层次聚类技术研究［D］．长沙：湖南大学．硕士学位论文，2006．

[13] 陈乐．基于多核系统的并行数据挖掘技术在医学领域应用的研究［D］．吉林大学硕士学位论文，2008．

[14] Geoffrey Fox. Parallel data mining from multicore to clody grids［EB］. Cetraro HPC, 2008.

[15] Foti D, Lipri D, Pizzuti C, Talia D. Scalable Parallel clustering for data mining on multicomputers［EB］.

[16] Jianwei Li, Ying Liu, Wei keng Liao, Alok Choudhary. Parallel data mining algorithms for association rules and clustering［EB］.

[17] Yanjun Li, Soon M. Chung. Parallel bisecting K-means with prediction clustering algorithm［EB］.

[18] 陈敏，高学东．并行 DBSCAN 聚类算法［J］．中国管理信息化，2010，3：79～80．

6 高维多类型属性数据对象聚类分析

大数据具有的高维性为数据挖掘带来了维度灾难，大数据对象属性的多样性（多类型）也为数据挖掘算法带来了挑战。通过数据挖掘技术使低价值密度的大数据转化为知识与智慧和价值，重要的研究课题之一是高维度、多类型属性数据对象的聚类分析。本章在研究维度对聚类分析有效性影响的基础上，通过属性加权和属性转换的方法，研究了高维度、多类型属性数据对象聚类分析的有效性。

6.1 高维多类型属性数据对象

6.1.1 高维数据处理

对于高维度或多属性，例如一个文档对象（向量）通常有数以千计或数以万计的属性（分量），通常采用的处理方法是降维处理。降维方法包括：维归约、特征子集选择、特征创建等[1]。

（1）维归约：通过创建新属性，将某些原始属性进行合并来达到降低数据对象维度的目的。维归约常用的方法是使用线性代数技术，将数据对象由高维空间投影到低维空间，如主成分分析（Principal Components Analysis，PCA）和奇异值分解（Singular Value Decomposition，SVD）技术。

（2）特征子集选择：使用常识或领域知识消除某些不相关的和冗余的属性。特征选择的理想方法是将所有可能的特征子集作为数据挖掘算法的输入，然后选取产生最好结果的子集。但是，由于子集的数量可能很大，考查所有的子集是不现实的。特征选择过程可以看作是子集评估度量、控制新的特征子集产生的搜索策略、停止搜索标准和验证。属性加权是一种保留或删除特征的有效方法。特征越重要，所赋予的权值越大，而不重要的特征赋予较小的权值。同时，可以根据给定的权值的阈值删除不重要的属性。

（3）特征创建：由原始属性创建新的、较小的属性集，更有效地捕获属性集中的重要信息。常用的特征子集创建方法有特征提取、特征空间映射和特征构造。特征提取是由原始属性数据提取新的特征集，如图像特征提取技术。特征空间映射是利用数据变换技术，如小波变换、傅里叶变换等，将属性从一个空间变换到另一空间，揭示重要的特征。特征构造是由原特征构造出一个或多个新特征属性。

6.1.2 多类型属性处理

6.1.2.1 数据对象属性

通常，数据集可以看作数据对象的集合。数据对象的其他表述是记录、点、向量、模式、事件、案例、样本、观测值或实体。数据对象用一组刻画对象基本特征的属性表达。属性的其他表述是变量、特性、字段、特征或维度。

属性是对象的性质或特性，它因对象而异，或随时间而变化。由于描述数据对象的属性有不同类型，如标称型（nominal）、序数型（ordinal）、区间标度型（interval）、比率型（ratio），属性可以具有不同的取值，如非数值型、二值型、逻辑型和数值型等。不同的属性类型对应的数学操作有所不同，见第 2 章 2.1.1 节。

6.1.2.2 多类型属性处理

通常处理多类型属性有三种方法：（1）将非数值属性的值转化成数值，然后利用距离进行计算。（2）对数值型数据进行离散化，将多类型数据统一为非数值数据后再用非数值型算法进行挖掘[2]。这种方法的缺点是在离散过程中容易丢失对聚类重要的信息。（3）设计一种能适合于数值型数据和非数值型数据的基于概率分布函数的评价函数[3]。

其他处理混合类型数据的方法有：Ralam-bondrainy 提出了一种概念 K-means 聚类算法，即先将非数值属性转化为多个取值为 0 或 1 的二元属性，然后将这些 0 或 1 看作数值数据进行聚类。该方法尽管可以在转化的数据集上用 K-means 算法进行聚类，但对于具有较多取值的属性而言，因会产生大量的二元属性而使计算代价和存储代价过大，同时还加剧了"维灾难"[4]。Huang 提出了 K-modes 算法和模糊 K-modes 算法。K-modes 算法用模来代替聚类中心，采用非数值属性匹配的差异性计算方法来处理非数值属性，以及利用基于频率方法对各聚类模进行更新。K-prototypes 算法可以采用数值量和非数值量混合描述的对象进行聚类分析，但是其缺点是对于每一个类内的每一个非数值属性，有时无法用单一模来表示类内所有对象在该属性上的统计信息；K-modes 算法是以丢失其他非数值属性的值作为代价的[5]。吴孟书、吴喜之提出一种改进的 K-prototypes 聚类算法[3]，该算法针对数值型和非数值型采用两种相似度，数值型采用欧式距离，非数值型采用相似度等于 0 或 1，然而这种聚类分析不大可能产生兼容的结果。

6.1.3 高维数据对象聚类

目前，对高维数据的聚类主要有三种方法[6]：属性转换、子空间聚类和协同聚类。

6.1.3.1　属性转换

属性转换是通过创建新属性，将一些旧属性合并在一起来降低数据集的维度的方法。目前普遍应用的降维方法有主成分分析方法（PCA）[7]、自组织映射网络（SOM）、多维缩放（MDS）[8]、小波分析等。小波变换通过伸缩和平移等运算功能可对函数或信号进行多尺度的细化分析，解决了 Fourier 变换不能解决的许多困难问题，可以在不同频率或尺度上进行变换。例如，重庆大学的冯永、吴开贵，熊忠阳及吴中福提出了一种有效的并行高维聚类算法[9]，针对 CLIQUE 算法聚类结果精确性不高的缺点，提出利用小波变换来生成自适应网格的方法对 CLIQUE 算法进行改进。

自组织映射网络通过寻找最优参考矢量集合来对输入模式集合进行分类。每个参考矢量为一输出单元对应的连接权向量。与传统的模式聚类方法相比，它所形成的聚类中心能映射到一个曲面或平面上，而保持拓扑结构不变。对于未知聚类中心的判别问题可以用自组织映射来实现。

多维缩放和聚类算法一样，多维缩放也是一种非监督技术，它的作用并不是要做预测，而是要使不同数据项之间的关联程度更易于理解。多维缩放会为数据集构造一个低维度的表达形式，并令距离值尽可能接近于原数据集。对于屏幕或纸张的打印输出，多维缩放通常意味着将数据从多维降至二维。

6.1.3.2　子空间聚类

经过广泛的研究证明，在高维数据集中，很多聚类结果在全维空间中并不相似，但在其中的一些子维空间中具有较高的相似性。很多聚类算法不能发现隐藏在属性子集上的聚类，因此，很多研究者进行了子空间聚类算法的相关研究。

子空间聚类算法拓展了特征选择的任务，尝试在相同数据集的不同子空间上发现聚类。和特征选择一样，子空间聚类需要使用一种搜索策略和评测标准来筛选出需要聚类的簇，不过考虑到不同簇存在于不同的子空间，需要对评测标准做一些限制[10]。

子空间聚类是目前高维数据聚类分析中非常活跃的研究领域之一。目前已提出多种子空间聚类算法，如软子空间聚类（soft subspace clustering），已成功地应用于文本聚类、供应商关系管理等领域，并且取得了良好的效果。但是，子空间聚类仍有一些关键问题亟待解决。例如，如何对子空间聚类进行比较，目前比较好的聚类算法如何改进才能应用于子空间聚类等问题。例如，刘佳佳、胡孔法、陈崚提出一种基于单维分割的高维数据聚类算法 HDCA_SDP[11]，该算法利用单维空间能划分数据的性质，对整个数据集进行逐维聚类；郑宣耀提出一种基于相似性二次度量的高维数据聚类算法[12]；陈建斌、宋翰涛提出一种基于超图模型的高维聚类算法[13]，通过定义对象属性分布特征向量和对象间属性分布相似度，建立超图模型，并应用超图分割法进行聚类；刘勘、周晓峥、周洞汝提出了一个新的基于密度的聚类算法 CODU[14]，基本思想是对单位子空间按密度排序，对每一个子空间，如果其密度大于周围邻居的密度则形成一个新的聚簇；淦文燕、李家福、李德毅提出一种基于熵的特征筛选方法[15]，该方法通过构造一个基于对象间相似度的熵度量，对原始特征集中的每个特征进行重要性评估，从而获得重要特征子集；周煌人、彭辉、桂卫华提出一种基于映射的高维数据聚类方法[16]；宋俊德提出一个用于高维数据聚类的通用框架模型[17]，在该模型中，把高维聚类分解成若干个一维聚类或者二维聚类。每个阶段只考虑其中一个维度或者两个维度，经过多个阶段的聚类，来实现高维数据的聚类分析，该方法的缺点是如果聚类所用的维度次序发生变化，则可能会产生不同的聚类结果；周晓云、孙志挥、张柏礼、胡文瑜提出一种基于最优区间分割和单调递减阈值函数的高维数据集聚类算法 FIS[18]；冯永、钟将、熊忠阳、叶春晓、吴中福提出一种自底向上的高维聚类算法[19]，采用自底向上的思想对小波聚类算法进行改进，使之适合高维聚类；大连理工大学的单世民、闫妍、张宪超提出一种基于 K 最相似聚类的子空间聚类算法[20]，该算法使用一种聚类间相似度度量方法保留 K 最相似聚类，在不同子空间上采用不同局部密度阈值，通过 K 最相似聚类确定子空间搜索方向，将处理的数据类型扩展到连续型和分类型，可以有效处理高维数据聚类问题。

6.1.3.3 协同聚类

协同聚类从对象-属性两个角度同时进行聚类操作，在数据点聚类和属性聚类之间达到了一种平衡。假如，Govaert[21]于 1995 提出了可能性矩阵表中行列块的同时聚类算法。Dhillon[22]于 2001 年研究出了一种与文本挖掘相关的、基于二部图和它们的最小切割的协同代数聚类算法，在 K-means 模型中应用了 Jensen-Shanon 散度式对文本挖掘的关键词进行聚类取得了较好的效果。Oyanagi[23]等人于 2001 年研究出了一种在稀疏二元矩阵中发现相应区域的简单 Ping-Pong 算法，此算法通过建立矩阵元素的横向联系来重新分布列对行的影响，并反过来进行。协同聚类技术还被经常用于文本挖掘中的关键词聚类，为文本聚类和分类中的凝聚型协同聚类提供了便利。Berkhin 和 Becher[24]分析出了分布式聚类与 K-means 之间的深厚的代数关系，现在已经被广泛应用于 WEB 分析中。

6.1.4 多类型属性数据对象聚类

唐春斌提出一种 K-centers 算法[25]处理多类型的数据，但是该算法只是处理了标称型和数值型的数据；王喆、陆楠、周春光采用一种改进后的决策树归纳聚类算法和交互式 CLTree (Clustering based on decision Trees) 剪枝[26]，处理数值型和枚举型的数据；汪加才、朱艺华提出的模糊 K-Prototypes (FKP) 算法[27]融合了 K-means 和 K-Modes 对数值型和符号型数据的处理方法，适合于多类型数据的聚类分析；汪加才、文巨峰、陈奇、俞瑞钊提出了一种适合于多类型数据的结构化模糊 K-Prototypes 算法 (SFKP)[4]，能够处理符号型数据。

6.2 维度对聚类算法精度影响

6.2.1 高维数据聚类

聚类分析是数据挖掘领域中的关键技术之一，聚类高维数据集是聚类分析中的挑战。随着维数的升高，数据分析变得非常困难。一方面的原因是：数据在高维空间分布得比较稀疏，并且高维空间中的数据间的距离近乎相等，因此对聚类算法起决定作用的两点间的距离和密度对聚类不再有效，所以基于距离和密度的聚类算法在面对高维数据集时往往失效。另一方面的原因是：随着维数的增加，通常只有少数的维和聚类有关，不相关的维会产生大量的噪声，从而掩盖了真正的簇，影响聚类算法的聚类结果。

为了克服这些困难，常用的方法是特征转换和特征选择。特征转换方法有主成分分析 (PCA) 和奇异值分解 (SVD)，把数据转换到一个维数较少的空间，同时保留数据间最初的相对距离，通过创建的属性的线性组合，也许能发现隐藏在数据中的结构。另一种处理维灾难的方法是去掉和聚类无关的维，特征子集选择是去掉不相关的维的常用方法。

子空间聚类是特征子集选择的一种扩展，是实现高维数据集聚类的有效途径。子空间聚类算法尝试在相同数据集的不同子空间上发现聚类，它需要使用一种搜索策略和评测标准来筛选出需要聚类的簇，考虑到不同簇存在于不同的子空间，需要对评测标准做一些限制。

为了研究维数对聚类算法精度的影响，有必要研究这些传统的处理高维数据的方法。

6.2.2 数据集与相关定义

6.2.2.1 实验数据集

实验中所用的数据集均来自 UCI 数据库，数据集包括 Iris[28]、Wine[29]、Wisconsin Diagnostic Breast Cancer[30]、SPECT Heart[31] 和 Libras Movement[32]。数据集的详细描述见表 6.1。

表6.1 实验数据集

数据集名称	样本个数	属性个数	类个数
Iris	150	4	3
Wine	178	13	3
Wisconsin Diagnostic Breast Cancer	569	30	2
SPECT Heart	269	44	2
Libras Movement	360	90	15

6.2.2.2 相关定义

最大距离：假设数据集 D 有 n 个数据对象，每个数据对象有 d 个属性（维），即 $X_i = \{x_k, k = 1, \cdots, d\}, i = 1, \cdots, n$，数据对象间的最大距离被定义为：

$$\text{Dist}_{\text{Max}} = \text{Max}\left\{\left[\sum_{k=1}^{d}(x_{ik} - x_{jk}^2)\right]^{1/2}, i \neq j\right\} \tag{6.1}$$

平均距离：数据对象间的平均距离被定义为：

$$\text{Dist}_{\text{Aver}} = \left[\frac{1}{n(n-1)}\sum_{i=1}^{n}\sum_{j=1}^{n}\sum_{k=1}^{d}(x_{ik} - x_{jk})^2\right]^{1/2} \tag{6.2}$$

准确度：假设数据集 D 中有 k 个类，即 $C_i(i = 1, \cdots, k)$，$O_{ip}(p = 1, \cdots, m_p)$ 是类 C_i 中的数据对象。数据集 D 经过聚类后，出现了 k 个类 $C'_i(i = 1, \cdots, k)$，$O'_{ip}(p = 1, \cdots, m'_p)$ 是类 C'_i 中的数据对象，准确度被定义为：

$$\text{Accuracy} = \frac{\sum_{i=1}^{k}\text{Max}[\ |C_1 \cap C'_i|, |C_2 \cap C'_i|, \cdots, |C_k \cap C'_i|\ ]}{|D|} \tag{6.3}$$

式中，$|C_k \cap C'_i|$ 是同时属于类 C_i 和 C'_i 的数据对象的个数；$|D|$ 是数据集 D 中的数据对象的个数。

6.2.3 实验结果及分析

6.2.3.1 维数对数据对象间距离的影响

为了研究维对聚类精度的影响，有必要研究对象间的距离随维数增高的变化趋势。根据上面定义的公式（6.1）和公式（6.2），数据对象间的最大距离和平均距离随维数的增加而增大。使用 UCI 数据库中的 Libras Movement 数据集，计算此数据集中数据对象间随维数增高的最大距离和平均距离，结果分别显示在图 6.1 和图 6.2 中。

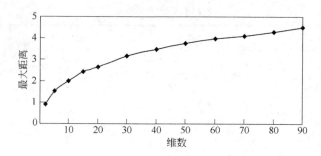

图 6.1　对象间最大距离随维数增加的变化趋势

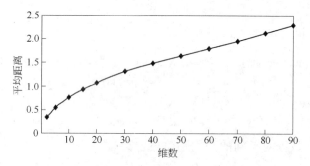

图 6.2　对象间平均距离随维数增加的变化趋势

由图 6.1 和图 6.2 所示，随着维数的增加，数据对象间的最大距离和平均距离逐渐增大。当数据集的维数小于 30 时，最大距离和平均距离增加得比较快，当数据集的维数大于 30 时，最大距离和平均距离增加得比较慢，甚至趋向于直线，曲线有一个拐点，即维数 = 30。最大距离和平均距离随维数的增加而增大表明数据对象间的距离随维数的增加而增大。因此，当数据集的维数小于 30 时，基于距离和密度的聚类算法是有效的。

此结果也表明，数据对象在高维数据空间变得比较稀疏，基于距离的聚类算法往往失效，为了获得有效的聚类结果，基于距离、密度和密度可达的聚类算法需要重新定义相异度。

6.2.3.2　维数对算法聚类精度影响

为了研究维数对算法聚类精度的影响，分别用 K-menas 和层次聚类算法处理以上 5 个不同维数的数据集，结果如图 6.3 所示。

实验结果表明，当数据集的维数小于 30 时，聚类算法的性能很好，当数据集的维数大于 30 时，聚类算法的精度随维数的增高而降低。当数据集的维数小于 30 时，像 K-menas 和层次聚类算法这种基于距离的聚类算法是有效的，但是当维数大于 30 的时候它们的聚类结果很不理想。

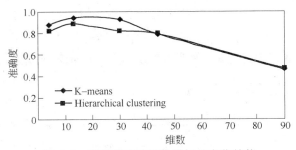

图 6.3 聚类精度随维数增加的变化趋势

6.2.3.3 降维实验

Wine 数据集有 13 维，经过主成分分析（PCA）降维后，原有的 13 维变成了 3 维，为了比较 PCA 降维前和降维后的效果，用 K-均值和层次聚类算法对原有的数据集和经过降维后的数据集进行聚类，结果如图 6.4 所示。

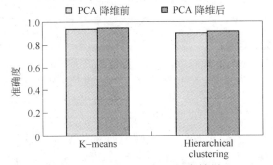

图 6.4 Wine 数据集的聚类结果

对数据集降维后，K-menas 和层次聚类算法的聚类精度有所提高，但是效果不是很明显。此结果也说明了 K-menas 和层次聚类对 30 维以内的数据集的聚类精度比较高。

Libras Movement 数据集有 90 维，经过 PCA 降维后变成了 10 维，降维前和降维后的聚类结果如图 6.5 所示。

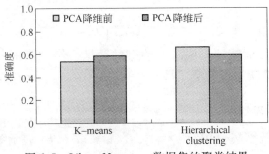

图 6.5 Libras Movement 数据集的聚类结果

降维前和降维后 K-menas 和层次聚类算法的聚类精度都很低，结果表明：（1）以上两种聚类算法不能有效地处理高维数据；（2）PCA 对聚类算法不总是有效的；（3）此数据集包含 15 个类，聚类算法不能很好地辨别。

6.3　多类型属性数据聚类分析

目前，大多数聚类算法都是面向数值型的数据，然而，现实的数据库中的数据不只包含数值型的数据，还包含非数值型的数据，比如性别、颜色等属性的值是非数值型的，这就限制了很多聚类算法在数据挖掘领域中的应用。因此研究混合类型数据的聚类算法是非常有必要的。

通常处理混合类型的数据有三种方法：（1）将非数值属性的值转化成数值，然后利用距离进行计算；（2）对数值型数据进行离散化，将混合类型数据统一为非数值数据后再用非数值聚类算法，这种方法的缺点是在离散过程中容易丢失对聚类重要的信息；（3）设计一种能适合于数值型数据和非数值型数据的基于概率分布函数的评价函数。

6.3.1　处理多类型数据方法

采用把二元型、标称型、序数型数据转化成数值型数据的方法，用 K-means、层次聚类算法、基于密度和自适应密度可达聚类算法（CADD）对数据集进行聚类，分析与验证属性类型转换后聚类算法效果。

将非数值属性转换成数值属性，然后把所有的变量一起处理，只进行一次聚类分析。转换的步骤如下：

第一步：假设数据集 D 中有 m 个对象，每个对象有 p 维，设第 i 个对象的 f 维的值为 x_{if}，变量 f 有 M_f 个有序的状态，表示秩评定 $1, \cdots, M_f$。用对应的秩 $r_{if} \in \{1, \cdots, M_f\}$ 代替 x_{if} 的值。

第二步：每个非数值变量一般具有不同数目的状态，通常需要将每个变量的值域映射到 $[0.1, 1.0]$，以便每个变量有相同的权重。这一点可以通过用 Z_{if} 代替第 i 个对象的第 f 个属性的秩 r_{if} 来实现，其中

$$z_{if} = \frac{r_{if} - 1}{M_f - 1} \tag{6.4}$$

这样，混合类型的数据就转换成了数值型的数据，然后用 K-means、层次聚类、CADD 对转化的数据集进行聚类。

6.3.2　聚类效果度量标准

准确度：假设数据集 D 中有 k 个类，$C_i(i = 1, \cdots, k)$ 表示第 i 类，$O_{ip}(p = 1, \cdots, m_p)$ 表示 C_i 类里的数据对象。数据集 D 经过聚类聚出的类为 $C'_i(i = 1, \cdots,$

k），$O'_{ip}(p = 1,\cdots,m'_p)$ 表示类 C'_i 里的数据对象，准确度的表达式为：

$$Accuracy = \frac{\sum_{i=1}^{k} Max[\ |C_1 \cap C'_i|,|C_2 \cap C'_i|,\cdots,|C_k \cap C'_i|\ ]}{|D|} \tag{6.5}$$

式中，$|C_k \cap C'_i|$ 表示同时属于类 C_i 和类 C'_i 的数据对象的个数，$|D|$ 是数据集 D 里的对象的个数。

6.3.3　实验结果及分析

实验数据集 Chess dataset[33]、mushroom dataset[34] 和 cencus-income dataset[35] 分别来自 UCI 数据库，Chess dataset 包含 3 个数值属性和 3 个非数值属性，mushroom dataset 包含 22 个非数值属性，cencus-income dataset 包含 6 个数值属性和 8 个非数值属性。

（1）Chess dataset 的部分原始数据见表 6.2，转换成数值数据的 Chess dataset 的部分数据见表 6.3。

表 6.2　Chess dataset 的部分原始数据

ID	属性 1	属性 2	属性 3	属性 4	属性 5	属性 6	属性 7
1	a	1	c	4	d	3	1
2	a	1	d	4	c	3	1
3	a	1	d	4	d	3	1
4	a	1	d	4	e	3	1
5	a	1	d	4	e	4	1
6	a	1	d	4	e	5	1
7	a	1	d	5	e	4	1
8	a	1	e	4	d	3	1
9	a	1	e	4	d	4	1
10	a	1	e ·	4	e	3	1
⋮	⋮	⋮	⋮	⋮	⋮	⋮	⋮

表 6.3　转换后的 Chess dataset 的数值数据

ID	属性 1	属性 2	属性 3	属性 4	属性 5	属性 6	属性 7
1	0	1	0.142857	4	0.14286	3	1
2	0	1	0.285714	4	0	3	1
3	0	1	0.285714	4	0.14286	3	1

ID	属性1	属性2	属性3	属性4	属性5	属性6	属性7
4	0	1	0.285714	4	0.28571	3	1
5	0	1	0.285714	4	0.28571	4	1
6	0	1	0.285714	4	0.28571	5	1
7	0	1	0.285714	5	0.28571	4	1
8	0	1	0.428571	4	0.14286	3	1
9	0	1	0.428571	4	0.14286	4	1
10	0	1	0.428571	4	0.28571	3	1
⋮	⋮	⋮	⋮	⋮	⋮	⋮	⋮

（2）mushroom dataset 的部分原始数据见表6.4，转换成数值数据的 mushroom dataset 的部分数据见表6.5。

表6.4 mushroom dataset 的部分原始数据

ID	属性1	属性2	属性3	属性4	属性5	属性6	属性7
1	x	s	g	f	n	f	…
2	x	f	w	f	n	f	…
3	x	f	g	f	f	f	…
4	x	f	g	f	f	f	…
5	x	f	g	f	f	f	…
6	x	f	g	f	f	f	…
7	x	f	g	f	f	f	…
8	x	f	g	f	f	f	…
9	x	f	g	f	f	f	…
10	x	f	g	f	f	f	…
⋮	⋮	⋮	⋮	⋮	⋮	⋮	⋮

表6.5 转换后的 mushroom dataset 的数值数据

ID	属性1	属性2	属性3	属性4	属性5	属性6	属性7
1	0	0	1	1	0.33333	1	…
2	0	1	0	1	0.33333	1	…
3	0	1	0.5	1	0.5	1	…
4	0	1	0.5	1	0.5	1	…
5	0	1	0.5	1	0.5	1	…

续表 6.5

ID	属性 1	属性 2	属性 3	属性 4	属性 5	属性 6	属性 7
6	0	1	0.5	1	0.5	1	⋯
7	0	1	0.5	1	0.5	1	⋯
8	0	1	0.5	1	0.5	1	⋯
9	0	1	0.5	1	0.5	1	⋯
10	0	1	0.5	1	0.5	1	⋯
⋮	⋮	⋮	⋮	⋮	⋮	⋮	⋮

（3） cencus-income dataset 的部分原始数据见表 6.6，转换成数值数据的 cencus-income dataset 的部分数据见表 6.7。

表 6.6　cencus-income dataset 的部分原始数据

ID	属性 1	属性 2	属性 3	属性 4	属性 5
1	State-gov	77516	13	Never-marrried	⋯
2	Self-emp-not-inc	83311	13	Married-civ-spouse	⋯
3	private	215646	9	Divorced	⋯
4	private	234721	7	Married-civ-spouse	⋯
5	private	338409	13	Married-civ-spouse	⋯
6	private	284528	14	Married-spouse-absent	⋯
7	private	160187	5	Married-civ-spouse	⋯
8	Self-emp-not-inc	209642	9	Married-civ-spouse	⋯
9	private	45781	14	Never-marrried	⋯
10	private	159449	13	Married-civ-spouse	⋯
⋮	⋮	⋮	⋮	⋮	⋮

表 6.7　转换后的 cencus-income dataset 的数值数据

ID	属性 1	属性 2	属性 3	属性 4	属性 5	⋯
1	39	0	77516	13	0	⋯
2	50	0.5	83311	13	0.33333	⋯
3	38	1	215646	9	0.66667	⋯
4	53	1	234721	7	0.33333	⋯
5	28	1	338409	13	0.33333	⋯
6	37	1	284528	14	0.33333	⋯
7	49	1	160187	5	1	⋯

续表 6.7

ID	属性 1	属性 2	属性 3	属性 4	属性 5	…
8	52	0. 5	209642	9	0. 33333	…
9	31	1	45781	14	0	…
10	42	1.	159449	13	0. 33333	…
⋮	⋮	⋮	⋮	⋮	⋮	⋮

实验主要测试属性经过转换后 CADD、K-means 算法和层次聚类算法的聚类准确度。Chess dataset、mushroom dataset 和 cencus-income dataset 的实验结果分别如图 6.6、图 6.7 和图 6.8 所示。

实验结果表明，通过此方法把多类型属性的数据转换成数值数据后，K-means、层次聚类算法和 CADD 能有效地处理多类型的数据；同时 CADD 算法表现出较好的聚类效果。对于不能处理混合属性数据的其他聚类算法，本章方法仍然具有较好的聚类结果，这是因为此方法把所有的变量一起处理，只进行一次聚类分析，不但避免了"维灾难"对结果的影响，也避免了数值型数据和非数值型数据分开处理造成的不兼容的结果，体现了一定的优越性。

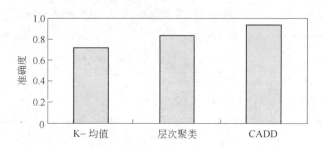

图 6.6　Chess dataset 各聚类算法精度的比较

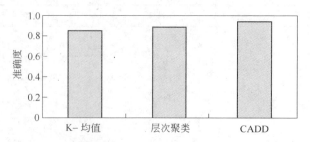

图 6.7　mushroom dataset 各聚类算法精度的比较

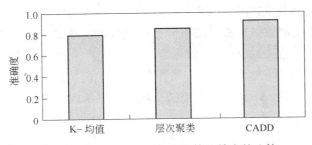

图 6.8 cencus-income 各聚类算法精度的比较

6.4 基于属性加权的高维数据聚类

CADD 算法克服了传统划分方法和层次方法需要人为指定簇数目、不能很好地聚类形状复杂的簇的缺点，也克服了基于密度的算法不能处理数据分布密度不同簇的缺点，从聚类的精度和时间的效率考虑，算法均取得了理想的效果[36]。但是，CADD 算法对高维数据的聚类效果不是很明显，针对 CADD 算法在这方面的不足，对 CADD 算法进行改进和完善，使之能够有效处理高维数据集。

6.4.1 属性加权 CADD 算法

基于密度和自适应密度可达聚类算法利用高斯函数 $f_{\text{Guass}}(x_i, x_j) = e^{-\frac{d(x_i, x_j)^2}{2\sigma^2}}$ 计算每个数据点的密度，然后找出最大密度点作为簇的中心。当计算密度时，CADD 算法不考虑对象中的每个变量在聚类过程中体现的作用不同，而是统一看待，用这样的公式计算数据点的密度并不确切。数据点的密度是根据对象间的距离（欧式距离）计算的，对象间的距离表示的是对象的相近程度，而相似不仅依赖于对象间的相近程度，还依赖于对象内在的性质，即对象中每个变量的重要性，而每个变量对聚类所起的作用一般情况下是不相同的。

在高维数据中，通常只有少数的维对聚类起关键作用，不相关的维会产生大量的噪声，从而掩盖了真正的簇。由于存在上面所述的问题，CADD 处理高维数据时的聚类结果不太理想。为了使 CADD 能有效处理高维数据，要改进数据点密度的计算方式。

针对 CADD 算法存在的问题，对密度公式 $\text{density}(x_i) = \sum_{j=1}^{n} e^{-\frac{d(x_i, x_j)^2}{2\sigma^2}}$ 里的欧式距离 $d(x_i, x_j)^2$ 进行加权，根据每个属性在聚类过程中所起的作用不同，给每个属性赋一个权值，这样即充分利用了数据的分布特征，又提高了聚类结果的准确性。数据集若用可分性好的属性子集来描述，具有相同类别的数据对象越集中，而不同类别的数据对象越远离，类与类之间的距离也比较大。通过对多种赋权法的比较，选用复相关系数的倒数作为其权值效果比较好[36]。

复相关系数的倒数赋权法是在方差倒数赋权法的基础上提出来的。假如记被选的属性为 X_k，则它的复相关系数记为 ρ_k。ρ_k 越大，表明 X_k 与其余的属性越相关，越能被非 X_k 代替，也就是说 X_k 属性对聚类的作用越小；反之，ρ_k 越小，X_k 与其余的属性越不相关，X_k 属性对聚类的作用越大。所以可以用 $|\rho_i|^{-1}$ 计算权重系数 w_k：

$$w_k = \frac{|\rho_k|^{-1}}{\sum\limits_{m=1}^{p} |\rho_m|^{-1}}, k = 1,2,\cdots,p \tag{6.6}$$

因此，数据点密度计算公式中的加权欧式距离公式为：

$$d(x_i,x_j) = \left[\sum\limits_{k=1}^{p} w_k(x_{ik} - x_{jk})^2 \right]^{1/2} \tag{6.7}$$

6.4.2　实验结果及分析

实验中所用的数据集均来自 UCI 数据库，数据集包括 Wisconsin Diagnostic Breast Cancer（WDBC），SPECT Heart 和 Libras Movement，由于 Libras Movement 的类较多，取其中的部分数据。

6.4.2.1　属性加权 CADD 算法

为了测试属性加权 CADD 算法的准确度，将聚类结果的准确度定义为聚类结果中属于正确聚类的数据对象占所有数据对象的比例。对于这三个数据集，均采用 CADD 算法取得最好聚类结果的参数，得到的准确度如图 6.9 所示。可以看出，本章算法在处理高维数据集时，随着维数的升高，聚类精度稍有下降，但是都取得了较好的聚类结果，从而验证了属性加权 CADD 算法的有效性。

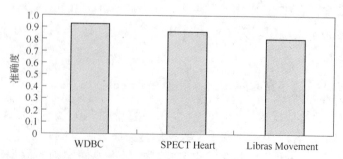

图 6.9　属性加权 CADD 算法聚类精度

6.4.2.2 降维实验

同时，也可以采用复相关系数的倒数赋权法作为一种特征属性选择方法，用此方法为数据集的每个属性加权后，得到了每个属性的权值。根据设定的权值阈值参数 σ，选择权值大于 σ 的属性，从而实现了对数据集的降维，然后对这部分数据集进行聚类。为了说明此方法的有效性，采用 K-means 算法、层次聚类算法、CADD 算法对 WDBC 数据集和 SPECT Heart 数据集进行聚类，来对比降维前和降维后的结果。

WDBC 数据集有 30 个属性，对属性加权后，各维的权值为：

0.0321225877781641	0.0335614286109108	0.032122609755786	0.0321646305753262
0.0342779773930488	0.0324411398821677	0.0323477293998155	0.0323892227345082
0.03676810685793	0.0331887743973963	0.0323333178066359	0.0367888006895212
0.0323490738659048	0.0325157585338284	0.0370443210045665	0.0332173994523648
0.0331932278014574	0.0336101466908587	0.0357582391673661	0.0339104469663297
0.0321384829557273	0.0330197330870118	0.032158091229883	0.0321660958159551
0.0336789982020358	0.0325616114172805	0.0326327761416693	0.032564307551985
0.0339508471697642	0.0330052170648008		

取权值大于 0.036 时，该数据集降为 3 维；取权值大于 0.034 时，该数据集降为 6 维；取权值大于 0.033 时，该数据集降为 15 维。降为 3 维、6 维、15 维的数据集和原数据集的聚类精度如图 6.10 所示。实验结果表明该数据集降为 6 维时聚类效果最好。

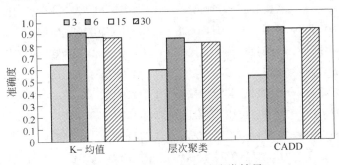

图 6.10 WDBC 数据集的聚类结果

SPECT Heart 数据集有 44 个属性，对属性加权后，各维的权值为：

0.0247329524741843	0.023577533571881	0.0254184317441695	0.0236541939675204
0.0248657962913331	0.022512950581931	0.0231734594133519	0.0228360678991956
0.0221081817657358	0.022129744162623	0.0236099712709717	0.0230384494923698
0.0235464296260897	0.023476238260854	0.021983582955763	0.0221050213983347

0. 021633982229505	0. 0218454919257807	0. 0233652548601713	0. 0229113844602968
0. 0260793902778867	0. 0253381620118656	0. 023010249351587	0. 0228978760535548
0. 0211955491349902	0. 0214575322251289	0. 0232995453562678	0. 023229746844436
0. 0213300899028856	0. 0212708230280012	0. 0231391659324281	0. 0222349165062958
0. 0239209414374772	0. 022694412111824	0. 0214380712388295	0. 0215097425839164
0. 0226739557252866	0. 0219405008597102	0. 0214822090947359	0. 021440233999101
0. 0215126958010421	0. 0214759384581897	0. 0215379934432719	0. 0213653988304805

取权值大于 0.024 时，该数据集降为 5 维；取权值大于 0.023 时，该数据集降为 18 维；取权值大于 0.022 时，该数据集降为 28 维。降为 5 维、18 维、28 维的数据集和原数据集的聚类精度如图 6.11 所示。实验结果表明该数据集降为 18 维时聚类效果最好。

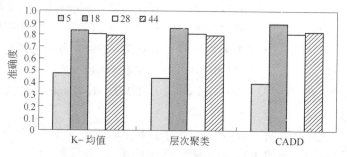

图 6.11   SPECT Heart 数据集的聚类结果

Libras Movement 数据集有 90 个属性，对属性加权后，各维的权值为：

0. 0111095392429847	0. 011110997395018	0. 0111090131822724	0. 011109297843351
0. 0111090924691791	0. 0111062204430828	0. 0111093467568486	0. 0111107154279912
0. 0111098724901947	0. 0111115090281267	0. 0111095650821066	0. 0111110163313466
0. 011110942826919	0. 0111103922954466	0. 0111097631762102	0. 0111106801658532
0. 0111098616054258	0. 0111110055309246	0. 0111095895763898	0. 0111113845625558
0. 0111096659971015	0. 0111111873990486	0. 011109737389875	0. 0111116747198592
0. 0111096110066969	0. 0111144975699746	0. 0111095691270892	0. 0111121236445855
0. 0111095467243331	0. 0111116277265002	0. 0111099421951216	0. 0111148062964838
0. 011110265887981	0. 0111142222647684	0. 0111095160408815	0. 0111113001404327
0. 0111096029958484	0. 0111113389701819	0. 0111098613991906	0. 0111127012115712
0. 0111096731070258	0. 0111159925914541	0. 0111096716007276	0. 0111199192617353
0. 011109716547934	0. 0111143701744524	0. 0111098389839051	0. 0111123623391654
0. 0111097358163689	0. 0111119452477196	0. 0111101134458395	0. 0111125514523706
0. 0111098786444004	0. 0111119005625727	0. 0111095694899433	0. 0111129158341334

0.0111097388358716	0.0111138592387136	0.0111099700558627	0.0111123373708053
0.011109518792343	0.0111108574815092	0.0111095864982955	0.0111110511241789
0.011109729236354	0.0111114465486166	0.0111096465795401	0.0111115269602612
0.0111093238480719	0.0111115602842961	0.0111094333780777	0.0111110434646908
0.0111100955920957	0.0111112200792301	0.0111097680068624	0.0111138381690477
0.0111094625991344	0.0111124582293762	0.0111093368172764	0.0111122509546027
0.0111095905106556	0.0111112127165154	0.0111094582545344	0.0111107554164537
0.0111092964218999	0.0111115338207599	0.0111094281817951	0.0111135639637834
0.0111126171375405	0.0111288387489481		

取权值大于 0.011113 时，该数据集降为 10 维；取权值大于 0.011111 时，该数据集降为 34 维；取权值大于 0.011110 时，该数据集降为 47 维。降为 10 维、34 维、47 维的数据集和原数据集的聚类精度如图 6.12 所示。实验结果表明聚类算法对该数据集的聚类效果较差，原因是此数据集包含 15 个类，类比较多，聚类算法不能很好地识别，但是该数据集降为 47 维时聚类效果有所提高，仍能体现出降维方法的有效性。CADD 算法的聚类效果相对好一些，从而体现了 CADD 算法的优越性。

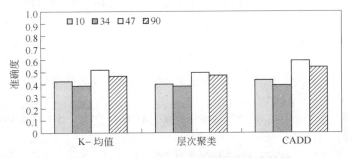

图 6.12　Libras Movement 数据集的聚类结果

由以上实验结果表明：（1）采用复相关系数的倒数赋权法作为一种特征选择方法是有效的，并且计算量较低，适合处理高维数据；（2）降维要降到合适的维度，如果维数太少，则会丢失对聚类重要的信息，如果维数太多，则会产生"噪声"，影响聚类结果；（3）一般的聚类算法不能很好地处理高维且类比较多的数据集，因此有待于进一步研究能处理高维且类比较多的数据集的聚类算法。

近年来，聚类分析已经发展成为数据挖掘研究领域中一个非常活跃的研究课题，大量的聚类算法也被逐步开发出来。然而，随着数据挖掘技术被广泛地应用，特别是伴随着大数据概念的提出，高维度、多类型属性数据对象的聚类分析成为了数据挖掘技术的研究热点。

参 考 文 献

[1] [美] Pangning Tan，Michael Steinbach，Vipin Kumar. 数据挖掘导论 [M]. 北京：人民邮电出版社. 2006.

[2] Biswas G，Weinberg J，Li C. ITERATE：A conceptual clustering method for knowledge discovery in database. Artificial Intelligence in the Petroleum Industry [C] // In：Braunschweig B and Day R eds. 1995. 111～139.

[3] 吴孟书，吴喜之. 一种改进的 K-Prototypes 聚类算法 [J]. 统计与决策，2008（5）：24～26.

[4] 汪加才，文巨峰，陈奇，俞瑞钊. 结构化模糊 K-Prototypes 聚类算法 [J]. 计算机科学，2005，32（5）：155～158.

[5] 汪加才，朱艺华. 模糊 K-Prototypes 算法中的加权指数研究 [J]. 计算机应用，2005，25（2）：348～351.

[6] Pavel Berkhin. Survey of clustering data mining techniques [J]. Accrue Software，2002，25～71.

[7] Jackson J E. A User's Guide To Principal Components [M]. John Wiley & Sons，1991.

[8] Jain A K，Dubes R C. Algorithms for Clustering Data [M]. Prentice Hall，1988.

[9] 冯永，吴开贵，熊忠阳，吴中福. 一种有效的并行高维聚类算法 [J]. 计算机科学，2005，32（3）：216～218.

[10] Jiawei Han，Micheline Kamber. 数据挖掘概念与技术 [M]. 北京：机械工业出版社，2001：8.

[11] 刘佳佳，胡孔法，陈崚. 基于单维分割的高维数据聚类算法 HDCA_SDP [J]. 扬州大学学报，2008，11（3）：54～57.

[12] 郏宣耀. 基于相似性二次度量的高维数据聚类算法 [J]. 计算机应用，2005（25）：176～177.

[13] 陈建斌，宋翰涛. 基于属性分布相似度的超图高维聚类算法研究 [J]. 计算机工程与应用，2004（34）：195～197.

[14] 刘勘，周晓峥，周洞汝. 一种基于排序子空间的高维聚类算法及其可视化研究 [J]. 计算机研究与发展，2003，40（10）：1509～1514.

[15] 淦文燕，李家福，李德毅. 高维聚类中的一种特征筛选方法 [J]. 解放军理工大学学报，2003，4（6）：1～6.

[16] 周煌人，彭辉，桂卫华. 基于映射的高维数据聚类方法 [D]. 长沙：中南大学，2004.

[17] 赵艳厂，宋俊德. 一个用于高维数据聚类的通用框架模型 [C]. 中国计算机学会第12届网络与数据通信学术会议，2002：418～423.

[18] 周晓云，孙志挥，张柏礼，等. 一种基于单调递减阈值函数的高维数据集聚类算法 [J]. 计算机科学，2005，32（7）：227～230.

[19] 冯永，钟将，熊忠阳，等. 一种自底向上的高维聚类算法 [J]. 重庆大学学报，2006，29（9）：106～110.

[20] 单世民, 闫妍, 张宪超. 基于 K 最相似聚类的子空间聚类算法 [J]. 计算机工程, 2009, 35 (14): 4~6.

[21] Govaert G. Simultaneous clustering of rows and columns [J]. control and cyberyretics, 1995 (24): 437~458.

[22] Dhillon L. Co-clustering documents and words using Bipartite Spectral Graph Partitioning. In proceedings and the 7th ACMSIGKDD, 2001, 269~274, SanFrancisco, CA.

[23] S Oyanagi, K Kubota, Nakase A. Application of matrix clustering to Web log analysis and access prediction. 7th ACM SIGKDD, WEBKDD Workshop, San Francisco, CA. 2001.

[24] Berkhin P, Becher J. Learning Simple Relations: Theory and Applications. In Proceedings of the 2nd SIAM ICDM, 2002, 420~436, Arlington, VA.

[25] 唐春斌. 客户关系管理中的混合数据聚类应用研究 [J]. 物流商坛, 2005, 29 (128): 47~49.

[26] 王喆, 陆楠, 周春光. 基于决策树归纳的聚类方法与实现 [J]. 吉林大学学报, 2003, 21 (2): 132~137.

[27] 汪加才, 朱艺华. 模糊 K-Prototypes 算法中的加权指数研究 [J]. 计算机应用, 2005, 25 (2): 348~351.

[28] Iris dataset. http://archive. ics. uci. edu/ml/datasets/Iris [DB/OL].

[29] Wine dataset. http://archive. ics. uci. edu/ml/datasets/Wine [DB/OL].

[30] Breast Cancer dataset. http://archive. ics. uci. edu/ml/datasets/Breast + Cancer + Wisconsin + %28Diagnostic%29 [DB/OL].

[31] Heart dataset. http://archive. ics. uci. edu/ml/datasets/SPECT + Heart [DB/OL].

[32] Movement dataset. http://archive. ics. uci. edu/ml/datasets/Libras + Movement [DB/OL].

[33] Chess dataset. http://archive. ics. uci. edu/ml/datasets/Chess + (King-Rook + vs. + King) [DB/OL].

[34] Mushroom dataset. http://archive. ics. uci. edu/ml/machine-learning-databases/mushroom [DB/OL].

[35] Cencus-income dataset. http://archive. ics. uci. edu/ml/machine-learning-databases/census-income [DB/OL].

[36] 宋宇辰, 张玉英, 孟海东. 一种基于加权欧氏距离聚类方法的研究 [J]. 计算机工程与应用, 2007, 43 (4): 179~180.

7 基于密度加权模糊聚类分析

模糊聚类分析是依据数据对象（客观事物）间的特征、亲疏程度和相似性，通过建立模糊聚类相似关系对数据对象（客观事物）进行分类。大数据隐含的知识与智慧的表达具有更大的模糊性，由于模糊聚类表达的聚类信息更加客观真实，解决了硬聚类无法表达的问题，因而受到人们的关注，使得模糊聚类分析成为了重要的研究课题。本章通过数据对象分布密度加权，使模糊聚类分析结果更加客观有效。

7.1 模糊聚类分析

7.1.1 模糊聚类产生

模糊集合理论是由美国加利福尼亚大学的控制论专家扎德（L. A. Zadeh）教授首先提出来的，近年来发展很快。1965 年，扎德在 Information and Control 杂志上发表了论文 "模糊集合"（Fuzzy Sets）标志着模糊理论的产生。

1966 年，P. N. Marinos 发表模糊逻辑的研究报告，Bellman 等人首先提出在处理聚类问题时利用模糊集合论处理聚类问题。1971 年，Tamura 提出了基于模糊关系的模式分类问题。1973 年，Dunn 提出了硬 C-means 聚类方法。1980 年，Bezdek 证明了模糊 C-means 算法的收敛性，并给出了硬 C-means 方法与模糊 C-means 方法的关系。后来 Tucke 发现 Bezdek 证明的模糊 C 均值算法的收敛性有错误，认为算法收敛点有局部最小点和鞍点。Bezdek 将 Dunn 的方法进行了一般化，建立了模糊 C-means 聚类理论，并证明了模糊 C-means 聚类算法的收敛性，讨论了模糊 C-means 聚类算法与硬 C-means 聚类算法之间的关系。

模糊聚类分析方法是用数学方法定量地确定样本的亲疏关系，从而客观地划分类型。事物之间的界限，有些是确切的，有些则是模糊的。例如，健康人与不健康的人之间没有明确的划分，当判断某人是否属于 "健康人" 的时候，可能没有确定的答案，这就是模糊性的一种表现。所以现实中有些概念并不能用明确的集合表达时，其处于一种亦此亦彼的状态，即这些概念的类属性不是分明的，而是含有模糊性。当聚类涉及事物之间的模糊界限时，需运用模糊聚类分析方法。模糊聚类分析相对于传统的聚类方法是一种软聚类，由于其方法能表示样本隶属于各个类的不确定程度，更容易反映现实事物的特征，因此，模糊聚类分析已成为聚类分析研究的主流方向[1,2]。

模糊聚类分析算法有很多种，常用的三种模糊聚类方法为模糊相似关系的最大树法、模糊等价关系的传递闭包法和模糊 C-means 算法[3]。模糊 C-means 聚类算法（FCM）[4,5]可以说是应用最为广泛、最为灵敏的一种算法，它通过优化目标函数得到每个样本点对所有类中心的隶属度，从而决定样本点的类属以达到自动对数据进行分类的目的。近几年，很多学者纷纷投入对 FCM 算法的研究中，并提出了改进方法。

王丽娟等提出的基于属性权重的 FCM 算法——CF-WFCM 算法[3]，该算法为每个属性赋予一个权重，将属性权重应用于 Fuzzy C Mean 聚类算法，得到 CF-WFCM 算法的聚类算法。CF-WFCM 算法强化重要属性在聚类过程中的作用，消减冗余属性的作用，从而改善聚类的效果；刘小芳等提出的点密度函数加权 FCM 方法[6]，针对最小化误差平方和目标函数具有对数据集进行等划分趋势，利用样本点分布密度大小作为权值，借助数据本身分布特性，提出点密度加权模糊 C 均值（WFCM，Weighted Fuzzy C-Means）算法，该方法不仅在一定程度克服了 FCM 算法对数据集进行等划分趋势，而且具有良好的收敛性；李柏年提出了加权模糊 C 均值聚类[7]，将经典的模糊 C 均值聚类中的欧氏距离推广到广义欧氏距离；李金秀，高新波等人提出了基于特征加权的模糊聚类算法研究[8]，该算法考虑了各维特征对分类的不同贡献；Shen Hongbin 等提出基于 mercer 核的属性加权 FCM 方法[9]；Zhang Yanli 提出了基于 AFS 理论模糊聚类方法[10]；李洁等通过 ReliefF 算法为每个特征赋予一个权重构造特征加权的模糊 C 均值算法[11]。X. Z. Wang[12]等根据实际数据分布为每个特征学习权重，将权重引入欧氏距离得到加权欧氏距离，再把加权欧氏距离应用于模糊 C 均值聚类算法。所以，在大多数的 FCM 聚类算法中都是采用欧式距离或者是加权的欧式距离作为度量公式。

在对 FCM 算法的多种改进算法中，各自针对不同的数据都取得了颇为丰硕的研究成果，但该算法仍存在诸多不完善的地方，甚至还有不足之处。因此，有必要进一步研究 FCM 聚类算法。

7.1.2 模糊聚类分类

模糊聚类分析按照聚类过程的不同大致可以分为三大类：

（1）基于模糊关系的分类法[13~16]：它包括谱系聚类算法（又称系统聚类法）、基于等价关系的聚类算法、基于相似关系的聚类算法及图论聚类算法等。它的研究历史是比较早的，但是因为它对大数据量的处理效果不好，所以在实际中不被广泛采用。

（2）基于目标函数的模糊聚类算法[17~20]：该聚类方法的核心技术是使用一个带约束的非线性规划问题，通过该约束条件寻找最优解，来得到数据集的最优模糊划分和簇。此种方法计算不复杂，解决问题范围广，巧妙地借助优化问题和经典数学的非线性规划理论来求解，正是因为如此，基于目标函数的模糊聚类算法的研究得到越来越多的人的重视。模糊 C-means 算法就是一种基于目标函数的模糊聚类算法。

（3）基于神经网络的模糊聚类算法[21~23]：是继基于模糊关系的分类法、基于目标函数的模糊聚类算法之后兴起的一种算法，它主要是通过竞争学习算法来指导网络聚类过程。虽然它兴起晚，但是现在已经成为聚类分析研究的一种重要方法。

7.1.3 模糊聚类算法优化

人们提出了诸多优化算法，而基于目标函数优化的方法主要分为：基于交替优化的方法、神经网络的方法和进化计算的方法等。

7.1.3.1 基于交替优化的方法

在优化目标函数的过程中，人们曾试用动态规划、分支定界和凸切割等方法，由于存贮空间太大和运行时间太长的缺陷限制了其推广应用。实际中应用最为广泛的是迭代优化算法[24,25]——模糊 C-means（FCM）算法。但是令人们不满意的是FCM 类型的算法属于局部搜索的爬山法，这样很容易陷入局部极值点、对初始化较敏感的缺陷。为了取得全局最优解或满意的解，人们开始着手使用从良好的原型模式的初始化上，之后又提出了山函数或势函数法，不过该方法的的缺点是复杂程度随着样本维数的增加呈指数级增长；比较著名的算法还有形态学方法、密度函数估计法、Marr 算子和模糊测度法等，这些方法都能很好地进行初始化。

7.1.3.2 基于神经网络的方法

神经网络在聚类分析中的应用最初源于 Kohonen[26] 的两项工作——学习矢量量化（LVQ）和自组织特征映射（SOFM），及 Grossberg 的自适应共振（ART）理论。并行处理是使用神经网络实现聚类分析的最突出特点，但由于对大数据集聚类分析的速度慢，且仅限于球形的硬聚类。为此，人们不断地对神经网络进行改进，研究出突出结果的有 Pal 和 Bezdek，他们提出基于竞争学习的模糊聚类网络，之后是 Xu 提出带惩罚项的竞争学习算法；Zhang 提出基于高斯非线性的竞争学习算法并给出了硬件实现方法。

7.1.3.3 基于进化计算的方法

进化计算的方法是建立在生物进化基础之上的、基于自然选择和群体遗传机理的随机的一种搜索算法。该方法是全局并行搜索，所以得到全局最优解的可能性较大，除此之外，它的计算方法简单，通用性强。把进化计算引入到模糊聚类中，可以起到优化全局聚类目标函数的作用，这样形成的算法称为基于进化计算的聚类算法。

7.2 模糊聚类算法

7.2.1 模糊簇

如果数据对象分布在明显分离的簇中，则把数据对象明确分类成不相交的簇似乎是一种理想的方法。但是，在大多数情况下，数据集中的数据对象不能划分成明显分离的簇，指派一个数据对象到一个特定的簇也具有一定的随意性。例如，一个靠近两个簇边界的数据对象，假设它离其中一个簇边界稍近一些。在客观情况下，这样的做法更合理：对每个数据对象和每个簇赋予一个权值，指明该数据对象属于该簇的隶属程度，即数学上表示，w_{ij} 是数据对象隶属于簇 C_i 的权值[27]。

假定有一个数据对象的集合 $X = \{x_1, \cdots, x_n\}$，其中每个 x_i 是一个 m 维数据对象，即 $x_i = \{x_{i1}, \cdots, x_{im}\}$。模糊簇 $C_1, C_2, \cdots, C_k$ 是 X 的所有可能模糊子集的一个子集。用以下条件约束数据对象 x_i 和簇 C_j，以确保簇形成模糊划分。

（1）给定 x_i 的所有权值之和为 1：

$$\sum_{j=1}^{k} w_{ij} = 1 \tag{7.1}$$

（2）每个簇 C_j 以非零权值至少包含一个数据对象，但不以权值 1 包含所有数据对象：

$$0 < \sum_{i=1}^{n} w_{ij} < n \tag{7.2}$$

这样形成的簇为模糊簇。

7.2.2 HC-means 聚类算法

在介绍模糊 C-means 聚类算法之前，就有必要先介绍一下硬 C-means HCM（Hard C-means）聚类算法，因为模糊 C-means 聚类算法是从硬 C-means HCM（Hard C-means）聚类算法发展而来的。

HCM 算法的基本思想：首先对给定样本数据集进行初始化，设定相应参数的取值，然后根据聚类准则反复迭代运算，将每个样本完全分到相应类别中去。

HCM 算法是一种经典的硬聚类算法，它是基于组内平方误差 WGSS（Within-Group Sum of Squared Errors）和最小准则，可以对超椭球分布的数据集进行分类。设有待分类的样本集为 $X = \{x_1, x_2, \cdots, x_n\}^T \subset R^{n \times p}$，$n$ 是数据集中的元素个数，$c(2 \leqslant c < n)$ 为样本的分类数，HCM 算法可以用最小目标函数 J 的数学问题描述，即

$$J_h(X,U,V) = \sum_{i=1}^{c} \sum_{j=1}^{n} u_{ij} \parallel v_i - x_j \parallel^2 = \sum_{i=1}^{c} \sum_{j=1}^{n} u_{ij} d_{ij}^2 \tag{7.3}$$

式中，J_h 是经典的类内误差平方和目标函数；u_{ij} 表示第 j 个数据点属于第 i 个类别的隶属度；d_{ij} 为欧式距离，表示样本 x_j 与聚类中心 v_i 间的相似性度量，d_{ij} 的计算公式如下：

$$d_{ij} = \parallel v_i - x_j \parallel = \sqrt{\sum_{l=1}^{p} (v_{il} - x_{jl})^2}, 1 \leqslant i \leqslant c, 1 \leqslant j \leqslant n \tag{7.4}$$

聚类准则是求得适当的划分矩阵 $U = \{u_{ij}\}(i = 1,2,\cdots,n; j = 1,2,\cdots,p)$ 与一组聚类中心 $V = \{v_1,v_2,\cdots,v_c\}$ 使得目标函数 J_h 达到极小值，并根据拉格朗日乘数法求得 u_{ij}，v_i 为：

$$\mu_{ij} = \begin{cases} 1, & d_{ij} = \min_k \{d_{kj}\} \\ 0, & d_{ij} \neq \min_k \{d_{kj}\} \end{cases} \qquad 1 \leqslant i \leqslant c, 1 \leqslant j \leqslant n \tag{7.5}$$

$$v_i^{(b+1)} = \frac{\sum_{k=1}^{n} u_{ik}^{(b+1)} x_k}{\sum_{k=1}^{n} \mu_{ik}^{(b+1)}}, i = 1,2,\cdots,c \tag{7.6}$$

HCM 的算法计算步骤如下：

初始化：给定聚类类别数 c，$2 \leqslant c \leqslant n$，$n$ 是数据个数，设定迭代停止阈值 ε，初始化聚类原型模式 $v^{(0)}$，设置迭代计数器 $b = 0$。

步骤 1：用公式（7.5）计算或更新划分矩阵 $U^{(b)}$；

步骤 2：用公式（7.6）更新聚类原型矩阵 $v^{(b+1)}$；

步骤 3：如果 $\parallel v^{(b)} - v^{(b+1)} \parallel < \varepsilon$，则算法停止并输出划分矩阵 U 和聚类原型 v，否则令 $b = b + 1$，转向步骤 1。

7.2.3 FC-means 聚类算法

模糊 C-means 聚类算法（FCM）是用隶属度约定每个数据点属于某个类的程度的一种聚类算法。1981 年，Bezdek[28] 提出了 FCM 算法，作为早期硬 C-means 聚类（HCM）方法的一种改进。FCM 算法把 n 个数据 $X = (x_1,x_2,\cdots,x_n)$ 分为 c 个模糊组，并求每组的聚类中心 $v_i(i = 1,2,\cdots,c)$，使得价值函数 J 达到最小。价值函数（目标函数）J 的定义如下：

$$J(U,v_1,v_2\cdots,v_c,X) = \sum_{i=1}^{c} \sum_{j=1}^{n} u_{ij}^m d_{ij}^2 \tag{7.7}$$

并且需要满足下式：

$$\sum_{i=1}^{c} u_{ij} = 1, \forall j = 1,2,\cdots,n \qquad 1 \leqslant j \leqslant n \tag{7.8}$$

这里，$u_{ij} \in {}^{[0,1]}$ 表示第 j 个数据点属于第 i 个聚类中心的隶属度；每个数据点与相应聚类中心的隶属度构成了隶属矩阵 U；v_i 为第 i 个模糊聚类中心；d_{ij} 为第 i 个聚类中心与第 j 个数据点的欧几里得距离；$m \in [1, \infty)$ 是一个加权指数，随着 m 的增大，聚类的模糊性增大。当 $m = 2$ 时，对所有输入参量根据拉格朗日乘数法求导，使公式（7.7）达到最小同时满足公式（7.8）的必要条件。

$$v_i = \frac{\sum_{j=1}^{n} u_{ij}^2 x_j}{\sum_{j=1}^{n} u_{ij}^2} \tag{7.9}$$

$$\mu_{ij} = \frac{1}{\sum_{k=1}^{c} \left(\frac{d_{ij}}{d_{kj}}\right)^{\frac{2}{m-1}}} \tag{7.10}$$

FCM 算法的计算步骤如下：

步骤 1：用值在区间 [0，1] 内的随机数初始化隶属矩阵 $U_{n \times c}$，使其满足约束条件式（7.8）；

步骤 2：根据公式（7.9）计算 c 个聚类中心 $v_i, i = 1, 2, \cdots, c$；

步骤 3：根据公式（7.7）计算价值函数 J，如果相对上次价值函数值的改变量小于某个阈值 ε，算法停止；

步骤 4：根据公式（7.10）更新 U 阵，返回步骤 2。

从上面的步骤中可以看出，FCM 算法是通过反复修改聚类中心和隶属度矩阵的迭代过程。FCM 算法很像 K-means 聚类算法，但是不需要硬性地将对象指派到一个簇中，而是允许对象属于多个簇。具体地说，对象以某个权值属于每个簇（cluster）。

FCM 算法需要两个参数：一个是聚类数目 c，另一个是参数 m。一般来讲，c 要远远小于聚类样本的总个数，同时要保证 $c > 1$。对于 m，它是一个控制算法的柔性参数，如果 m 过大，则聚类效果会很差，如果 m 过小，则算法会接近 HCM 聚类算法。

7.2.4　HCM 和 FCM 的关系

关系：FCM 算法思想是 HCM 算法思想的拓展与推广，而 HCM 算法是 FCM 算法的一种特殊情况。在模糊 C-means 聚类算法中，m 为加权指数，它影响着隶属度矩阵的模糊度。当 m 趋近于 1 时，模糊 C-menas 聚类算法逐渐退化为 HCM 聚类算法；当 $m = 1$ 时，FCM 算法完全退化为 HCM 聚类算法；当 m 趋近于无穷大时，所得到的分类矩阵模糊程度就最大。

区别：HCM 算法是将给定样本集合中的每个样本点直接、完全地划分到某个类别中去；而模糊 C-means 聚类算法是通过目标函数的迭代优化算法来实现对给定样本集合的最优划分，它表示各个样本点隶属于不同类别的隶属程度，所以能提供的信息更加丰富。

虽然目前研究 FCM 算法的相关文献很多，针对 FCM 算法做了许多的改进，而且成功地应用在很多领域，但是现有的算法还存在着某些方面需要进一步解决的问题。

7.2.5   FCM 算法存在问题分析

模糊 C-means 聚类算法很早就被国内外研究过，但是仍存在问题，以下是对 C-means 算法的改进的方向，可分别归纳为 6 个方面：

（1）聚类中心初始化。由于传统的模糊 C-means 算法对初始聚类中心的选择很敏感，从而影响最佳聚类结果的取得。人们从不同角度出发提出了许多改进方法，从而改善了聚类结果对初始聚类中心的依赖性。Higgs 等人提出最大最小聚类方法，寻找初始聚类中心[29]；张慧哲、王坚[30] 提出了基于初始聚类中心选取的改进 FCM 聚类算法，其原理是使各类初始聚类中心之间的距离大于所设定的阈值，这样在接下来的聚类算法中就可以在多个可行性域内对聚类中心进行求取，避免了 FCM 随机求取初始聚类中心时容易使算法收敛到局部极小的情况；于洋提出一种基于点密度的确定初始聚类中心的改进方法[31]，具体做法是：首先在预处理阶段计算每个样本的点密度，根据密度的大小排序，选取 c 个密度最大的点作为初始聚类中心，然后根据 FCM 的算法进行聚类。改进后的算法与 FCM 算法相比减少了迭代次数。

（2）模糊聚类簇数目 c 的确定。传统模糊 C-means 算法及其大部分改进算法，都是在聚类之前人为地确定聚类数目 c。但实际应用中，很难对数据集的聚类数目进行确定，而且 c 值选取得是否合适，将直接影响最终的聚类质量，因此聚类数 c 的确定是目前人们改进算法的一个研究点。模式识别导论[32] 指出用混合 F 统计量来确定最佳分类数，再用模糊划分熵来验证最佳分类数的正确性；郑勋灿在基于模糊聚类的数据挖掘研究[33] 中，提出一种新的聚类有效性函数，基于相似矩阵，采用相似系数法以及 F 统计量，得出聚类类别数 c。

（3）对孤立点和噪声数据处理能力增强。为了有效抑制噪声对模糊 C-means 算法性能的影响，Jolion 和 Rosenfeld 提出了加权模糊 C-means 聚类算法[34]，该算法是聚类前给每个数据赋一个权值，依据数据点的权值大，噪声点的权值小，从而能够很好地区分噪声点。严骏[35] 针对数据对象的模糊隶属度，通过对输入的数据对象的隶属度的值进行加权，使隶属度值高的数据对象对聚类中心位置的影响增大，对于隶属度小的数据对象则降低它们对聚类中心的影响，来减少孤立点对聚类中心的影响，从而达到改进聚类分析的目的。

（4）数据类型的扩展。早期模糊 C-means 聚类算法的数据类型是针对实数空间的，只能处理实数或实数据集的聚类问题。随后，扩展了 C-means 算法的数据类型和聚类空间。Hathaway 和 Bezdek 提出一种非欧氏的关系型数据的模糊聚类算法。于洋在模糊聚类分析中模糊 C-means 聚类计算方法研究[31]中提出了区间型数据的模糊 C-means 聚类算法。陈丽萍在模糊 C-means 聚类的研究[36]中提出了区间值数据的 FCM 算法，在分析研究区间值数据的 FCM 聚类算法，引入自适应系数，提出了一种改进的区间值数据的 FCM（IFCM）聚类算法。

（5）隶属度值的完善。为了降低噪声在各簇中的隶属度，放宽原先隶属度归一的限制，必要时对最终所得的隶属度函数进行归一化处理。李鑫引入改进隶属度函数[37]，将原先隶属度归一的限制放宽，摆脱隶属度值不能大于 1 的限制，使得在聚类范围内的点能够拥有更大的隶属度值；而对于噪声来说，由于消除了归一条件的限制，聚类范围内的点占有了更大的隶属度值，噪声数据的隶属度值将变得很小，这样就在一定程度上减弱了噪声对非噪声数据的干扰。

（6）距离定义的改进。模糊 C-means 算法都是采用欧氏距离度量聚类算法中数据与类中心之间的距离，这样得到的模糊 C-means 算法只能实现球状数据集的聚类。针对这点不足，人们将距离的定义进行了扩展，使模糊 C-means 算法也能实现其他形状数据集的聚类。Bobrowski 和 Bezdek 提出了基于 l_1 和 l_∞ 范数的 K-means 聚类算法；Gath 等人的基于图论的距离定义中，提出了修正的模糊 C-means 聚类算法[38]，使模糊 C-均值聚类算法可以实现非凸数据集。

蔡静颖在模糊 C-means 算法研究[39]中提出基于马氏距离的 FCM 算法，将经典的 FCM 聚类中的欧氏距离用马氏距离替代，利用马氏距离自适应地调整数据的几何分布，从而用相似数据点的距离较小的优点，很好地解决了欧氏距离在计算数据集属性相关，完成了非球形或椭圆形分布的数据集的聚类，尤其在处理相关性比较大的数据集时具有比欧氏距离更好的扩展性。

7.3　基于密度函数加权的 FCM

7.3.1　聚类算法提出

经典的 FCM 算法是针对特征空间中的点的集合设计的，其隐含假定待分类样本矢量的各维特征，对分类贡献均匀，没有考虑数据点的自然分布对聚类的影响。然而现实情况中，数据的分布形态是多种多样的（有的数据点周围的数据点多；有的数据点周围的数据点少），有的是非均匀或非对称的。对于不同自然分布的数据，存在着不同的自然簇结构，模糊 C-Means 算法是根据每个数据对象到聚类中心的距离作为相似度来聚类的，没有考虑到数据分布的密集程度，针对这个问题，利用高斯密度函数计算每个数据点的密度，将每个点的密度值作为权值，提出了基于密度函数加权的模糊 C-means 聚类算法 DFCM（Density Fuzzy C-means）。

7.3.1.1 数据对象密度

已知空间 $\Omega \in F^d$ 中包含 n 个对象的数据集 $D = \{x_1, x_2, \cdots, x_n\}$ ，数据空间的整体密度可以被模型化为所有数据点的影响函数的总和。其中，数据对象 x_i 的密度记作 density(x_i) ，即：

$$\text{density}(x_i) = \sum_{j=1}^{n} \mathrm{e}^{-\frac{d(x_i, x_j)^2}{2\sigma^2}} \tag{7.11}$$

采用高斯函数来计算数据对象密度，高斯函数 $f_{\text{Guass}}(x_i, x_j) = \mathrm{e}^{-\frac{d(x_i, x_j)^2}{2\sigma^2}}$ ，表示每个数据点对 x_i 点的影响，其中 σ 为密度参数。

7.3.1.2 加权系数

将 density(x_i) 表示为 d_i ，对其进行归一化处理，加权系数定义为某个数据对象密度值与所有数据对象密度值之和的比：

$$w_i = \frac{d_i}{\sum_{j=1}^{n} d_j}, 1 \leq i \leq n \tag{7.12}$$

用 w_i 作为加权系数表示第 i 个数据点 x_i 对分类的影响。可以看出权值 w_i 越大，说明数据对象的密度函数值 d_i 越大，此数据对象对聚类效果的影响越大。权值 w_i 越小，说明此数据对象的密度函数值 d_i 越小，此数据对象对聚类效果的影响越小。

7.3.2 聚类算法设计

根据一般常识，一个数据集的每个数据对象周围分布的其他数据点是不均匀的，通常这种分布是有稀疏和稠密之分的。而每个数据点的影响可以用一个数学函数来形式化地模拟，它描述了一个数据点在领域内的影响，被称为影响函数（influence function）。数据空间的整体密度可以被模型化为所有数据点的影响函数的总和。考虑数据对象存在一个分布密度；每个数据对象 x_i ，如果数据对象所在区域周围的其他数据点密集程度大，那么该数据对象的密度大，即该数据点的影响函数值较大；反之，数据对象所在区域周围的其他数据点密集程度小，那么该数据点的密度小，即该数据点的影响函数值较小。受此思想的启发，利用高斯密度函数计算每个数据对象的密度大小，并将其作为加权系数代入 FCM 算法中，得到基于密度函数加权的模糊 C-means 聚类算法（DFCM），该算法被重新定义为如下目标函数：

$$J_d(U, v_1, v_2, \cdots, v_c, X) = \sum_{i=1}^{c} \sum_{j=1}^{n} w_j u_{ij}^m d_{ij}^2 \tag{7.13}$$

加权指数 m 的选择直接影响聚类的效果，但是，关于 m 的取值，没有理论上的指导。按照聚类有效性问题研究的结果，m 的取值范围可限制为 $1.1 \leqslant m \leqslant 2.5$；Bezdek 得到了 $m = 2$ 时 FCM 算法的物理解释，认为 m 取 2 最合适。因此，以 $\sum_{i=1}^{c} u_{ij} = 1, \forall j = 1, 2 \cdots, n, 1 \leqslant j \leqslant n$ 为约束条件构造拉格朗日函数求极值，得到 v_i 和 u_{ij} 计算公式：

$$v_i = \frac{\sum_{j=1}^{n} w_j u_{ij}^2 X_j}{\sum_{j=1}^{n} w_j \mu_{ij}^2}, 1 \leqslant i \leqslant c \tag{7.14}$$

$$\mu_{ij} = \frac{1}{\sum_{k=1}^{c} \left(\frac{d_{ij}}{d_{kj}}\right)^{\frac{2}{m-1}}}, 1 \leqslant i \leqslant c, 1 \leqslant j \leqslant n \tag{7.15}$$

DFCM 算法步骤如下：

步骤 1：用值在区间 [0，1] 内的随机数初始化隶属矩阵 $U_{n \times c}$，使其满足约束条件式 $\sum_{i=1}^{c} u_{ij} = 1, \forall j = 1, 2 \cdots, n, 1 \leqslant j \leqslant n$；

步骤 2：根据式（7.14）计算 c 个聚类中心 $v_i, i = 1, 2, \cdots, c$；

步骤 3：根据式（7.11）、式（7.12）计算加权系数 $w_i, 1 \leqslant i \leqslant n$；

步骤 4：根据式（7.13）计算价值函数 J，如果相对上次价值函数值的改变量小于某个阈值 ε，则算法停止；

步骤 5：根据式（7.15）更新 U 阵，返回步骤 2。

从上述算法中看出，DFCM 算法就是反复修改聚类中心矩阵和隶属度矩阵的分类过程。DFCM 算法是在 FCM 算法步骤的基础上增加了计算权值这一步。

7.3.3 实验结果及分析

程序的实现是使用 Java 语言，开发工具是 MyEclipse。使用 Java 语言实现了传统的 FCM 算法以及改进后的算法 DFCM，对同一组实验数据进行聚类，分别对两种算法的实验结果进行对比分析。

7.3.3.1 仿真二维数据集测试实验

为验证算法的有效性并可视化算法的聚类结果，使用仿真二维数据集作为实验数据。实验使用 FCM 算法和基于密度函数加权模糊 C 均值算法（DFCM）对同密度同形状的簇、不同密度同形状的簇、同密度不同形状的簇、不同密度不同形状的簇、不同密度不同大小的簇的仿真二维数据集进行了实验。

A 同密度同形状的簇

图7.1所示同密度同形状的簇（圆形的簇）是选取90个二维数据点，分别用 FCM 算法和改进算法 DFCM（基于密度函数加权的模糊 C-menas 值聚类算法）聚类。置聚类个数 $c = 3$，聚类的原始图如图 7.1(a) 所示，聚类结果如图7.1(b) 和(c)所示。其中，每幅图的右下角有隶属度值的变化范围示图：使用渐变颜色条表示隶属度值的大小，即隶属度的值越低，颜色越浅；隶属度的值越高，颜色越深。

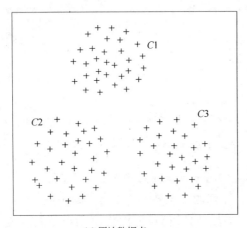

(a) 原始数据点

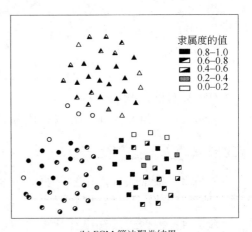

(b) FCM 算法聚类结果

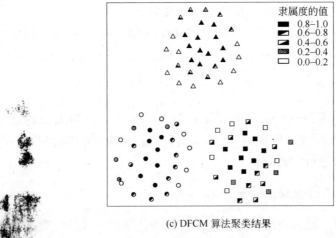

(c) DFCM 算法聚类结果

图 7.1 同密度同形状的簇

图7.1(b)和(c)中分别使用三角形、圆形、正方形分别表示 3 个簇。从图

7.1(c)中可以看到颜色的变化，靠近簇中心的点的颜色最深，从簇中心向簇的边缘颜色逐渐变浅，簇间的点颜色最浅，这种变化说明靠近簇中心位置的数据点隶属于簇的隶属度大，而簇边缘分布的数据点隶属度相对较小，反映出数据点隶属度分布的客观性。图7.1(b)中的 FCM 算法聚类结果，图形的颜色变化规律不是很明显，不能客观地反映出数据点隶属度分布的变化规律。

图7.2(a)和(b)所示是数据空间所有数据点对 3 个簇的隶属变化曲线图（横轴表示数据点：按簇和簇中数据点排序；在同一簇范围内曲线变化也与簇中数据点排序有关）。客观上，每个簇中的数据点隶属于所在簇的隶属度值应大于隶属于其他簇的隶属度值，即曲线变化反映出的分离性越大越好。从图中可以看出，DFMC 算法聚类结果得出的隶属度变化曲线分离性总体相对要比 FCM 算法得到的数据点隶属度变化曲线分离性要好，尽管在个别数据点上表现的不明显。这进一步表明，通过密度加权使数据点的隶属度值在模糊簇中的变化更加客观。

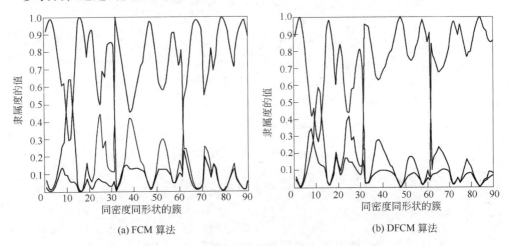

(a) FCM 算法   (b) DFCM 算法

图7.2   同密度同形状的各簇数据点隶属度变化

B   不同密度不同尺度的簇

本实验选取了不同密度不同尺度的簇测试。对不同密度同形状的簇的二维数据集分别用 FCM 算法和 DFCM 算法聚类。置聚类个数 $c=3$，聚类前的原始图如图7.3(a)所示，聚类结果如图7.3(b)和图7.3(c)所示。

实验中分别使用三角形、圆形、五角星分别表示 3 个类。同样，从图7.3(c)中可以看到颜色的变化，靠近簇中心的点的颜色最深，从簇中心向簇的边缘颜色逐渐变浅，簇间的点颜色最浅，这种变化说明靠近簇中心位置的数据点隶属于簇的隶属度大，而簇边缘分布的数据点隶属度相对较小，反映出数据点隶属度分布的客观性。图7.3(b)中的 FCM 算法聚类结果，图形的颜色变化规律也不是很明

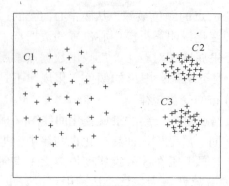
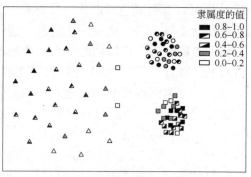

(a) 原始数据点　　　　　　　　　　　　(b) FCM 算法聚类结果

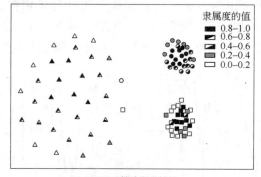

(c) DFCM 算法聚类结果

图 7.3　不同密度同形状的簇

显，不能客观地反映出数据点隶属度分布的变化规律。

C　孤立点存在的簇

实验数据与聚类结果如图 7.4 所示。对比图7.4(b)和(c)可以看出，在有局部孤立点存在的情况下，DFCM 聚类算法也能够得到合理的聚类结果。

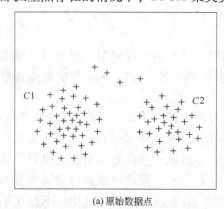
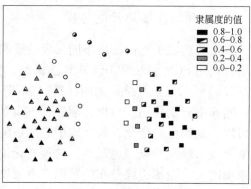

(a) 原始数据点　　　　　　　　　　　　(b)FCM 算法聚类结果

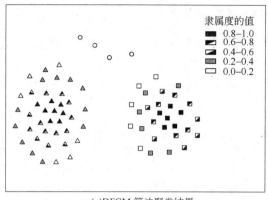

(c)DFCM 算法聚类结果

图7.4 数据空间存在孤立点时聚类结果

上述聚类结果也表明，由于孤立点所在数据空间的数据点密度低，通过密度加权弱化了孤立点对聚类结果的影响，降低了 DFCM 算法对孤立点或噪声的敏感性。

对图 7.5 的进一步分析可以看出，FCM 算法聚类结果得出的孤立点隶属度值相对较大，图7.5(a)中孤立点（前4个数据点）隶属度 $\mu > 0.6$，而 DFCM 算法得出的孤立点隶属度 $\mu < 0.6$。如果选择 $\mu \geqslant 0.6$ 的数据点为簇中点，用 FCM 算法聚类后得到 3 个簇，而 DFCM 算法聚类后得到 2 个簇，其他数据点视为孤立点，这一结果与实际情况相符。因此，在实际应用时，根据合理选取的数据对象隶属度阈值，DFCM 算法能够有效地区分客观存在的簇和噪声数据点。

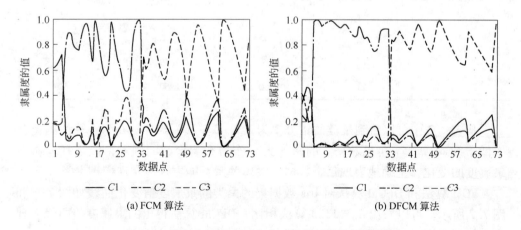

(a) FCM 算法   (b) DFCM 算法

图7.5 数据空间存在孤立点时聚类结果隶属度曲线

7.3.3.2　标准数据集测试实验

实验中使用著名的 Iris[40] 数据集进行测试。利用 FCM 算法将 Iris 数据聚成 3 类，根据隶属度值的划分聚类结果，通过比较隶属度 $0.7 \leqslant \mu \leqslant 1$, $0.6 \leqslant \mu \leqslant 1$, $0.55 \leqslant \mu \leqslant 1$, $0.5 \leqslant \mu \leqslant 1$ 的聚类结果，发现 $0.55 \leqslant \mu \leqslant 1$ 时的效果最好。结果见表 7.1。

表 7.1　FCM 算法聚类结果

class	setosa	versicolor	virginica	Number
0	50	0	0	50
1	0	48	10	58
2	0	2	40	42
sum	50	50	50	150

从表 7.1 的实验结果可以看出，setosa 的 50 个数据全部聚到第 0 类中；versicolor 的 50 个数据有 48 个聚到第 1 类，2 个聚到第 2 类；virginica 的 50 个数据有 40 个聚到第 2 类，10 个聚到第 1 类。由于 setosa 数据与其他类数据离得较远，能够完全聚到一类中，而 versicolor 和 virginica 数据有交叉，有部分数据被错分。整个数据集的错分率为 $(2 + 10)/150 = 8\%$ 。

同理，用 DFCM 算法将 Iris 数据聚成 3 类，取 $0.55 \leqslant \mu \leqslant 1$ 时的聚类结果见表 7.2。

表 7.2　密度函数加权模糊 C-means（DFCM）聚类结果

class	setosa	versicolor	virginica	Number
0	50	0	0	50
1	0	45	1	46
2	0	5	49	54
sum	50	50	50	150

从表 7.2 中可以看到聚类的错分率为 $(1 + 5)/150 = 4\%$ ，DFCM 算法的错分率低于 FCM 算法。可见数据点的密度大小作为影响聚类的因素，能很好地调节隶属度的变化，正确地表现每个数据的隶属关系，能更好地实现模糊聚类。

FCM 算法和 DFCM 算法对 Iris 数据集的聚类的隶属度值变化曲线如图 7.6 和图 7.7 所示。可以看出，与 FCM 算法相比，DFCM 算法得出的隶属度值曲线表现出更好的分离性。

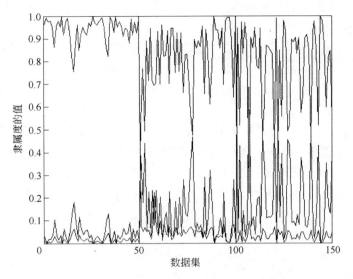

图 7.6 Iris 数据的 FCM 算法的隶属度

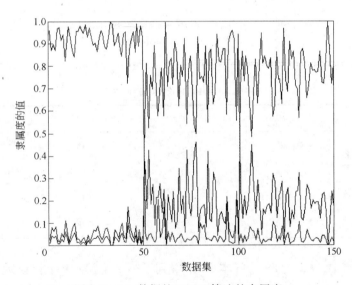

图 7.7 Iris 数据的 DFCM 算法的隶属度

7.3.3.3 高维数据集测试实验

实验选用高维数据集 Wine 数据集[41]。Wine 数据集有 13 维，178 个样本，3 个类，第一个类（$C1$）有 59 个样本，第二个类（$C2$）有 71 个样本，第三个类（$C3$）有 48 个样本。由于 Wine 数据集的 13 个属性的数值相差较大，先对 Wine

数据集进行最小最大化值标准化。

标准化公式：

$$y = \frac{x - \text{MinValue}}{\text{MaxValue} - \text{MinValue}} \tag{7.16}$$

式中，x、y 分别为转换前、后的值；MaxValue、MinValue 分别为样本的最大值和最小值。

取 $0.5 \leqslant \mu \leqslant 1$ 时的聚类结果见表 7.3 和表 7.4。分析表 7.3 中数据，$C1$ 的 59 个样本全部聚到了第 0 个簇；$C2$ 中的 71 个样本 39 个聚到了第 0 个簇，32 个错误地聚到了第 1 个簇；$C3$ 的 48 个样本全部正确地聚到了第 2 个簇。错分率为 $32/178 = 17.98\%$。

表 7.3　FCM 算法聚类结果

Cluster	$C1$	$C2$	$C3$	Number
0	0	39	0	39
1	59	32	0	91
2	0	0	48	48
sum	59	71	48	178

表 7.4　DFCM 算法聚类结果

Cluster	$C1$	$C2$	$C3$	Number
0	0	0	48	48
1	58	8	0	66
2	1	63	0	64
sum	59	71	48	178

在表 7.4 中，$C1$ 的 59 个样本 58 个聚到了第 1 个簇；1 个错误地聚到了第 2 个簇；$C2$ 中的 71 个样本 63 个聚到了第 2 个簇，8 个错误地聚到了第 1 个簇；$C3$ 的 48 个样本全部正确地聚到了第 0 个簇。错分率为 $(1 + 8)/178 = 5\%$。

分析上述实验结果，高维 Wine 数据集的 DFCM 算法与 FCM 算法相比，聚类的准确率要高。虽然 DFCM 算法通过密度加权，更容易发现数据分布的自然特性，得到合理的聚类效果，但是随着数据维数的增高，数据点的密度计算变得复杂，密度的特性变得不明显，所以，维数越高，DFCM 算法的优越性就越难表现。

参 考 文 献

[1] 高新波. 模糊聚类分析及其应用 [M]. 西安: 西安电子科技大学出版社, 2004, 77~146.

[2] 朱剑英. 应用模糊数学方法的若干关键问题及处理方法 [J]. 模糊系统与数学, 1992, 11 (2): 57~63.

[3] 王丽娟, 关守义, 王晓龙, 等. 基于属性权重的 Fuzzy C Mean 算法 [J]. 计算机学报, 2006, 29 (10): 1797~1803.

[4] Pal N R, Pal K, Bezdek J C. A new hybrid C-means clustering model Proceedings of the IEEE International Conference on Fuzzy Systems [N]. Piscata-way: IEEE Press, 2004, 1: 179~184.

[5] Pal N R, Pal K, Bezdek J C. A possibilistic fuzzy C- means clustering algorithim [J]. IEEE Trans Fuzzy Systems, 2005, 13 (4): 517~530.

[6] 刘小芳. 点密度加权 FCM 算法的聚类有效性研究 [J]. 计算机工程与应用, 2006, 15 (2): 20~22.

[7] 李柏年. 加权模糊 C-均值聚类 [J]. 模糊系统与数学, 2007, 21 (1): 106~110.

[8] 李金秀, 高新波. 基于特征加权的模糊聚类算法研究 [J]. 北京电子科技学院学报, 2007, 15 (2): 74~76.

[9] Hongbin Shen, Jie Yang, Shitong Wang. Attribute weighted mercer kernel based fuzzy clustering algorithm for general non-spherical datasets [J]. Soft Computer, 2006, 10 (1): 1061~1073.

[10] Yanli Zhang, Xiaodong Liu, Xueying Wang. A novel weighted fuzzy clustering analysis based on AFS theory [N]. IEEE computer society, 2009, 3: 346~350.

[11] 李洁, 高新波, 焦李成. 基于特征加权的模糊聚类新算法 [J]. 电子学报, 2006, 34 (1): 89~92.

[12] Wang X Z, Wang Y D, Wang L J. Improving fuzzy c-means clustering based on feature-weight learning [J]. Pattern Recognition Letters, 2004, 25 (10): 1123~1132.

[13] Ruspin I E H. A new approach to clustering [J]. Information and Control, 1969, 19 (15): 22~32.

[14] Zadeh L A. Similarity relations and fuzzy ordefings [J]. Information Science, 1971, 3 (2): 177~200.

[15] Tamra S. Pattern classification based on fuzzy relations [J]. IEEE Trans on Systems and Cybernetics, 1971, 1 (1): 217~242.

[16] Zahn C T. Graph-theoretical methods for detecting and describing gestalt clusters [J]. IEEE Trans on Computers, 1971, 20 (1): 68~86.

[17] 丁斌. 动态 Fuzzy 图最大树聚类分析 [J]. 数值计算与计算机应用, 1992, 13 (2): 157~159.

[18] Ball G H, Hall D J. ISODATA: An iterate method of multivariate data analysis and Pattern classification, [C] // IEEE Inter. Communication Conference, Philadelphia, 1966.

[19] Dunn J C. Well-separated clusters and the optimal fuzzy partitions [J]. Cybernetics and Systems, 1974, 4 (1): 95~104.

[20] Gustson D, Kessel W. Fuzzy clustering with a fuzzy covariance matrix [J]. Proe. IEEE, SanDiego, 1978, 17 (1): 761~766.

[21] Dave N R. Fuzzy shell clustering and applications to circle detection in digital Images [J]. Int. J. General Systems, 1990, 16 (4): 343~355.

[22] Kohonen T. Self-organization and associative memory [M]. 3rd edition. Berlin: springer. Verlag, 1969.

[23] Gross berg S. Adaptive pattern classification and universal recording [J]. Parallel development and coding of neural feature detectors, Blo. Cybem, 1976, 23: 121~134.

[24] Yang M S, Ko C H. On a class of fuzzy c-numbers clustering procedures for fuzzy data [J]. Fuzzy Sets and Systems, 1996, 84: 49~60.

[25] Sonbaty Y E, Ismail M A. Fuzzy clustering for symbolic data [J]. IEEE Fuzzy Systems, 1998, 6 (2): 195~204.

[26] Gustafson E E, Kessel W C. Fuzzy clustering with a fuzzy covariance matrix [J]. Proc. IEEE CDC San Diego CA, 1979: 761~766.

[27] [美] Pangning Tan, Michael Steinbach, Vipin Kumar. 数据挖掘导论 [M]. 北京: 人民邮电出版社. 2006.

[28] Bezdek J C. Pattern Recognition with Fuzzy Objective Function Algorithm [M]. Plenum Press, NewYork, 1981.

[29] Higgs R E, Bemis K G, Watson I A, Wikel J H. Experimental designs for selecting molecules from large chemical databases [J]. Journal of Chemical Information and Computer Sciences, 1997, 37 (5): 861~870.

[30] 张慧哲, 王坚. 基于初始聚类中心选取的改进 FCM 聚类算法 [J]. 计算机工程, 2009, 36 (6): 206~209.

[31] 于洋. 模糊聚类分析中模糊 C 均值聚类计算方法研究 [D]. 沈阳: 沈阳工业大学, 2009.

[32] 沈清, 汤霖. 模式识别导论 [M]. 长沙: 国防科技大学出版社, 1991: 90~106.

[33] 郑勋灿. 基于模糊聚类的数据挖掘研究 [D]. 南昌: 南昌大学, 2010.

[34] Jolion J M, Rosenfeld A. A Pyramid Framework for Early Vision: Multiresolutional Computer Vision [M]. Hingham: Kluwer Academic, 1994.

[35] 严骏. 模糊聚类算法应用研究 [D]. 杭州: 浙江大学, 2006.

[36] 陈丽萍. 模糊 C-均值聚类的研究 [D]. 秦皇岛: 燕山大学, 2006.

[37] 李鑫. 改进的模糊 C 均值聚类与连续属性离散化算法的研究 [D]. 太原: 太原科技大学, 2011.

[38] Gath I, Iskoz A S, Cutsem B V. Data induced metric and fuzzy clustering of non-convex patterns of arbitrary shape [J]. Pattern Recognition Letters, 1997, 18 (6): 541~553.

[39] 蔡静颖. 模糊 C 均值算法研究 [D]. 大连: 辽宁师范大学, 2010.

[40] http://archive.ics.uci.edu/ml/datasets/Iris [DB/OL].

[41] http://archive.ics.uci.edu/ml/datasets/Wine [DB/OL].

8 基于距离量化关联规则挖掘

关联规则分析最早用来确定事务数据库中事务项之间的关联关系，这种关系是在支持度和置信度约束下的布尔型关联关系。在自然科学领域，更多是需要研究与确定数据项（属性）间的关联关系，而这种关系是不能够用线性或非线性函数关系来表达，只能用在一定约束条件下的量化关联规则来表达，例如，在地球科学、气象学、医学、经济学等领域。这种量化关联关系客观存在于大数据中，而且对于大数据分析更有意义。

8.1 关联规则挖掘

8.1.1 关联规则相关概念

条形码技术的发展以及商场 POS 机的设置使得超级市场存储了数以万计的数据记录，这些记录详细记录了每个客户每次交易的时间、商品、数量和价格等信息，从而为关联规则挖掘提供了数据基础。关联规则挖掘最初由 R. Agrawal、T. Imielinski 和 A. Swami 提出[1]，应用于交易数据库，用来发现超级市场中用户购买的商品之间的隐含关系（购物篮分析），即关联规则，以便为商场的决策提供依据。这些规则找出顾客购买行为模式，如购买了某一商品对购买其他商品的影响。决策者可以根据关联规则提供的信息，合理地设计商品货架，安排货物以优化商场布置（例如，把用户经常购买的商品摆放在一起），在商品销售方面做各种促销活动和广告宣传，以及根据购买模式对用户进行分类。

关联规则的应用包括商场的顾客购物分析、商品广告邮寄分析、网络故障分析等。Wal-Mart 零售商的"尿布与啤酒"的故事是关联规则挖掘的一个成功典型案例。总部位于美国阿肯色州的 Wal-Mart 拥有世界上最大的数据仓库系统，它利用数据挖掘工具对数据仓库中的原始交易数据进行分析，得到了一个意外发现，跟尿布一起购买最多的商品竟然是啤酒。如果不是借助于数据仓库和数据挖掘，商家决不可能发现这个隐藏在背后的事实——在美国，一些年轻的父亲下班后经常要到超市去买婴儿尿布，而他们中有30% ~40%的人同时也为自己买一些啤酒。有了这个发现后，超市调整了货架的摆放，把尿布和啤酒放在一起，明显增加了销售额。

关联规则是形如 $X \Rightarrow Y$ 的规则，关联规则挖掘找出支持度和置信度分别大于或等于用户指定的最小支持度和最小置信度的关联规则。关联规则的挖掘工作可以分成两个步骤：第一步骤是从交易数据集合中发现所有满足用户给定的最小支持度。第二步骤是在频繁项目集的基础上生成所有满足用户给定的最小置信度的关联规则。

（1）项（Item）：交易数据库中的一个属性字段，每个字段有一定的取值范围。对超级市场来说，项是指一次交易中的一个物品。

（2）交易（Transaction）：某个客户在一次交易中，发生的所有项的集合。

（3）项集（Itemset）：包含若干个项的集合。

（4）项集的维数：把一个项集所包含的项的个数称为此项集的维数或项集的长度。长度为 k 的项集，称作 k 维项集。

（5）支持度（Support）：假定 X 是一个项集，D 是一个交易集合或交易数据库，称 D 中包含 X 的交易个数与 D 中总的交易个数之比为 X 在 D 中的支持度。把 X 的支持度，记作 sup（X），而关联规则 $X{\Rightarrow}Y$ 的支持度，记作 sup（$X{\Rightarrow}Y$）。

（6）置信度（Confidence）：对形如 $X{\Rightarrow}Y$ 的关联规则，其中 X 和 Y 都是项集，定义规则的置信度为交易集合 D 中既包含 X 也包含 Y 的交易个数与 D 中仅包含 X 而不包含 Y 的交易个数之比，或者是项集（$X{\cup}Y$）的支持度与 X 的支持度之比，即 sup（$X \cup Y$）/sup（X）。把规则 $X{\Rightarrow}Y$ 的置信度，记作 conf（$X{\Rightarrow}Y$）。置信度即是指在出现了项集 X 的交易中，项集 Y 也同时出现的概率有多大。支持度和置信度都是规格化的概念，它们的范围都在 0 到 1 之间。

（7）最小支持度（Minimum Support）：由用户定义的衡量支持度的一个阈值，表示项集在统计意义上的最低重要性，记作 min_sup。

（8）最小置信度（Minimum Confidence）：由用户定义的衡量置信度的一个阈值，表示规则的最低可靠性，记作 min_conf。

（9）频繁项集（Frequent Itemset）：对一个项集 X，如果 X 的支持度不小于用户给定的最小支持度阈值，即 sup（X）≥min_sup，称 X 为频繁项集或大集（Large Itemset）。

（10）非频繁项集（Not Frequent Itemset）：对一个项集 X，如果 X 的支持度小于用户定义的最小支持度阈值，即 sup（X）<min_sup，称 X 为非频繁项集或小集（Small Itemset）。

（11）最大频繁项集（Maximal Frequent Itemset）：某频繁项集若它不是其他任何频繁项集的子集，则它为最大频繁项集。

（12）关联规则定义：设 $I = \{i_1,i_2,\cdots,i_m\}$ 是项（item）的集合。设任务相关的数据 D 为数据库事务（transaction）T 的集合，其中每个事务 T 是项的集合，并且 $T \subseteq I$。对应每一个事务有唯一的标识符，记作 TID。设 A 是一个项集，事务 T 包含 A 当且仅当 $A \subseteq T$。关联规则是形如 $A{\Rightarrow}B$，其中 $A \subset I$、$B \subset I$，且 $A \cap$

$B = \Phi$。A 表示此关联规则的前件或前提（antecedent），B 为此关联规则的后件或结论（consequent），关联规则的挖掘就是要发现所有满足用户给定的最小支持度和最小置信度的所有条件蕴涵式，即关联规则。这些规则的支持度和置信度都不小于最小支持度和最小置信度。

置信度是对关联规则的准确度的度量，或者说表示规则的强度；支持度是对关联规则的重要性的度量，表示规则的频度。支持度说明了这条规则在所有事务中有多大的代表性，显然，支持度越大，关联规则越重要。有些关联规则虽然置信度很高，但支持度却很低，说明该关联规则实用的机会很小。反之，如果支持度很高，置信度很低，则说明该规则不可靠。如果不考虑关联规则的支持度和置信度，那么在数据库中存在非常多的关联规则。事实上，人们一般只对那些满足一定的支持度和置信度的关联规则感兴趣。因此，为了发现有意义的关联规则，需要由用户给定两个基本阈值：最小支持度和最小置信度。

8.1.2 关联规则度量

在形如 $A \Rightarrow B$ 的关联规则中，有五个度量要素：

（1）支持度（Support）。设 D 中有 $s\%$ 的事务同时支持物品集 A 和 B，即 $P(A \cap B)$。$s\%$ 称为关联规则 $A \Rightarrow B$ 的支持度。支持度描述了 A 和 B 这两个物品集的交集 C 在所有的事务中出现的概率有多大。如果某天共有 1000 个顾客到商场购买物品，其中有 100 个顾客同时购买了奶油和面包，关联规则的支持度就是 10%。

（2）置信度（Confidence）。设 D 中支持物品集 A 的事务中，有 $C\%$ 的事务同时也支持物品集 B，即 $P(B \mid A)$。$C\%$ 称为关联规则 $A \Rightarrow B$ 的置信度。简单地说，置信度就是指在出现了物品集 A 的事务 T 中，物品集 B 也同时出现的概率有多大。

（3）期望置信度（Expected confidence）。设 D 中有 $e\%$ 的事务支持物品集 B，即 $P(B)$。$e\%$ 称为关联规则 $A \Rightarrow B$ 的期望置信度。期望置信度描述了在没有任何条件影响时，物品集 B 在所有事务中出现的概率有多大。

（4）作用度（Lift）。作用度[2]是置信度与期望置信度的比值，即 $P(B \mid A)/P(B)$。作用度描述物品集 A 的出现对物品集 B 的出现有多大的影响。因为物品集 B 在所有事务中出现的概率是期望置信度；而物品集 B 在有物品集 A 出现的事务中出现的概率是置信度，通过置信度对期望置信度的比值反映了在加入"物品集 A 出现"的这个条件后，物品集 B 的出现概率发生了多大的变化。

（5）兴趣度（Interest）。为了减少一些无趣的规则，避免产生假的关联规则，引入兴趣度这个度量值。用户可以利用它来确定哪些规则是有趣的和哪些规则是用户不关心的。一般规则的兴趣度是在基于统计独立性假设下真正的强度与期望的强度之比，然而在许多应用中已发现，若把支持度作为最初的频繁项集产生的主要决定因素，为了不丢失任何有趣的规则就必须把支持度设置得足够低，否则就可能存在一些重要规则丢失的风险；对前一种情况计算效率是个问题，而后一种则可能丢失信息。

兴趣度的值介于 −1 和 1 之间。如果某条规则的兴趣度越接近 1，说明对这条规则越感兴趣；而兴趣度越小于 0，并非这条规则没有意义，相反对它的反面规则越感兴趣（即反面规则的实际利用价值越大）。只有那些兴趣度位于 0 附近的关联规则才是没有价值的规则。

8.1.3 关联规则分类

根据不同标准，关联规则有多种类型[3]：

（1）基于规则中处理的变量类别，即根据规则中所处理的属性值类型，关联规则可以分为布尔型（Boolean）和量化型（Quantitative）。

布尔关联规则（Boolean association rule），其处理的属性是分类属性，其值是离散的、种类化的。考虑的关联是分类属性值的存在与否。例如，由购物篮分析得到的规则：

buys（"啤酒"） = > buys（"尿布"）[sup = 20%，conf = 60%]

量化关联规则（Quantitative association rule），其处理的是量化属性，属性值是数值型的，其描述的是量化的项或属性之间的关联。在这种规则中，可以把项或属性的数值划分为区间，形如：

age（30，35） = > income（12k，14k）[sup = 20%，conf = 60%]

（2）根据规则中数据涉及的维数，关联规则可以分为单维的和多维的。

在单维的关联规则中，只涉及数据的一个维，即蕴含单个谓词，是单个属性中的一些关系。如在事务数据库中顾客购买的物品：

buys（"IBM desktop computer"） = > buys（"Sony printer"）

而在多维的关联规则中，要处理的数据将会涉及多个维多维关联规则，这样的规则是关于各个属性之间的关系。如存放在关系数据库中的销售和相关信息：

age（20，29）∧ occupation（"student"） = > buys（"laptop"）

（3）根据规则中数据涉及的抽象层次，可以分为单层关联规则和多层关联规则[4,5]。

有些关联规则的挖掘方法可以在不同的抽象层发现规则。在单层的关联规则中，所有的变量都没有考虑到现实的数据是具有多个不同的层次的；而在多层的关联规则中，对数据的多层性进行了充分的考虑。例如，IBM 台式机与 Sony 打印机，是一个细节数据上的单层关联规则；台式机与 Sony 打印机，是一个较高层次和细节层次之间的多层关联规则。

(4) 根据对关联挖掘的不同扩充。

关联规则挖掘可以扩充到相关分析[6]，从中可以识别项是否相关，还可以扩充到挖掘最大模式[7]（即最大的频繁模式）、序列模式挖掘[8]、挖掘空间关联规则[9]、挖掘事务间关联规则[10]等。

8.1.4 关联规则挖掘模型与步骤

关联规则挖掘的基本模型如图8.1所示。

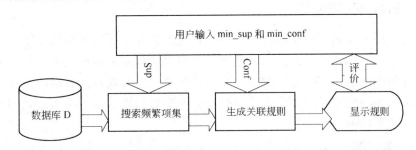

图 8.1 关联规则挖掘的基本模型

图8.1中，用户通过指定最小支持度和最小置信度控制算法的两个主要过程。通过规则的显示对其评价。

关联规则的挖掘主要有两步：第一步是找出所有的频繁项集；第二步是找出由第一步产生的频繁项集产生同时满足最小支持度和置信度的强关联规则。第一个步骤集中了所有的计算量，第二个子问题的解决比较简单，所以目前的大部分工作都集中在第一个子问题上。其主要原因是数据量巨大造成的，算法的效率以及可扩展性都具有很强的挑战性。第二步虽然很简单，但通常算法所返回的结果都非常庞大，而且还可能伴随着错误信息，如何从大量规则中找到有意义的规则，让用户更方便地解释和理解规则也非常重要。现在通常称第一个子问题为经典关联规则挖掘问题。

对于挖掘布尔型关联规则，可完全按照上述模型，分两个步骤：（1）找出所有频繁项集。根据定义，这些项集出现的频繁度至少和预定义的最小支持度一样。（2）由频繁项集产生强关联规则。根据定义，这些规则必须满足最小支持度和最小置信度。经典算法是 Agrawal 等人[12]设计的 Apriori 算法。

对于挖掘量化关联规则[12]，目前量化关联规则大体思路是将量化属性进行离散化处理，用区间替代原数值，再转用上述模型进行挖掘。其中，原模型的搜索频繁项集变为了搜索频繁区间。例如，income 属性划分成 "0k…20k"，"21k…30k"，"31k…40k" 等区间，然后替代属性原来的数值，用二元表示存放到关系表中，再用 Agrawal 等人扩展的 Apriori 算法，找出所有频繁谓词或区间（即通过搜索所有的相关属性,而不是仅搜索一个属性,如 buys),最后产生满足最小支持度和最小置信度的关联规则,实现其对于量化关联规则的挖掘。量化关联规则的研究展开的相对较晚,但取得了一定成果,提出了一些挖掘算法[11~13]。

8.2 量化关联规则

8.2.1 量化关联规则提出

实际应用中关系型数据库应用广泛,并且大部分包含量化属性,如工资、年龄。这些属性的特点是其属性取值范围大,不再是 0 或 1 两种取值,存在隐含的序。而且用户也不再关心属性取某一个值时会得到什么规则,而对取值在某个范围内会有怎样的规则感兴趣。在这类数据库中挖掘的规则就不属于布尔型的,而是量化型关联规则[1,6,11,12,14]。如

Age (20, 25) ∧ Income (4k, 6k) = > Consumption (2k, 2.4k)

又由于目前布尔型关联规则的挖掘研究工作已经比较成熟(如经典 Apriori 算法及其众多变形及改进),因此量化关联规则的挖掘逐渐成为当前研究的重点。

由于量化属性的有序性和多值性,区间划分成为量化关联规则挖掘的预处理方法,即把量化属性离散化,将量化属性的值划分为多个区间,每个区间看作一个属性,用区间代替原数值,最终转化成布尔型关联规则挖掘。这也是目前广泛沿用的算法思路。

为了将量化属性离散化,Skikant 和 Agrawal[6] 提出一种分箱量化的思路,即将那些量化属性的值域范围分成等深或等宽的区间,这些区间是动态的,以满足某种挖掘标准(如最大化所挖掘的规则的置信度),再将数值属性的值替换成区间值,然后用经典 Apriori 算法找频繁谓词集产生关联规则。

但这种划分区间的方法有两个问题:最小支持度和最小置信度问题。最小支持度问题是当一个量化属性被划分的区间过小时,在这些小区间内规则的支持度也会减小,这样可能导致含有这个属性的规则因小于最小支持度而无法被发现。同时,还有规则冗余,处理时间延长的问题,尤其对于大型数据库的大区间量化属性,还会引起组合爆炸。相反,最小置信度问题是当划分的区间过大时,某些规则的支持度会在该区间增大,使得规则的置信度降低,以至于小于最小置信度而不被发现,造成信息的损失。例如,在表 8.1[6] 中,规则 NumCars (0) = > Married (No),有 1/1 = 100% 的置信度。表 8.2 是表 8.1 属性划分后的表,那么这种新规则 NumCars (0…1) = > Married (No),置信度只有 2/3 ≈ 66.6%,这就有可能因置信度不高而引起规则丢失。

表 8.1 People 关系表

RecordID	Age	Married	NumCars
100	23	No	1
200	25	Yes	1
300	29	No	0
400	34	Yes	2
500	38	Yes	2

表 8.2 表 8.1 属性的划分

ID	Age：20…29	Age：30…39	Married：Y	Married：N	NumCars：0	NumCars：1	NumCars：2
100	1	0	0	1	0	1	0
200	1	0	1	0	0	1	0
300	1	0	0	1	1	0	0
400	0	1	1	0	0	0	1
500	0	1	1	0	0	0	1

由此可以看出，这种没有考虑量化属性数据点之间或区间之间的相对距离大小的分箱划分方法是不理想的。

在布尔型关联规则挖掘中，一方面置信度虽然能够提供一个大约或近似概念的描述（如 conf＝45%，规则可信的可能性为 45%），但是不能描述出对某个数值的近似。例如经典模式挖掘出布尔型关联规则[3]：

item（"electronic"）∧ manufacture（"foreign"）⇒price（＄200）［sup＝60%，conf＝45%］

它只能描述外国的电子产品的价格恰好是＄200，对于在现实中，人们可能更关心的价格大约为＄200的规则，它却不能描述。另外，再如，对于表 8.3 和表 8.4[15]这两张员工工资表，用经典挖掘算法都会找到如下的量化关联规则：

Job（DBA）∧ Age（30）＝＞Salary（40，000）［sup＝3/6＝50%，conf＝3/5＝60%］

表 8.3 员工工资表（Ⅰ）

ID	Job	Age	Salary
T1	Mgr	30	40000
T2	DBA	30	40000
T3	DBA	30	40000
T4	DBA	30	40000
T5	DBA	30	100000
T6	DBA	30	90000

表8.4　员工工资表（Ⅱ）

ID	Job	Age	Salary
T1	Mgr	30	40000
T2	DBA	30	40000
T3	DBA	30	40000
T4	DBA	30	40000
T5	DBA	30	41000
T6	DBA	30	42000

很明显与表8.3相比，上述规则更符合表8.4。这就需要有一种能提高规则置信度和支持度的方法。

这就导致 Miller 和 Yang[15]基于距离的量化关联规则（DAR）的提出，他们改变了传统的统计量描述关联的观点，从能反映数据分布的接近性来重新考虑关联的描述，即将经典的概率统计度量关联方法改用数据间距离来衡量。这种规则能紧扣区间数据的语义，并允许数据值的近似，能够弥补上述经典关联规则算法挖掘量化关联规则的不足。

首先，他们提出了基于距离的区间划分，这样得到的区间能反映数据点之间的距离，因此能够解决分箱方法中没有考虑量化属性数据点之间或区间之间的相对距离大小而导致划分结果不理想的问题。如表8.5[3]中的属性 Price 的数据，其划分是根据等宽和等深与基于距离的划分的对比。基于距离的划分看来最直观，因为它将接近的值分在同一区间内（如［20，22］）。相比，等深划分将很远的值放在一组（如［22，50］）。等宽划分可能将很近的值分开，并创建没有数据的区间。因此基于距离的划分是合理的。通过聚类算法可以实现区间划分，因为聚类经常采用的度量方式是基于距离的[1]。

表8.5　三种区间划分的比较

Price（＄）	等宽（宽度10）	等深（深度2）	基于距离
7	［0，10］	［7，20］	［7，7］
20	［11．20］	［22，50］	［20，22］
22	［21，30］	［51，53］	［50，53］
50	［31，40］		
51	［41，50］		
53	［51，60］		

对于表8.3与表8.4，如果用概率统计来表达关联，即用经典 Apriori 算法挖

掘，得到的关联规则显然更符合表 8.4 的 R2。可以将 R2 表中 5、6 项的 Salary 值近似看为 4k，则置信度提高（conf = 5/5 = 100% ≥60%），同时支持度也相应提高（sup = 5/6 ≈83.3%）。还需要一种能表述属性值的近似方法，如找出年龄 30 岁的 DBA 工资大约为 4k 的规则。因此他们又相应地提出了量化关联规则定义的两个观点：（1）对于区间数据，规则频繁度和关联强度的度量应该反映数据点之间的距离；（2）关联规则 $C_1 \Rightarrow C_2$ 定义为 C_1 内的元组将近似满足 C_2。

图 8.2 和图 8.3 是表 8.3 和表 8.4 的空间分布图（已将 Job 分类属性量化）。从图 8.2 中可以看出关系表 R1 中的数据分布比较分散，而图 8.3 中则较为集中。量化关联规则 R2 因为更符合表 8.4，所以该规则有更高支持度和置信度，反映到图 8.3 中，就是元组更集中。因此聚类得到簇能够表达这种关系，用簇的稠密度度量数据的接近程度，簇内元组数度量规则支持度，簇间距离度量置信度。通过簇间距离也能够表达出规则中属性值的近似，如表达年龄 30 的 DBA 工资收入接近 4k 这样的规则，则规则前件簇投影到后件属性上的簇近似接近后件属性的簇。因此这样就实现了对基于距离的量化关联规则的定义和挖掘方式的改变。

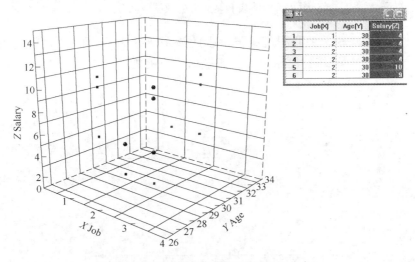

图 8.2 R1 表和其对应的数据空间分布

8.2.2 量化关联规则定义

先看一个简单的形如 $C_X \Rightarrow C_Y$ 的基于距离的量化关联规则。假定 X 是属性值 {age}，Y 是属性值 {income}[15]，如图 8.4 所示。为了确保 age 簇 C_X 和 income 簇 C_Y 之间的蕴含是强的，这就需要 age 簇的元组投影到属性 income 上时，它们对应的值落在 income 簇 C_Y 之内，或接近它。簇 C_X 投影到属性 Y 上，记作 C_X [Y]。簇 C_Y 投影到属性 Y 上，记作 C_Y [Y]。这样 C_X [Y] 和 C_Y [Y] 之间的距

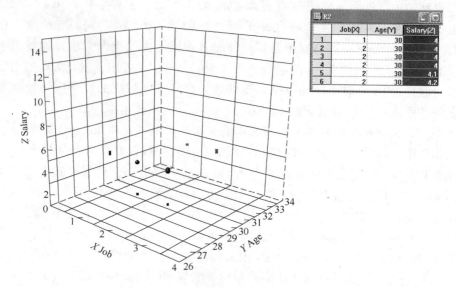

图 8.3 R2 表和其对应的数据空间分布

离越小，表明 $C_X \Rightarrow C_Y$ 关联程度越强，因此该距离成为 C_X 和 C_Y 之间的关联度。关联度可以使用标准统计度量定义，如平均簇间距离。

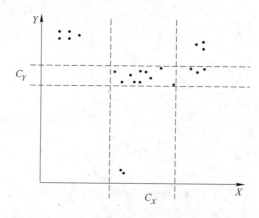

图 8.4 C_X 是 X 上的簇，C_Y 是 Y 属性上的簇

定义 1 若 X_i 和 Y_j 是两两不相交的属性集，则下式是基于距离的量化关联规则[15]：

$$C_{X_1} C_{X_2} \cdots C_{X_x} \Rightarrow C_{Y_1} C_{Y_2} \cdots C_{Y_y} \tag{8.1}$$

$$D(C_{Y_j}[Y_j], C_{X_i}[Y_j]) \leq D_0, \ 1 \leq i \leq x, 1 \leq j \leq y \tag{8.2}$$

$$D(C_{X_i}[X_i], C_{X_j}[X_i]) \leq d_0^{X_i}, \forall i \neq j \tag{8.3}$$

$$D(C_{Y_i}[Y_i], C_{Y_j}[Y_i]) \leqslant d_0^{Y_i}, \forall i \neq j \tag{8.4}$$

式中，C_{X_i} 和 C_{Y_i} 分别是数据集在属性集 X_i 和 Y_i 上的聚类簇；D 为簇之间的曼哈顿距离；D_0 表示关联度；$d_0^{X_i}$ 表示规则前件中聚类的接近度阈值，$d_0^{Y_i}$ 表示规则后件中聚类的接近度阈值，并满足三个条件：（1）规则前件的每个簇与后件的每个簇是强关联的；（2）前件中的簇是一起出现；（3）后件中的簇是一起出现。

在基于距离的关联规则中，关联度 D_0 对应于非基于距离的关联规则的置信度，而稠密度阈值对应于支持度。

8.2.3 算法描述

基于距离的量化关联算法[15]可以分为两个步骤：一是对一个或一对量化属性进行聚类，形成满足要求的簇或区间；二是搜索频繁一起出现的簇组得到基于距离的量化关联规则。

8.2.3.1 聚类形成簇

在第一步聚类阶段，使用 BIRCH[3,16] 层次聚类算法，选择出满足稠密度阈值和频繁度阈值的簇。该算法是一个综合的层次聚类方法。它引入了两个概念：聚类特征和聚类特征树（CF 树），它们用于概括聚类描述。聚类特征（CF）是一个三元组，给出了对象子聚类的信息的汇总描述。

定义 2　CF：设 $C_X = \{t_1, \cdots, t_N\}$，定义如下：

$$CF(C_X) = \left(N, \sum_{i=1}^{N} t_i[X], \sum_{i=1}^{N} t_i[X]^2\right) \tag{8.5}$$

其中，N 为子类中元组的数目。

为了使汇总描述包括投影到其他属性集上的簇信息，Miller 和 Yang 用关联簇特征（ACF）数据结构来存储汇总描述。其不但包括了公式（8.5）在属性 X 上的投影信息，还有在所有属性集 $Y(Y \neq X)$ 的投影信息 ACF。

定义 3　ACF：设 $C_X = \{t_1, \cdots, t_N\}$，定义如下：

$$ACF(C_X) = \left(N, \sum_{i=1}^{N} t_i[Y], \sum_{i=1}^{N} t_i[Y]^2\right) \tag{8.6}$$

类似 ACF 树是把 CF 树叶子节点改为了 ACFS，内部节点仍是 CF 节点。一棵 ACF 树由每个属性 Xi 维系。

为了评估元组所形成簇的接近性（簇的稠密性），需要定义一个直径度量。簇的直径是簇内元组两两距离的均值，距离度量可以是欧几里得距离或曼哈顿距离，即设两个元组 $t_1 = (x_{11}, x_{1x}, \cdots, x_{1m})$ 和 $t_2 = (x_{21}, x_{2x}, \cdots, x_{2m})$，则

欧几里得距离：

$$\text{Euclidean}\_ \ d(t_1,t_2) = \sqrt{\sum_{i=1}^{m}(x_{1m} - x_{2m})^2} \tag{8.7}$$

曼哈坦距离：

$$\text{Manhattan}\_ \ d(t_1,t_2) = \sum_{i=1}^{m}|x_{1m} - x_{2m}| \tag{8.8}$$

定义 4 设 $S[X]$ 是 N 个元组 t_1，t_2，…，t_N 投影到属性集 X 的集合。$S[X]$ 的直径是投影到属性集 X 的元组两两距离的平均值：

$$d(S[X]) = \frac{\sum_{i=1}^{N}\sum_{j=1}^{N}\delta_X(t_i[X],t_j[X])}{N(N-1)} \tag{8.9}$$

式中 δ 表示元组之间的距离度量。距离度量可以使用欧几里得距离或曼哈坦距离。$S[X]$ 直径 d 越小，其元组投影到属性集 X 上时越接近。因此，用直径度量来评估簇的稠密性。

定义 5 属性集 X 上的一个聚类 C_x 应满足小于等于稠密度阈值 d_0^X，大于等于频繁度阈值 s_0，即：

$$d(C_X[X]) \leqslant d_0^X \tag{8.10}$$

$$|C_X| \geqslant s_0 \tag{8.11}$$

其中 s_0 频繁度阈值限定聚类中元组的最少个数。满足稠密度阈值的簇更密集。满足频繁度阈值的簇具有足够的支持度。由于聚类考虑了数据点之间或区间之间的相对距离，可以很好把量化属性的值域依据它们之间数值的大小，划分出合适的分区来，使得挖掘的规则能紧扣区间数据的语义，从而解决了分箱划分的问题。

8.2.3.2 结合簇形成规则

第二步搜索频繁的簇并将其组合，形成基于距离的关联规则。要选择出小于给定距离阈值的频繁簇，需要如下定义的图[15]：

定义 6 一个聚类的簇图，节点 n_c 对应于一个数据集的一个聚类 C，若 $D(C_X[X],C_Y[X]) \leqslant d_0^x$ 且 $D(C_X[Y],C_Y[Y]) \leqslant d_0^y$，则存在从节点 n_{Cx} 到的 n_{Cy}。

这样就给定一个数据集所有聚类特征，就可以利用距离度量来计算这些聚类的簇图，然后再从这些簇图中找出最大完全子图。一个最大完全子图和它的任意子集，都可以构成一条基于距离的关联规则的前件和后件。

8.2.4 算法分析

8.2.4.1 聚类部分

聚类是挖掘基于距离的量化关联规则的基础，聚类结果的好坏直接影响到后续量化关联规则产生的有效性。尽管 Miller 等使用 BIRCH 聚类算法考虑了数据之间的距离，使得数值型数据的分区更有意义，但是他们只是对一个或一对数值型属性进行聚类，并没有考虑元组的全部属性。这样处理有 3 点不足：

（1）以某一属性的聚类结果，很容易错误地反映元组之间的本来联系。例如，选拔优秀学生，不能仅考虑各科考试分数，还要看参加社会实践与集体活动次数等可量化的考核项目，这样才能全面地评价一个学生是否优秀。

（2）会挖掘出无效的规则。如有这样的保险数据，是关于年龄（Age）、收入（Income）和索赔（Claims）的三维数据分布，如图 8.5 所示。

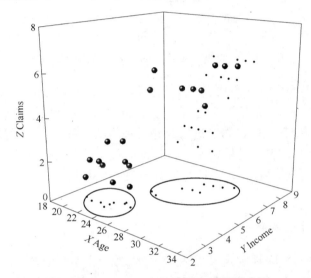

图 8.5 Age、Income 和 Claims 数据分布图

在图 8.5 三维空间中有两个簇，很自然地存在两种量化关联规则：

R1：Claims［1k，3k］Income［3k，3.8k］= > Age［20，25］

R2：Claims［4k，6k］Income［6.5k，7.8k］= > Age［24，30］

以规则 R1 为例，若按照他们的聚类方法（仅对一个或一对属性进行聚类），那么求 $D(C_A[A], C_I[A])$ 时，需要对 Age 属性进行聚类以求得 $C_A[A]$。图 8.6 是数据在属性 Age 与属性 Income 上的投影图。从图 8.6 可看到，在 Age 属性内，因为 Age 属性值都很接近，所以在对 Age 聚类时，属性簇 $C_A[A]$ 的区间范围会由原来的［20，25］扩大为［20，30］。如果 D_0 取值合适，能满足 $D(C_A[A], C_I[I]) \leq D_0$，则挖掘出的规则 R1 就变为了 R1′。

R1′：Claims［1k，3k］Income［3k，3.8k］= > Age［20，30］

显然，这样的规则所表达的三个属性关联关系是不准确的，价值不大，所以该算法聚类部分不合理的处理需要改进。

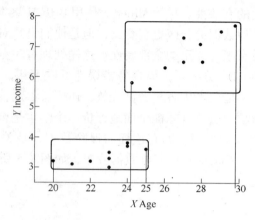

图 8.6　空间簇在 Age 与 Income 属性面的投影簇

（3）BIRCH 算法固有的缺点。虽然它是一种非常有效的、综合的层次聚类算法，能够用一遍扫描有效地进行聚类，并能够有效地处理离群点。但是，BIRCH 算法在判定簇之间是否能进行合并时采用的是基于中心点的统一阈值，当簇规模相差较大时，聚类结果较差，同时无法实现对任意形状簇的聚类。现实数据的分布形状有多种多样，显然该算法有局限性。因此需要选择一种更好的聚类算法。

8.2.4.2　算法参数设置

从基于距离的关联规则定义[15]中不难发现，限定一个多维的关联规则需要三个判别式（式（8.2）、式（8.3）和式（8.4）），为了确保规则前后件属性簇有强关联性，三个判别式中需要设置有三种参数：D_0、$d_0^{X_i}$ 和 $d_0^{Y_i}$。一方面，对参数的取值，文献中没有给出一个很好的方法，仅凭实验经验取值。如对关联度参数 D_0 的设置，应该取多少限制关联强度合适，毕竟用这种距离差来表示关联度不像百分比的形式容易理解设置；另一方面，参数多，很难对全部参数设置合理，从而使算法的挖掘效果与效率降低。因此需要在减少预设参数个数和对参数设置的盲目性这两个方面进行改进。

8.3　基于距离算法设计与实现

8.3.1　算法设计

（1）由于聚类效果直接影响到划分区间的合理性，对后续规则产生的有效性有决定作用。对数据进行聚类划分时，不仅仅针对一个或一对属性聚类，而是采用聚类算法，如 K-means 聚类算法和基于密度和自适应密度可达聚类算法

（CADD）[17,18]，根据数据对象所有属性进行聚类，根据聚类结果进行区间划分或形成簇。由于在所有属性上聚类，得到簇或区间更能合理反映数据之间关系。

（2）采用对所有属性数据聚类的方法，使得到的簇，若满足支持度，就可以减少限定基于距离的关联规则的条件，使算法更便于应用。

（3）提出对参数 D_0（最小置信度）取值的限定方法。通过引入簇半径的概念，以新簇的半径作为 D_0 取值的参考标准，易于确定 D_0 的值。

由于采用了簇半径的概念来控制聚类的边界，基于簇中心的聚类算法，如 K-means 算法，能够取得较好的挖掘效果。

8.3.2 数据预处理

数据预处理是数据挖掘的必要环节。通过预处理，在原始数据的基础上得到更为客观的数据信息，进而便于下一步数据挖掘的顺利进行。其中数据变换是一项重要内容，它是将数据转换或统一成适合于挖掘的形式。有如下内容：

（1）平滑：去掉数据中的噪声。技术有分箱、聚类和回归。

（2）数据概化：使用概念分层，用高层次概念替换低层次"原始"数据。

（3）规范化：将属性数据按比例缩放，使之落入一个小的特定区间。

由基于距离的量化关联规则［定义 1］可知，是需要距离度量的，用以描述对象相异性或关联程度。显然，各属性的度量单位将直接影响到聚类分析的结果[1]。例如，将高度的度量单位由"米"改为"公里"，或将重量单位由"克"改为"千克"，都可能产生非常不同的聚类结构。为了减小属性度量单位对聚类的影响，数据在聚类前应该规范化，这样可以使所有属性值有相等的权重。但原算法中并没有考虑这个因素，这是不合理的。因此，在聚类前进行规范化，以防止具有较大初始值域（或度量单位）的属性与具有较小初始值域（或度量单位）的属性相比，权重过大的问题。例如属性 income 与属性 age 相比。

规范化方法有两种：

（1）最小-最大规范化对原始数据进行线性变换，它能保持原始数据值之间的关系。假定 $\min_A$ 和 $\max_A$ 分别是属性 A 的最小和最大值。通过下式计算

$$v' = \frac{v - \min_A}{\max_A - \min_A}(new\_\max_A - new\_\min_A) + new\_\min_A \tag{8.12}$$

将 A 的值 v 映射到区间 $[new\_\min_A, new\_\max_A]$ 中的 v'。

（2）z-score 规范化（零-均值规范化）中，属性 A 的值基于 A 的平均值和标准差。A 一般用于当 A 的最大和最小值未知，或孤立点左右最大-最小规范化时使用。A 的值 v 被规格化为 v' 由下式计算：

$$v' = \frac{v - \bar{A}}{\sigma_A} \tag{8.13}$$

式中，$\bar{A}$ 和 σ_A 分别为属性 A 的平均值和标准差。

在实验数据中，量化属性的值域都能确定，即属性的最大和最小值能够找出，并且计算方法简单，例如，若将值映射到 [0，1] 内，则计算公式为：

$$v' = \frac{v - min_A}{max_A - min_A} \tag{8.14}$$

所以，这里选择使用最小-最大规范化的方法对原始数据进行变换，以提高效率。

8.3.3　基于距离量化规则

由基于距离的量化关联规则定义可知，若要规则成立，必须满足 3 个限制条件：

（1）规则前件与后件的簇间距离不大于预设 D_0 值。

（2）为保证规则前件各个簇同时出现，各簇之间的距离不大于预设参数 $d_0^{X_i}$。

（3）为保证规则后件各个簇同时出现，各簇之间的距离不大于预设参数 $d_0^{Y_i}$。

很明显，当先、后件簇个数为 h 时，则预设的参数个数就为 $2h$，实际使用中很难对众多参数都设置合理，因而就影响到规则的产生。但是，在聚类部分，如果对所有属性进行聚类，则可以省略第（2）、（3）条的限制公式（8.3）与公式（8.4），$d_0^{X_i}$、$d_0^{Y_i}$ 也就不再设置了。

具体分析：对数据的所有属性进行聚类，这样一个方面，能够通过所有属性聚类，使得聚类结果能较完整地体现元数据间的关系；另一方面，在聚类得到的簇内，元组各属性必然形成具有较高的相似度的属性簇。因为是对所有属性聚类，簇内元组包括了所有属性，所以各属性上形成属性簇必然是同时出现的。也就是说，如果簇内元组的个数满足预设最小支持度，那么所有属性簇形成的簇组就成为最大 n-项频繁谓词集（n 为属性的个数）。由频繁项集的先验知识可知，频繁谓词集也具有这样的性质，各属性簇必然同时出现。因此简化了原有的两条限制，进而把第（2）和第（3）条限制中的参数省去。

8.3.4　簇间关联度的度量

基于距离的量化关联规则的关联度（置信度）是用距离来衡量的，即对于 $C_X \Rightarrow C_Y, C_X、C_Y$ 分别是 X、Y 属性上的簇，如果 $D(C_Y[Y], C_X[Y]) < D_0$，则 C_X 与 C_Y 有关联性。距离越小，两簇的关联强度越强；反之，则弱。关联度可以用标准的统计度量，如 Manhattan、簇间距离。

设 $C_i = \{t_j^i : 1 \le j \le N_i\}$，簇 C_i 在属性 X 上的投影，记为 $C_i[X] = \{t_j^i[X] : 1 \le j \le N_i\}$，投影簇 $Ci[X]$ 的簇中心为：

$$X0_i = \frac{\sum\limits_{j=1}^{N_i} t_j^i[X]}{N_i} \tag{8.15}$$

两投影簇 $C1[X]$ 与 $C2[X]$ 间的 Manhattan 距离为：

$$D(C1[X], C2[X]) = |X0_1 - X0_2| \tag{8.16}$$

簇间距离的度量方法目前常用的有以下四种：

（1）最小距离： $\quad d_{\min}(C_i, C_j) = \min_{p \in C_i, p \in C_j} |p - p'| \tag{8.17}$

（2）最大距离： $\quad d_{\max}(C_i, C_j) = \max_{p \in C_i, p' \in C_j} |p - p'| \tag{8.18}$

（3）平均值的距离： $\quad d_{\text{mean}}(C_i, C_j) = |m_i - m_j| \tag{8.19}$

（4）平均距离： $\quad d_{\text{avg}}(C_i, C_j) = \dfrac{1}{n_i n_j} \sum\limits_{p \in C_i} \sum\limits_{p' \in C_j} |p - p'| \tag{8.20}$

式中，$|p - p'|$ 是两个对象 p 和 p' 之间的距离；m_i 是簇 C_i 的平均值；n_i 是簇 C_i 中对象的数目。

对于最大、最小距离度量方法因为只考虑两种极端值，不能反映整体簇间的接近程度，因此不宜采用。相反平均距离与平均值距离方法较为理想。原文献中使用的是平均距离，但是该方法计算量大、实现繁琐，运算时间较平均值距离方法要慢得多。因此，改用平均值距离方法对簇间距离求解，以提高效率。

8.3.5 关联度参数 D_0 限定

D_0 是衡量两簇关联强度的预设参数，为量化规则的最小置信度（min_conf）。这种以距离数值大小来表示关联强弱，有明显的缺点，即对应关系不明确，不如百分比的形式易理解。因此设置时一般都凭经验来确定。这里提出引入簇半径的概念，即用规则前件与后件属性的区间交集元组，在相交面上投影得到的投影簇 $\hat{C}$ 的半径值作为 D_0 的参考值。

如图 8.7 所示，黑点部分 Cy 与 Cx 交集的簇中心为 a，半径为 r。对于 $Cx \Rightarrow Cy$，两簇的距离为 $D(Cy[y], Cx[y]) = Cx[y]$ 的簇中心 $-$ $Cy[y]$ 的簇中心 $= a - a = 0 < r$。用经典置信度计算法表示这个规则 $\text{conf} = 11/11 = 100\%$，这样两簇关联度 100% 就与距离为 0 对应。

如果 Cy 元组数增加，即图中的菱形点部分，那么 $Cy[y]$ 的簇中心就变为 b 点，$D(Cy[y], Cx[y]) = Cx[y]$ 的簇中心 $-$ $Cy[y]$ 的簇中心 $= a - b \neq 0 < r$，$\text{conf} = 11/16 = 68.8\%$，这样则有距离 $< r$ 与关联度 68.8% 对应。

Cy 元组数再增加，即图中方形点部分，$D(Cy[y], Cx[y]) = Cx[y]$ 的簇中心 $-$ $Cy[y]$ 的簇中心 $= a - c = r$，那么两簇交集的元组所在比例就等于 50%，即规则置信度为 $11/12 = 50\%$。这样就把 r 与关联度 50% 相对应。以此类推，对应关系如表 8.6 所示。

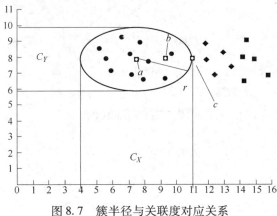

图 8.7   簇半径与关联度对应关系

表 8.6   距离与关联度对应表

$D(Cy[y], Cx[y])$	conf
$0 < r$	100%
$\neq 0 < r$	68.8%
$= r$	50%
$\vdots$	$\vdots$
$< 50\%$	$> r$
$\vdots$	$\vdots$
0	∞

在一般情况下，关联度（置信度）是大于 50% 的（若太小，则规则价值不高），所以关联度 D_0 的距离值用 r 作为参照值，就能达到规则关联度为 50% 的要求，从而减少了参数设定的盲目性。

定义 6   簇半径 R：设簇 $X_i = \{t_j^i : 1 \leq j \leq N_i\}$ ，则半径：

$$R = \left(\frac{\sum_{i=1}^{N} (X_i - X_o)}{N} \right)^{\frac{1}{2}} \tag{8.21}$$

其中

$$X_O = \frac{\sum_{i=1}^{N} X_i}{N} \tag{8.22}$$

为簇中心。

对于简单 1∶1 形式的基于距离的量化关联规则 $C_X \Rightarrow C_Y$ ，如图 8.8 所示，可将

C_Y 与 C_X 这部分交集作为新簇 $\hat{C}_i$，求出该簇的半径 $\hat{R}$。根据 $\hat{R}$ 值，来确定 D_0 的大小。

类似的，对于 $N\!:\!1$ 形式的基于距离的量化关联规则 $C_{X_1}C_{X_2}\cdots C_{X_x}\Rightarrow C_Y(1\leqslant i\leqslant N)$，可以将 C_Y 与 C_{X_i} 的交集部分元组集合投影到属性 X_i 与属性 Y 所组成的二维面上，算出投影簇 $\hat{C}_i$ 的半径 $\hat{R}_i$，选择合适的 $\hat{R}$ 作为 D_0 的参考值。

同理，对于 $N\!:\!N$ 形式的 $C_{X_1}C_{X_2}\cdots C_{X_x}\Rightarrow C_{Y_1}C_{Y_2}\cdots C_{Y_y}(1\leqslant i\leqslant N,1\leqslant j\leqslant N)$，根据 C_{Y_i} 与 C_{X_i} 的交集部分在投影面（由 X_i 和 Y_j 组成）上的投影簇 $\hat{C}_{ij}$，求出 $\hat{R}_{ij}$，然后选其中的值作为参照值。

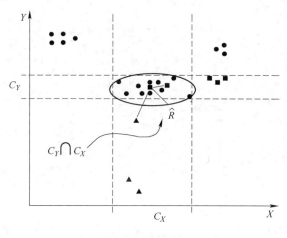

图 8.8　簇半径

8.3.6　规则的生成

找到小于距离参数 D_0 的簇组，由前面的说明可知，这些簇组就是最大频繁谓词集，因此可以用 Apriori 中生成规则的思想产生子规则集。这里，用户可以通过选择关心的属性组以及规则后件，有针对性地对这些属性数据进行关联规则挖掘。这样做是为了减少生成非用户关心的属性关联规则，从而减少不必要的时间消耗。

8.4　算法实验分析

8.4.1　系统交互界面

根据实验的需要，设计与实现了量化关联规则挖掘算法的人机交互界面平台，如图 8.9 所示。人机交互系统主要功能包括：数据输入、参数选择、量化关联规则挖掘和挖掘结果可视化表达。

人机交互界面中，A 部分是原数据的显示；B 部分是数据规范化处理；C 部

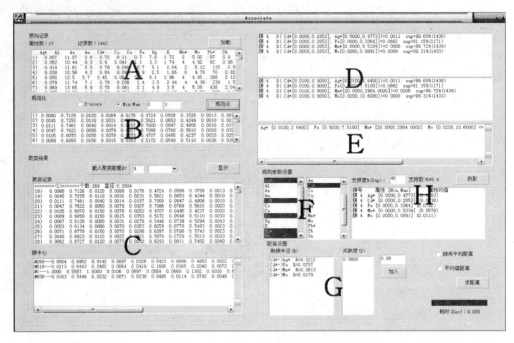

图 8.9 实验平台主界面

分是选择聚类算法并显示聚类结果；D 部分是显示满足关联度 D_0 的簇组；E 部分显示生成的规则；F 部分是选择规则包含属性和规则后件属性；G 部分是投影簇半径显示和设置关联度 D_0；H 部分是设置最小支持度（min_ sup）和显示属性的投影区间。

8.4.2 地球化学数据分析

实验数据对象是某地地球化学采样数据集。在地球化学测量区域内共分布有 1517 个采样点，作为研究的数据对象；每个采样点分析与测量 17 种化学元素的含量，包括：Ag（银）、Al（铝）、As（砷）、Au（金）、Cd（镉）、Co（钴）、Cu（铜）、Fe（铁）、Hg（汞）、K（钾）、Mn（锰）、Mo（钼）、Pb（铅）、Sb（锑）、Sn（锡）、W（钨）、Zn（锌），作为数据对象 17 个属性。关联分析的目的是确定数据对象（采样点）的属性（元素）间的共生组合关系。根据地球化学理论，利用化学指示元素间的共生组合关系，可以评价地质单元矿产资源特征[19]。

由于 Cd（镉）与 Sb（锑）是评价矿产资源重要的指示元素，重点研究这两种元素与其他化学元素间的组合关系。

8.4.2.1 基于 K-means 聚类产生的关联规则（K = 4，关联度 D_0

= 0. 005）

A Cd（镉）与其他元素组合关系

Ag［0.01, 2.64］, Mn［20, 2984］, Pb［4, 263］, W［0, 35］, Zn［10, 410］, As［1.03, 190］, Au［0.3, 36］, Hg［1, 3000］, Mo［0.02, 10.6］, Sn［0.34, 287］ = >Cd［0.01, 0.9］

［D_0 = 0. 005, Sup = 45. 5%］

B Sb（锑）与其他元素组合关系

Ag［0.01, 2.64］, Mn［20, 2984］, Pb［4, 263］, W［0, 35］, Zn［10, 410］, As［1.03, 190］, Au［0.3, 36］, Cu［0.4, 47.1］, Hg［1, 3000］, Mo［0.02, 10.6］, Cd［0.01, 0.9］, Sn［0.34, 287］ = >Sb［0.03, 14］

［D_0 = 0. 005, Sup = 45. 5%］

8.4.2.2 基于CADD聚类产生的关联规则（关联度 D_0 = 0. 005）

A Cd（镉）与其他元素组合关系

As［1.4, 45］, Ag［0.01, 0.29］, Au［0.3, 1.1］, Hg［1, 120］, Mo［0.02, 4.7］, Pb［5, 56］, Sb［0.03, 2.78］, Sn［0.1, 14］, W［0, 8.7］ = >Cd［0.01, 0.22］

［D_0 = 0. 005, Sup = 33. 6%］

B Sb（锑）与其他元素组合关系

Ag［0.01, 0.29］, As［1.4, 45］, Au［0.3, 1.1］, Hg［1, 120］, Mo［0.02, 4.7］, Pb［5, 56］, Sn［0.1, 14］, W［0, 8.7］ = > Sb［0.03, 2.78］

［D_0 = 0. 005, Sup = 33. 6%］

上述规则说明，在一定的关联度下，Cd（镉）和 Sb（锑）均与 Ag（银）、Au（金）、Hg（汞）、Mo（钼）、Pb（铅）、Sn（锡）、W（钨）等化学元素相关。根据地球化学理论可以得出：该地区矿产资源与 Ag（银）、Au（金）、Hg（汞）、Mo（钼）、Pb（铅）、Sn（锡）、W（钨）相关。这一结论与该地区实际的矿产资源分布状况基本相同。

同时，从基于 K-means 和 CADD 聚类产生的关联规则可以看出，规则前件元素有所不同，而且元素含量的变化范围也不同。由于 CADD 在聚类的过程中去掉了孤立点（噪声数据），缩小了元素含量的变化范围，相应的支持度也变小，分析结果更符合实际情况。

8.4.3　临床医学调查数据

文献 ［20］ 收集了 303 人的临床医学调查数据，包括：年龄、胆固醇、心跳数、血压。关联分析的目的是确定高血压与年龄、胆固醇、心跳数之间的关联特征。

8.4.3.1　基于 K-means 聚类产生的关联规则 （ K = 2，关联度 D_0 = 0.1）

年龄 ［29，63］，胆固醇 ［126，354］，心跳数 ［114，202］ = > 血压 ［94，152］

［D_0 = 0.1，Sup = 49.2% ］

8.4.3.2　基于 CADD 聚类产生的关联规则

年龄 ［41，65］，胆固醇 ［177，303］，心跳数 ［130，188］ = > 血压 ［108，140］

［D_0 = 0.1，Sup = 27.06% ］

比较两种聚类算法所得出的关联规则，可以发现，基于 CADD 聚类产生的关联规则更符合临床医学理论，即当年龄在 41 ~ 65 岁，胆固醇在 177 ~ 303 之间，心跳数在 130 ~ 188 之间的人更容易有高血压病[21]。

虽然该算法改进了经典算法对挖掘量化关联规则 （DAR） 的不足，但是也存在一些问题。例如，在实际应用过程中关联度 D_0 的选择很重要。理论上，关联度 D_0 数值越小，规则前、后件关联程度越高。但是，关联度 D_0 取值过小时，容易丢失规则前件信息。今后需要进一步研究关联度 D_0 数值的选取原则。

参 考 文 献

[1] Agrawal R, Imielinski T, Swami A. Mining association rules between sets of items in large data-bases. ［C］ // Proceedings of the 1993 ACM SIGMOD International Conference on Management of Data （SIGMOD' 93）, ACM Press, 1993, 207 ~ 216.

[2] Sergey Brin, Rajeev Motwani, Craig Silverstein. Beyond market baskets: generalizing association rules to correlations. ［C］ // Proceedings ACM SIGMOD International Conference on Management of Data, 1997, 256 ~ 276.

[3] Han J, Kamber M. 数据挖掘概念与技术 ［M］. 范明，孟小峰，等译. 北京：机械工业出版社，2001.

[4] Srikant R, Agrawal R. Mining generalized association rules. [C] // In Proc . of the 21st VLDB Conf, Zurich, Switzerland, 1995: 407~419.

[5] Han J, Fu Y. Discovery of multiple-level association rules from large databases. [C] //IEEE Transactions on Konwledge and Data Engineering, 1999, 11 (5): 420~430.

[6] Srikant R, Agrawal R. Mining quantitative association rules in large relational tables [C] // Proc. Of the ACM SIGMOD Conference on Management of Data, Montreal, Canada, 1996.

[7] Bayardo R J. Efficiently mining long patterns from databases. [C] // In Proc. 1998 ACM-SIG-MOD Int. Conf. Management of data (SIGMOD'98), 85-93, Seattle, WA, June 1998.

[8] Agrawal R, Srikant R. Mining sequential patterns. [C] // In Proc. 1995 Int. Conf. Data Engineering (ICDE'95), 3-14, Taipei, Taiwan, Mar. 1995.

[9] Koperski K, Han J. Discovery of spatial association rules in geographic information databases. [C] // In Proc 4th Int. Symp. Large spatial databases (SSD'95), 47-66, Portland, ME, Aug, 1995.

[10] Lu H, Han J, Feng L. Stock movement prediction and n-dimensional inter-transaction association rules. [C] // In Proc. 1998 SIGMOD workshop on research issues on data mining and knowledge discovery (DMKD'98), 12, Seattle, WA, June, 1998 : 1~7.

[11] Zhang Zhaohui, Lu Yuchang, Zhang Bo. Algorithm for mining quantitative association rules. [J]. Journal of Rare Earths, 1998, 16 (4): 321.

[12] Agrawal R, Srikant R. Fast algorithms for mining association rules in large databases. [C] // In Proceedings of the 20th International Conference on Very Large Bases, September 1994: 487~499.

[13] Grahne G, Lakshmanan L, Wang X. Efficient mining of constrained correlated sets. [C] // Proceedings of the 16th International Conference on Data Engineering (ICDE'00), IEEE Computer Society, 2000, 512~521.

[14] Gyenesei, A. A fuzzy approach for mining quantitative association rules [R]. Turku Centre for Computer Science, Technical Report No. 336. 2000.

[15] Miller R J, Yang Y. Association Rules over Interval Data. SIGMOD, AZ, USA, 1997, 26 (2): 452~462.

[16] Zhang T, Ramakrishnan R, Livny M. BIRCH: An Efficient Data Clustering Method for Very Large Databases. [C] // In Proc. Of the ACM SIGMOD Int'l Conf. on Management of Data, Montreal, Canada, 1996.

[17] 宋宇辰、宋飞燕，孟海东. 基于密度复杂簇聚类算法研究与实现 [J]. 计算机工程与应用, 2007, 43 (35): 162~165.

[18] 孟海东，张玉英. 基于密度和对象方向聚类算法的改进 [J]. 计算机工程与应用, 2006, 42 (20): 154~156.

[19] 韩吟文，马振东. 地球化学 [M]. 北京: 地质出版社, 2003.

[20] Heart disease. http: //archive. ics. uci. edu/ml/datasets/Heart + Disease [EB/OL].

[21] 高血压病因病理. http: //www. cnkang. com/jbdq/nk/xnk/gxy/ by/ Index. html [EB/OL].

9 基于数据场的数据挖掘技术

大数据的重要特征是数据量"大"，但是数据量"大"并不表示数据对象在数据空间分布的"完备"。本章根据数据场理论，将数据对象扩展到完整的数据空间，得到完备的数据对象分布，使得数据挖掘结果更有意义、有价值。

9.1 数据场

1837 年，英国物理学家法拉第最早提出了场的概念，阐明了物质粒子之间的非接触相互作用，而最初的场主要涉及磁场、电场、引力场等物理场。在以上的物理场中，一般利用矢量场强函数和标量势函数来描述粒子间的相互作用。受物理学中引力场、电场、磁场等场的概念的启发，提出了数据场概念。数据场理论描述数据对象之间的相互作用，体现这种"能量关系"的虚拟场即为数据场[1]。

9.1.1 数据场的概念

将原始数据集投影到数域空间中，规定数据空间中的每一个数据对象都向外辐射能量，所有数据对象对外辐射的能量覆盖的空间，称为数据场[2,3]。

数域空间中的各个数据对象，对整个数域空间都具有一定的影响力，如物理学中存在于引力场空间或电场空间中的质点或者电荷的状态，向外进行能量辐射。类比这种相似性，定义数据对象之间的影响函数为场强函数，就可以将数域空间映射到数据场空间。场强函数体现了数据对象之间相互作用的关系，整个数域空间中数据对象分布即为场强函数叠加的反映。数据场中的数据对象之间通过场强函数相互影响，距离"近"的数据对象之间相互影响强，反之距离"远"的数据对象之间相互影响弱。对于某个数据对象，其能量辐射强度随着距离的增加而逐渐降低。对于大量数据对象，数据对象集中的区域的辐射能量显然高；数据对象稀疏的区域辐射能量显然低。

数据场中的场强函数[4~6]是定义某个数据对象自身的数据场分布规律，核心是描述单个数据对象对概念的确定度随距离的变化[7,8]。可是，数据挖掘和知识发现所要研究的是大量数据对象，更为关心的是多个数据对象在多个属性值上能够体现出来的数据场特征。每一个存在的数据对象都能够为数据空间中的任一点做出贡献，每一个点产生的数据场是和其相关对象的数据场共同叠加得到的，场强是所有数据场强的代数和。根据数据场的特性来研究数据对象的场分布情况和作用规则。在数据域内的数据对象会向外辐射数据能量，所有在该点处的总能量之和成为该点数据场的势。数据场的势用来度量场中的点受到的能量辐射的强弱，它也作为所有的能量强度之和，也是此点接受的全部数据辐射过来的数据对象能量之和，可以认为是数据场在某点处的数据对象单位做功能力。

在数据场中，将势值相等的点连起来，形成等势线，等势线围绕所形成的不同中心，称为势心。势心是大量数据对象在一个或一个以上的属性数据值中所体现出来的空间极值特征，数据场中的所有势心构成空间为数据对象的特征空间。具体讲，由单个数据对象形成的数据场中，势心就是数据对象本身所在的位置。而由两个或两个以上的数据对象的辐射场形成的数据场中，势心偏向于辐射亮度较大的数据对象，且一般位于同类数据对象类簇的重心位置。数据对象类簇的势心是该组数据对象对数域空间中的某个概念（类簇）的隶属中心，也是数域空间中该概念的聚类中心。

9.1.2 数据场主要特征

矢量场是将数据场的能量辐射增加方向性属性，没有方向属性的能量场称为标量场。数据场与场模型有各自的特征，数据场囊括了"场"的一般特点，与场模型不同，有自己独特的特征。而聚类分析中的数据场具有以下几类特征[1]：

（1）独立性：数据在向外辐射能量的时候都会以自身为中点，独立向外界发射能量，其特性是不会由于外界数据改变而改变能量辐射的方向。

（2）叠加性：当数据场中某点受到不同数据点同时辐射时，该点的辐射能的计算方法是各辐射点辐射能的累加和。

（3）遍历性：数据辐射的能量覆盖范围是整个数据空间，辐射的范围是全面覆盖，这种覆盖的空间称为空间数据场。在该范围内中，全部范围都要被数据场中的能量约束和影响。

（4）衰减性：数据点所辐射的能量要根据距离的变化而衰弱。因此，距离某个辐射点越近，辐射能就会增大，而距离某个辐射点越远，其辐射能就会减少。

9.1.3 数据场表达

9.1.3.1 场强函数

数据场概念源于物理学中场的概念的数学抽象，对于场强函数的选择可以借用物理学中现有的场强函数，具体而言，将引力场、电场、磁场和辐射场引入到数据场的范畴进行研究，鉴于引力场、电场和磁场的场强函数在数学形式上是一致的，可以将其统一定义为位场。定义公式（9.1）与公式（9.2）分别表示位场与辐射场的场强函数。

位场：

$$p = k \frac{C_{\mathrm{T}}(X)}{r^2} \tag{9.1}$$

辐射场：

$$p = \mathrm{e}^{-\frac{r^2}{2k^2 C_{\mathrm{T}}(X)}} \tag{9.2}$$

在公式（9.1）与公式（9.2）中，p 表示场强函数；r 为辐射半径；k 为辐射因子；$C_{\mathrm{T}}(X)$ 为数据对象 X 的能量或辐射亮度（$C_{\mathrm{T}}(X)$ 可以理解为数据对象的辐射能量大小或者数据对象的权重）。由定义可以看出，位场与辐射场的数学模型不同且辐射因子取值为常数。上述场强函数模型表明，数据场最基本的特征是数据辐射的能量的衰减性，即辐射强度 p 随辐射半径 r 的增加而逐渐降低。

9.1.3.2 势与势函数

数据场通常只用来对单个数据的发布规律进行描述，而数据挖掘面向数据对象是海量数据，而且关心大数据量在多个属性中表现出来的规律。数据场对空间中的每个辐射点都产生影响，并且每一点的场强应为全部数据点在该点产生的能量的代数和。所以，必须依据数据场的特点，深入探索海量数据形成的数据场之间相互作用的规律性。

势在数据场中的定义：数据场的势主要是指在数域空间中某一点被其他数据点所辐射能量的总和。依据以上场强函数的建立，势分布函数表示为：

$$P(x) = \sum_{i=1}^{n} p_i = \sum_{i=1}^{n} \mathrm{e}^{-\frac{r_i^2}{2k^2 C_{\mathrm{T}}(x_i)}} \tag{9.3}$$

式中，$P(x)$ 为数据空间中 x 点数据场的势；n 为数据对象的数量；p_i 为 x_i 数据点在 x 点产生的辐射能量；r_i 为 x 点到数据点 x_i 的距离；$C_{\mathrm{T}}(x_i)$ 为数据点 x_i 的辐射亮度；k 为辐射因子。

9.1.3.3 等势线与势心

等势线的定义描述为将数据场中势值相等的所有点用平滑的线串连起来形成的线。等势面的定义是沿着辐射方向正交的方向做一个平面成为等势面。给出任意的一个势值，都会有一个跟其对应的等势线或等势面；对应一组的势值，会有一系列的等势面或等势线存在。在每一个数据场中，辐射能量越大的地方越接近数据源节点，等势面或等势线越稠密。辐射能量越小，等势线或面越稀疏。所以，等势线或等势面是一种嵌套形式，是所有场的叠加效果，作为一种自然存在的拓扑结构具有形象性，表达了场的分布特点。

所有的等势面或等势线对数据的域空间进行覆盖构成了势场，根据势函数的叠加作用得到基于场强函数，是一种数据场的外在表现形式。场中抽象度强弱关系形象化的表示为等势面或等势线的稀疏稠密，体现了数据对象整体辐射能量后的特征。

在势场中存在势心，势心体现了空间中数据对象的空间特征。单一的数据对象所产生的数据场形成的势场中，势心就是数据本身所在的位置。两个或两个以上的数据对象所构建的数据场中，势心会集中偏向于能量较大的数据对象的位置处，通常情况下，类簇重心的位置为势心的位置。类簇的势心是该数据集中数域空间中的某个概念的隶属度的中心，同时为该数域空间对于该概念的特征聚类中心。

9.2 数据场聚类算法

9.2.1 数据场聚类算法设计

根据数据场的特征，定义由 n 个数据对象 $X = (x_1, x_2, \cdots, x_n)$ 构成的数据空间，m 个类簇，$C = (c_1, c_2, \cdots, c_m)$，$\text{Num}C_i$ 记录第 i 个类簇中数据对象的个数，NumData 记录数据对象的个数，Outlier 为离群点的个数。对于数据空间中任意一点 x，接受数据场中全部数据对象辐射而产生的势值为 $f(x)$，$f(x) = \sum_{i=1}^{n} p_i$，其中 p_i 表示第 i 个数据对象 x_i 在点 x 处的场强值。

数据场聚类算法具体步骤：

输入 n 个数据对象 $X = (x_1, x_2, \cdots, x_n)$，令 $\text{NumData} = n$。

（1）选择场强函数，计算数域空间中任意一点的势值 $f(x)$。

（2）将数域空间中势值相等的点连起来，形成等势线；令 $i = 1$。

（3）选择势值最大点为第 i 个聚类中心。

（4）从第 i 个聚类中心局部向外扩散，找到局部势能极小的等势线（其下一条等势线势能开始增强或者为零），将等势线内的所有数据对象移动到类簇 C_i 中，形成第 i 个类簇。

（5）更新数域空间中数据对象的个数 $\text{NumData} = \text{NumData-Num}C_i$。

（6）如果 $\dfrac{\text{NumData} - \text{Num}C_i}{n} < \varepsilon$ 算法结束，$\text{Outlier} = \text{NumData} - \text{Num}C_i$；否则执行第（7）步。

（7）$i = i + 1$，执行第（4）步。

数据场聚类基本思路：将数域空间中势值相等的点用平滑曲线连起来，构成等势线（面），形成数据场；再从数据场中找到各局部势值最大的点（极值点），即为势心，将其作为聚类中心；按各势心的辐射方向向外扩散，找到同一条势值相等的等势线，其下一条等势线势能开始增强或者为零。将其作为划分各个类簇的分界线，从而将不同的类簇划分开来。剩余的数据对象可以作为离群点处理。

9.2.2 测试数据集产生

测试数据集利用二维正向云发生器产生，云发生器是基于云模型[5]的，最早是被用来衡量定性概念与定量关系之间的不确定性模型的转换而提出的。通过云的三个数字特征期望 Ex、熵 En 和超熵 He 来最大程度地刻画某个定性概念中最为核心的特征，其中期望代表某个构成定性概念中最具代表性的元素，或者说是最为核心的元素；熵代表某个定性概念可度量性的大小，体现了该定性概念独立性的大小；超熵代表构成某个定性概念的元素随机性的分布可能性，很好地体现出该定性概念的不确定性。熵与超熵揭示了某个定性概念模糊性与不确定性之间的内在联系，即"内聚性"与"耦合性"之间的相互关联。

9.2.3 位场聚类实验

由云发生器产生的 200 个原始数据点如图 9.1 所示。

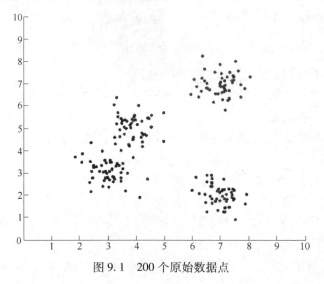

图 9.1   200 个原始数据点

以位场的场强计算公式为数据场模型进行实验，位场的二维和三维聚类效果如图 9.2 所示。

实验结果表明，在实际利用计算机处理中，将数据对象空间网格化后，在计算各网格点的数据场过程中，当网格点无限靠近某一数据对象时，该数据对象对网格点的影响出现奇变。因此，在根据数据分布密度建立数据场的情况下，会在

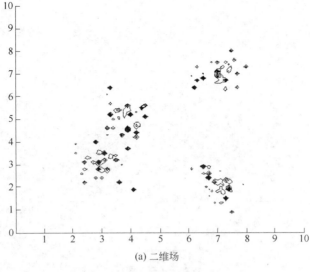

(a) 二维场

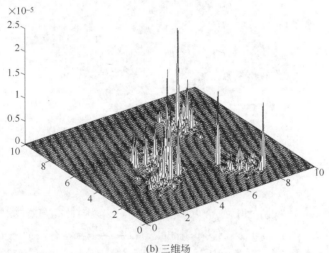

(b) 三维场

图 9.2 位场的聚类效果

数据空间中产生数据奇变点，使得利用该模型建立的数据场很难实现数据对象的有效划分，该数据场模型的实用性较差。

9.2.4 辐射场聚类实验

实验选用与位场聚类实验相同的数据集，计算场强函数，画出等势线。对于辐射场场模型，建立的数据场的二维和三维聚类效果如图 9.3 所示。

实验结果表明，将数据对象空间网格化后，通过计算各网格点进行数据场聚类的过程中，当网格点无限靠近某一数据对象时，该数据对象对网格点不会出现

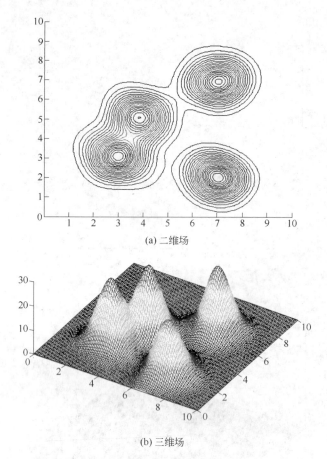

(a) 二维场

(b) 三维场

图 9.3 辐射场的聚类效果

奇变，各数据对象对数据场中网格点的鲁棒性很强。因此，辐射场模型建立数据场符合数据场聚类的特征。从图 9.3 中可以看出，数据对象被有效地划分为四个类簇，其中两个类簇位置较为临近。从云模型的角度讲，这两个类簇相互之间的模糊性较大，即两个类簇之间有交集，有一定的共性。可见利用数据场聚类的结果有效且直观地反映了各个类簇所代表概念的特征。综上，在对数据场模型进行选择时，应该选择类似辐射场的数学模型，在此基础上对其进行聚类分析，可使数据对象得以有效地划分。

9.2.5 参数对数据场聚类效果影响

选择辐射场作为数据场的模型，见公式 (9.3)。实验利用云发生器产生 3 个云团，共 1500 个数据点作为原始实验数据集，数据点设置 3 种不同的标志和颜色是为了区分三个云团，除此之外，各数据点之间并无差异，辐射亮度 $C_T(X)$

统一取值，即权重相同，如图9.4所示。

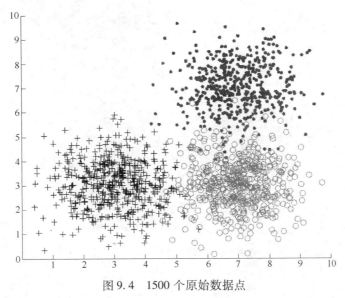

图9.4 1500个原始数据点

图9.5～图9.8中表明，辐射强度 $C_{\mathrm{T}}(X_i)$ 选择的区间应为 $[0, 1]$。其中当 $C_{\mathrm{T}}(X_i) = 0$ 时，数域空间中任意一点的势值为0，数据对象之间没有影响，各个数据点自成一类；当 $C_{\mathrm{T}}(X_i) > 1$ 时，数据场中的势值差别较小，所有数据点聚为一类，失去了聚类的意义；当 $C_{\mathrm{T}}(X_i)$ 在区间 $[0, 1]$ 时，聚类所产生的类簇个数随 $C_{\mathrm{T}}(X_i)$ 的增加而减少，直到为1。

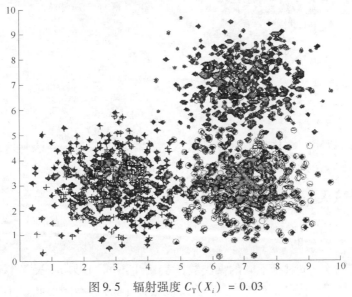

图9.5 辐射强度 $C_{\mathrm{T}}(X_i) = 0.03$

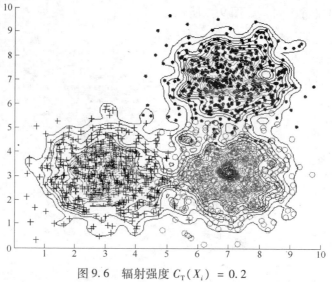

图 9.6　辐射强度 $C_\mathrm{T}(X_i) = 0.2$

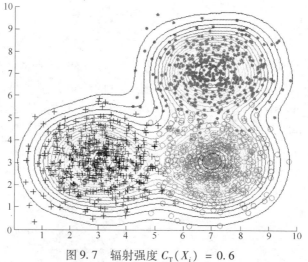

图 9.7　辐射强度 $C_\mathrm{T}(X_i) = 0.6$

　　上述实验说明，在构建数据场的过程中数据场模型参数对表达客观数据分布具有影响作用。在具体应用过程中应加以重视，合理选择。

9.3　聚类效果实验分析

9.3.1　模拟数据分析

　　不同的数据分布对于不同的聚类算法会产生不同的影响，聚类算法所要克服的难点是噪声点、孤立点对整个数据集的影响；同时，不同形状、不同大小和不

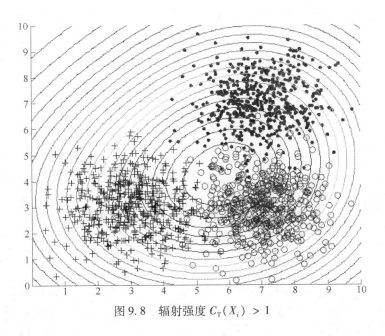

图9.8 辐射强度 $C_T(X_i) > 1$

同密度的数据分布会对聚类算法产生重要的影响。

9.3.1.1 任意形状的簇

图9.9 给出了一个仿真数据集，由 219 个点状的数据点构成，从图中直观可以看出有两个类簇。一个好的聚类算法可以较为轻松地划分这两个类簇。

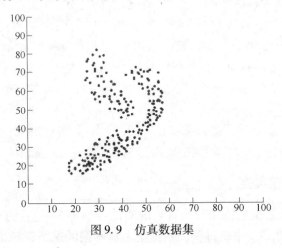

图9.9 仿真数据集

由图9.10 所示 K-means 聚类算法与数据场聚类算法的对比中可看出，K-means 算法虽然也将整个数据集划分为 2 个类簇，图中圆圈和十字标识符分别代表不同的类簇，但并非预期所要的结果。而数据场聚类算法可以有效地识别这两

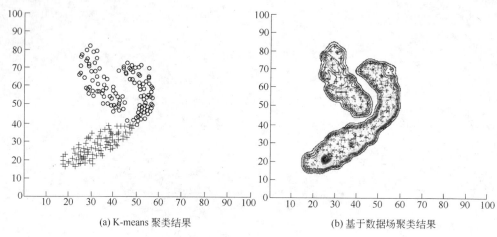

(a) K-means 聚类结果　　　　　　　(b) 基于数据场聚类结果

图 9.10　K-means 聚类算法与数据场聚类算法的对比

个类簇，同时，与 K-means 算法不同的是，数据场聚类算法无需给出聚类的个数参数值，而 K-means 算法要预先设定聚类个数为 2。由此可以看出数据场聚类算法对任意形状的类簇有较好的识别效果。

9.3.1.2　隐藏在噪声中的簇

图9.11(a)与图9.12(b)分别给出了用来测试抗噪声聚类算法的人造数据集，其中图9.11(a)显示了两个隐藏在噪声中的类簇，由于存在噪声的影响，一般的聚类算法容易受到噪声的干扰，而数据场聚类算法有很强的抗噪声性质，其聚类效果图9.11(b)所示。图9.11(b)中隐藏在噪声中的两个类簇通过等势线得以有效地划分，易发现这两个类簇在整个数据分布中有较高的分布密度。图9.11(a)与图9.12(a)数据分布有所不同，图9.12(a)中除了左边的两个隐藏在噪声中密度极高的两个簇以外，右边有一个分布密度比较均匀且接近整个噪声数据分布密度的一个簇，这个类簇周围有少量噪声点（孤立点）的影响，但其形态较为有序，可以将其视为一个类簇。其聚类效果如图9.12(b)所示，从图中可以看出，数据场聚类算法较为有效地将这三个类簇从噪声中成功分离。

9.3.2　UCI 数据集实验

UCI 数据集是数据挖掘中较为著名的测试数据集，一直为广大的数据挖掘研究者所使用。利用 UCI 中所提供的数据集，对不同的聚类算法进行测试，取得的聚类效果在一定程度上是衡量一个聚类算法好坏标准的关键所在。

UCI 中提供的数据集源于现实世界中数据集的采集，维度普遍较高，而对于高维数据聚类算法的研究一直是一个难点。维度的增加数据变得越来越"稀

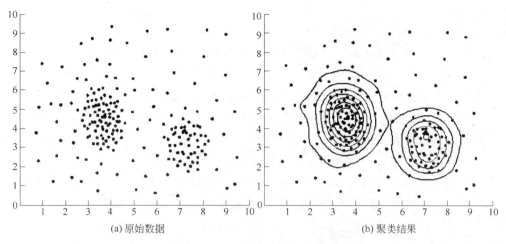

图 9.11 隐藏在噪声中数据对象数据场聚类

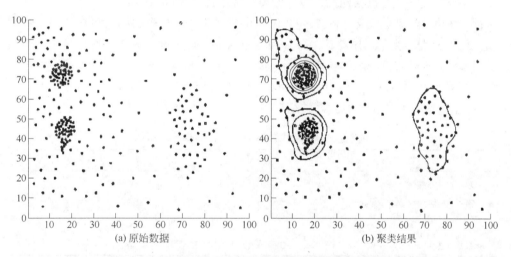

图 9.12 隐藏在噪声中不同密度数据对象数据场聚类

疏"，使得数据点之间的距离度量失去意义，数据中点的平均密度变得很低，因此针对高维数据特征需要对聚类算法进行改进。传统的很多算法是对数据集中的属性进行降维，虽然在一定程度上取得了较满意的聚类效果，但由于数据集中数据的数量通过降维大量减少，数据的完备性受到极大的破坏，可能会丢失某种潜在的有意义的聚类结果。

这里，在数据场聚类算法的基础上，针对高维数据的特征，提出一种高维数据集的降维方法，同时保证了数据的完备性。

具体做法：将数据集中的多维属性进行分组，每组保持少于三个属性，对分类属性组用相同的聚类算法进行聚类，确定各个属性组聚类中心，再将各个属性组的聚类中心提取出来（聚类中心是最能代表该类特征的数据对象），而后将聚类中的数据对象再一次聚类，聚类结果说明了第一次聚类结果中各个聚类中心代表的类之间的一种相关性，即说明其第一次聚类结果中各个聚类中心代表的类中的各属性之间的一种相似性，选择第二次聚类的各个类簇的中心数据对象，找到其在第一次聚类中所属的类，该类的属性组即为高维属性的主属性组，应设定较高的权重，再将第二次聚类的各个类簇的除中心数据对象以外的数据对象设定较低的权重（此权重要相对较低，或者也可直接删除这些对象，即删除了重复表征同一特征的属性组，从而取得无监督的降维效果）；如果第二次聚类结果中含有离群点，可以直接将其去掉；如果第二次聚类结果中数据点分布较均匀，则说明各个属性组理论上应含有相同的比重，可以直接忽略权重的影响。

9.3.2.1 Iris 数据集实验

Iris 数据集[9]是数据挖掘、数据分类中标准测试集中著名的数据集。以鸢尾花特征作为数据的来源，数据集共包含 150 个数据对象，每个数据对象包含 4 个独立属性值，分别为测量鸢尾花花朵萼片和花瓣的长度与宽度。理想状态下这 150 个数据对象将被划分为 3 个大类（Iris-setosa，Iris-versicolor，Iris-virginica），每类包含 50 个数据对象。这里选用 K-means、层次聚类、FCM 聚类算法和数据场聚类算法对 Iris 数据集进行聚类，并对其聚类结果做了对比，聚类结果见表 9.1。

表 9.1 四种聚类算法对 Iris 数据集聚类结果

聚类算法	运行时间/s	错分个数
K-means	0.15	17
层次聚类	0.13	51
FCM	0.47	12
数据场聚类	0.17	6

从表 9.1 可以看出，在以上四个聚类算法中 K-means、层次聚类和数据场聚类算法的时间都在 0.1s 左右，数据场聚类时间相对稍慢，但聚类结果中错误划分数据对象的个数最少的是数据场聚类算法，其次是 FCM 算法，但考虑到 FCM 算法的运行时间比数据场聚类算法长，综合上述两点，数据场聚类算法在对 Iris 数据集进行聚类时，较以上另外三种聚类算法有一定的优势。

9.3.2.2 Wine 数据集实验

Wine 数据集[10]在 UCI 也是较为流行的测试数据集，经过化学分析提取三种酒的不同特征作为数据的主要来源，原始的数据集有 30 多个属性，但由于客观因素，作者收集到了 13 个酒的主要化学特征建立了 Wine 数据集，共 178 个数据对象，分为 3 个大类，每类分别有 59、71 和 48 个数据对象。这 13 个酒的特征属性分别为 Alcohol、Malic acid、Ash、Alcalinity of ash、Magnesium、Total phenols、Flavanoids、Nonflavanoid phenols、Proanthocyanins、Color intensity、Hue、OD280/OD315 of diluted wines 和 Proline。采用 K-means、层次聚类、FCM 聚类算法和数据场聚类算法对 Wine 数据集进行聚类，聚类结果见表 9.2。

表 9.2　四种聚类算法对 Wine 数据集聚类结果

聚类算法	运行时间/s	错分个数
K-means	0.75	54
层次聚类	0.68	78
FCM	0.78	24
数据场聚类	0.92	19

表 9.2 表明，在以上四个聚类算法中 K-means、层次聚类和数据场聚类算法的聚类时间都不超过 1s，但数据场聚类时间相对较慢，因为数据场聚类算法对数据集进行了降维处理，同时基于数据场聚类算法的聚类结果中错误划分数据对象的个数 19 个，相对于其他 3 种聚类算法提高了准确率，如果不考虑聚类时间的要求，从实用性的角度讲，数据场聚类算法在对 Wine 数据集进行聚类时具有较高准确度。

9.3.2.3　Breast Cancer 数据集实验

Breast Cancer 数据集[11]也是 UCI 中较为流行的测试数据集。乳腺癌数据集最早是由 Wisconsin 州立医院大学提供的，数据集中包含 699 个数据对象，9 个属性列，每个属性列的取值区间为 [1，10]。Breast Cancer 数据集被划分为两类：一类为良性肿瘤（Benign），用数字 2 表示；另一类为恶性肿瘤（Malignant），用数字 4 表示。其中良性肿瘤有 458 个（65.5%），恶性肿瘤有 241 个（34.5%）。Breast Cancer 数据集有 9 个属性列，实验选用 K-means、层次聚类、FCM 聚类算法和数据场聚类算法对 Breast Cancer 数据集进行聚类，聚类效果见表 9.3。

表 9.3　四种聚类算法对 Breast Cancer 数据集聚类结果

聚类算法	运行时间/s	错分个数
K-means	4.15	79
层次聚类	3.14	167
FCM	4.78	56
数据场聚类	5.27	32

　　表9.3表明，在以上四种聚类算法中K-means、层次聚类和FCM算法的聚类时间都在5s之内，这是由于数据集较大，同时基于数据场的聚类算法对Breast Cancer数据集聚类时间与Wine数据集一样，都相对较慢，但较其他三种聚类算法取得了较好聚类效果。

　　基于数据场聚类算法作为一种全新的聚类方法，将数据场应用于聚类分析中，利用数据场与聚类分析的双重优势实现了数据信息的挖掘，在聚类分析的应用中显示出了一定的优势，但还存在一定的不足。比如，数据场模型及模型参数选择、基于数据场的高维数据聚类等，需要进一步研究。

9.4　基于数据场量化关联规则挖掘

9.4.1　常用量化关联规则挖掘方法

9.4.1.1　简单区间划分方法

　　Srikant和Agrawal等人提出把数据集中的各个量化属性的值域分割成不同的区间，然后再把每个分割好的区间看作一个新的布尔属性，进而使用较成熟的布尔型关联规则挖掘算法对其进行挖掘[2]。Fukuda等人也是把量化属性的值域划分为不同的区间，在规则的发现过程中再考虑区间是否合并，但该方法在对量化属性划分区间时，需使得划分到每个区间的值的个数是一样多的，并且要求区间和区间之间是离散的、互相不相交的；为了避免处于边界上的属性值被忽略掉，随后又提出将属性区间划分为重叠交错的，这样就能充分顾及处在区间边界上的属性值，但这样又造成了过分强调这些边界元素[12]。

　　使用简单区间划分方法对量化属性进行预处理，很容易出现最小支持度和最小置信度问题，导致挖掘结果不尽理想。最小支持度问题：如果一个量化属性被划分很多区间，一个单独的区间的支持度就可能很小，当一个区间的支持度小于最小支持度时，有些涉及该属性的规则就无法被发现。最小置信度问题：有些规则可能在一个很小的空间才能满足最小置信度，当区间增大时，信息损失增大，可能就无法满足最小置信度。

9.4.1.2　基于距离的量化关联规则

　　为了避免简单划分方法所出现的区间划分过硬问题，考虑各个属性取值的分布，在量化关联规则挖掘时应用聚类的方法。Miller和Yang提出基于距离的量化关联规则挖掘，使用BIRCH算法将量化属性的值域划分成很多不同的类簇，然后向各个属性投影形成聚类子区间，把每个子区间看作一个新的数据项，进而使用经典的Apriori算法挖掘得到其中的量化关联规则[13]。

虽然 Miller 和 Yang 等人在对量化属性进行区间划分时，考虑了各个取值之间的距离，但各个量化属性的离散化都是分开进行的，即对一个量化属性划分完成后再划分下一个，却忽略了属性和属性之间本来的联系。为了挖掘出更有效的量化关联规则，在 Miller 和 Yang 基于距离的量化关联规则挖掘的基础上，申海涛等人通过对所有属性聚类，使得聚类结果更好地体现原数据间的关系，然后在聚类得到的类簇中选择满足最小支持度的簇，并引入簇半径来衡量量化关联规则的置信度，且取得了很好的效果[14]。

Chien 等人也是使用聚类分析对量化属性进行区间划分，但在挖掘的过程中引入一个代价函数，通过计算该函数值来判断相邻的区间是否做连接，并利用区间连接次数形成最终划分[15]。

9.4.1.3 基于模糊概念的量化关联规则

T. P. Hong 等人在关联规则挖掘中引入模糊概念的思想，并提出一种典型的模糊关联规则挖掘算法，引入模糊概念同样也是为了解决区间划分所出现的区间划分过硬或尖锐边界问题。该方法是将属性的定义域模糊化，也就是将定义域划分为多个不同的模糊集，使得集合元素和非集合元素之间能平滑过渡，从而可以软化边界[16]。A. Gyenesei 等人在此基础上，使用了加权的模糊概念，从而可以把各个属性项的重要性体现出来[17]。李乃乾等人提出新的基于模糊概念的量化关联规则挖掘方法 FAQQA[18]。孙建勋等人也采用模糊方法对量化关联规则进行挖掘[19]。

引入模糊概念能一定程度上避免区间尖锐边界问题，但是隶属函数和隶属度却较难确定，仍然没有一个有效的解决办法。

9.4.1.4 基于云模型的量化关联规则

杜鹃等人提出基于云模型进行量化关联规则的挖掘，由此不仅解决了区间硬划分问题，同时又将不确定性推理过程中的模糊性与随机性集成到了一起，较好地解决了隶属函数和隶属度问题[20]。另外，在定义规则的支持度、置信度以及相关度等度量时，用所有属性的隶属度相乘来反映该条记录的贡献，充分考虑了所有属性的综合情况。

9.4.2 算法相关定义

9.4.2.1 数据场计算

场强函数描述的是在数据场的不同位置数据辐射能量的分布情况。根据数据辐射能量的形式、数据场函数的确定准则以及数据场应用目的的不同，所选用的数据场函数也会有所不同。实际应用时，应选择合适的适于数据挖掘的数据场函数，见式 (9.3)。

9.4.2.2 规则支持度计算

一般地，对属性进行聚类后，关联规则的支持度定义为：$s = n_j/n$，其中 n_j 表示第 j 个聚类中元组的个数，n 表示数据集中所有元组的总数。这种计算支持度的方法是将各个数据所发挥的作用同等看待，既没有考虑数据集中的各个数据点所发挥的不同作用，同时也没有考虑数据集中数据的不完备性，显然，这种确定支持度的方法是不太合理的。

通过势函数就可以将数据集映射到场空间，数据场中各个数据之间的关系通过势函数刻画出来，一般距离"近"的数据之间相互影响强，距离"远"的数据之间相互影响弱。数据点的势函数值在一定程度上表示了该数据点数据场空间中隶属于某一概念的隶属程度，也体现了该数据点对数据挖掘任务的作用大小，因此，可以将数据所具有的数据能量的大小看作该数据的权重。因此，可以将基于数据场的量化关联规则的支持度 s 定义为：

$$s = \frac{\sum_{j=1}^{n_m} \left(\sum_{i=1}^{n} e^{-\frac{r_{ij}^2}{2k^2 c_T(x_i)}} \right)}{\sum_{j=1}^{n} \left(\sum_{i=1}^{n} e^{-\frac{r_{ij}^2}{2k^2 c_T(x_i)}} \right)} \tag{9.4}$$

式中，n 表示数据点的总数量；$\sum_{i=1}^{n} e^{-\frac{r_i^2}{2k^2 c_T(x_i)}}$ 是数据点 x_i 的势函数值；n_m 表示第 m 个聚类簇中的数据点的数量；r_{ij}^2 是包含规则前件和后件的所有属性的数据点间的距离，一般用欧式距离表示。

9.4.2.3 规则置信度计算

同样地，置信度的计算也在传统的计算公式的基础上，考虑到数据点对挖掘任务的不同作用，将规则的置信度定义为 c：

$$c = \frac{\sum_{j=1}^{n_m} \left(\sum_{i=1}^{n} e^{-\frac{r_{ij}^2}{2\sigma^2 c_T(x_i)}} \right)}{\sum_{j=1}^{n_m} \left(\sum_{i=1}^{n} e^{-\frac{\hat{r}_{ij}^2}{2\sigma^2 c_T(x_i)}} \right)} \tag{9.5}$$

式中，$\hat{r}_{ij}^2$ 是只包含规则前件属性的数据点间的欧式距离；其余变量的含义和上述支持度公式中对应变量的含义相同。

9.4.3　算法设计与实现

9.4.3.1　算法设计

基于数据场的量化关联规则算法主要分为以下几个步骤：

（1）选择实验数据集，并对数据进行预处理。

（2）通过势函数将数据集映射到数据场空间，数据集中的每条记录映射为场中的一个数据点。

（3）根据数据场中数据对象分布特征，选择合理的聚类分析算法和聚类参数，对数据对象进行聚类。

（4）形成满足需求的区间或类簇，实现量化属性的离散化处理，得到频繁项集。

（5）从频繁项集中生成基于数据场的量化关联规则。

算法具体流程如图9.13所示。

9.4.3.2　K-means 聚类

K-means 聚类算法是聚类分析使用最为广泛的算法之一，其工作原理简单、易于理解。但是，K-means 算法在执行的过程需要给定簇个数 K；同时由于初始聚类中心的随机选择往往使得聚类结果不稳定，而且对"噪声"和孤立点数据较为敏感。

采用基于数据场的聚类，可以很好地解决 K-means 算法所存在的上述问题。首先，根据数据场的势中心分布，能够确定 K 值和初始聚类中心；再者，由于数据场的建立，在一定程度上消除了"噪声"和孤立点的影响。

9.4.3.3　寻找满足条件的簇，投影得到频繁项集

由于聚类是对所有的属性进行的，各个属性上所形成的属性簇是同时出现的，所以，只要簇中数据对象的个数与数据集中数据对象总数的比值大于等于预先给定的最小支持度，那么该簇向 m 个属性投影得到的 m 个属性区间就是最大 m 项频繁项集（m 为属性的个数）。因此，对所有属性聚类完成后，选出簇中数据对象的个数大于等于预先给定的最小支持度与数据集中数据对象总数乘积的簇，然后分别将满足条件的簇向 m 个属性上进行投影，这样就得到各个属性上的属性簇，即频繁项集。

9.4.3.4　规则的产生

从频繁项集中产生规则。在规则生成的时候，忽略掉那些规则前件或者后件为空的规则（$\varphi => X$ 或者 $X => \varphi$，X 为属性集），每个频繁 m 项集可产生 $2^m -$

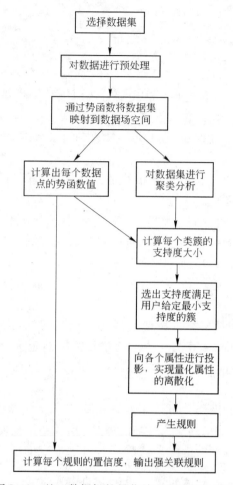

图 9.13　基于数据场的量化关联规则算法流程

2 个关联规则，关联规则的生成具体分为两步：

（1）对于每一个满足最小支持度的类簇，向各个属性上投影得到频繁项集 t，列出 t 的所有非空真子集。

（2）对于 t 的任一非空真子集 s，若 sup（t）/sup（s）> = min_ conf，则输出规则 "$s \Rightarrow t - s$"。

9.5　关联规则挖掘实验与分析

9.5.1　身体脂肪 bodyfat 数据集

实验选用的是一组真实的身体脂肪 bodyfat 数据集，该数据集包含了多个身体部位的量化属性，共 15 个属性列，数据集中共包含各种类型人的 236 条数据记录[23]。这 15 个属性的含义介绍见表 9.4。

表 9.4 人体脂肪 bodyfat 数据集的属性

属 性 名	属性的含义	属性值的单位
Density determined from underwater weighting	水下称重的密度	g/cm³
Percent bodyfat from Siri's (1956) equation	根据 1956 年 Siri 公式计算出来的人体脂肪含量的百分比	百分比（%）
age	年龄	years
weight	体重	lbs
Height	身高	inches
Neck circumference	脖子周围	cm
Chest circumference	胸部	cm
Abdomen circumference	腹部	cm
Hip circumference	臀部	cm
Thigh circumference	大腿部	cm
Knee circumference	膝围	cm
Ankle circumference	踝围	cm
Biceps circumference	肱二头肌部	cm
Forearm circumference	前臂周围	cm
Wrist circumference	手腕周围	cm

因为算法允许用户选择任意感兴趣的属性列进行规则的发现，因此，这里选择身体脂肪数据 bodyfat 中的 Density（水下称重的密度）、Weight（体重）、Height（身高）三列进行挖掘。在实验中，输入的最小支持度是 20%，最小置信度是 90%。具体实验流程：

（1）从数据集中选择出感兴趣的属性列构成目标数据集。

（2）将目标数据集通过势函数映射到数据场空间，根据等势线的分布特性，数据之间呈现出来的自然抱团现象，找出 K 个势心，这里数据之间呈现出 4 个较为明显的抱团，所以 $K=4$，即聚类的个数为 4，进而使用 K-means 聚类算法对目标数据集进行聚类。

（3）聚类后计算每个聚类的支持度，选择支持度大于最小支持度 20% 的聚类向各个属性上投影，从而得到离散化了的属性区间，即频繁项集 t。

（4）列出集合 l 所有的非空真子集，对于 t 的任一非空真子集 s，若 sup（t）/sup（s）>＝min_conf，则输出规则" $s \Rightarrow t-s$ "。由 Density（水下称重的

密度）、Weight（体重）、Height（身高）三列挖掘得到的关联规则，如表 9.5 所示。

表9.5 由 **Density**、**Height**、**Height** 三列挖掘得到的关联规则

规则前件	规则后件	支持度 SUP（%）	置信度 CONF（%）
Density［1.0101，1.09］	Weight［165.25，197］ & Height［65，77.5］	55.17	98.16
Height［65，77.5］	Density［1.0101，1.09］ & Weight［165.25，197］	55.17	99.64
Height［65，77.5］ & Density［1.0101，1.09］	Weight［165.25，197］	55.17	98.02
Density［1.0283，1.1089］	Weight［118.5，173.25］ & Height［64，73.75］	32.85	97.39
Height［64，73.75］	Density［1.0283，1.1089］ & Weight［118.5，173.25］	32.85	94.46
Height［64，73.75］ & Density［1.0283，1.1089］	Weight［118.5，173.25］	32.85	91.95

从实验结果可以看出，从发现的规则中可以看出规则中的区间是重叠的，Density［1.01，1.09］、Weight［165.25，197］与 Height［65，77.5］，Density［1.03，1.1089］、Weight［118.5，173.25］与 Height［64，73.75］分别存在着较强的关联，能在避免区间划分过硬问题的同时，发现出属性在不同取值范围内的关联。

9.5.2 临床医学数据实验测试

实验选用 303 个人的临床医学调查数据，共包含 4 个属性：Age（年龄）、Cholesterol（胆固醇含量）、Heart rate（心跳数）、Blood Pressure（血压）[24]。使用该算法挖掘规则试图分析人的血压与年龄、胆固醇含量以及心跳数之间的关系。

实验输入的最小支持度为 25%，最小置信度为 90%，根据数据场中数据呈现的抱团特征，将数据分为两类，挖掘得到的关联规则如表 9.6 所示。

表9.6 由临床医学数据挖掘得到的规则

规则前件	规则后件	支持度 SUP/%	置信度 CONF/%
Age［41，65］& Cholesterol［177，354］ & Heart rate［120，202］	Blood Pressure ［108，142］	27.06	94.38

从实验挖掘得到的关联规则可以看出，Age（年龄）在［41，65］之间，Cholesterol（胆固醇含量）在［177，354］之间、Heart rate（心跳数）在［120，202］之间的人患高血压疾病的概率很大，这是符合临床医学理论的。

虽然提出并设计与实现了基于数据场的量化关联规则挖掘，同时进行了相关实验，但是还有不足之处，没有形成完整的方法体系和理论分析，有待于进一步研究。

参 考 文 献

［1］李德仁，王树良，李德毅. 空间数据挖掘理论与应用［M］. 北京：科学出版社，2006.

［2］李兴生，李德毅. 一种基于密度分布函数聚类的属性离散化方法［J］. 系统仿真学报，2003，15（6）：804～813.

［3］邱凯昌，李德仁，李德毅. 从空间数据库发现聚类［J］. 中国图象图形学报，1998，3（3）：173～178.

［4］韩绍泽，刘嘉庆，王凡，李军. 数据场聚类在信息安全中的应用研究［J］. 计算机与数字工程，2009，37（1）：109.

［5］李德毅. 发现状态空间理论［J］. 小型微型计算机系统，1994，15（11）：1～6.

［6］陶建斌，舒宁，沈照庆. 基于数据场聚类的遥感影像分类方法研究［J］. 国土资源遥感，2008，77（3）：20～23.

［7］欧有远，张海粟，孟晖，李德毅. 基于复杂网络社团划分的 Web services 聚类［J］. 计算机应用研究，2009，26（6）：2299～2302.

［8］张荣，侯慧群，杨承志，刘子旭. 基于数据场的未知雷达信号动态聚类算法［J］. 电子信息对抗技术，2011，26（5）：23.

［9］http：//archive. ics. uci. edu/ml/datasets/Iris［DB/OL］.

［10］http：// archive. ics. uci. edu/ml/datasets/Wine［DB/OL］.

［11］http：//archive. ics. uci. edu/ml/machine-learning-databases/breast-cancer-wisconsin［DB/OL］.

［12］Fukuda T，Morimoto Y et al. Mining optimized association rules for numeric attribute［C］// In：Proceedings of Fifteenth ACM Symp SIGMOD osium on Principles of Database Systems，Montreal，Canada，1996，182～191.

［13］Miller R J，Yang Y. Association rules over interval Data［J］. SIGMOD，AZ，USA，1997，26（2）：452～461.

［14］申海涛，邢东旭，孟海东. 基于距离的量化关联规则研究［J］. 计算机与信息技术应用发展，2008，21～37.

［15］B Chian Chien，Z L Lin，T P Hong. An efficient clustering algorithm for mining fuzzy quantitative association rules［C］//In IFSA World Congress and 20th NAFIPS international Conference，Vancouver，BC，Canada 2001，1306～1309.

[16] Hong T P, Kuo C S, et al. A fuzzy data mining algorithm for quantitative value ［C］// In the 3rd International Conf on Knowledge-Based IIES, Aug, 1999, Adelaide. Australia.

[17] Gyenesei A. Mining weighted association rules for fuzzy quantitative items ［C］// Proceedings of PKDD Conference, September 13-16, 2000, Lyon, France, 2000, 416～423.

[18] 李乃乾, 沈钧毅. 基于模糊概念的量化关联规则挖掘 ［J］. 计算机工程, 2002, 28 (11): 1314.

[19] 孙建勋, 陈绵云, 张曙红. 用模糊方法挖掘量化关联规则 ［J］. 计算机工程与应用, 2003, 39 (18): 190～192.

[20] 杜鹃, 宋自林, 李德毅. 基于云模型的关联规则挖掘方法 ［J］. 解放军理工大学学报, 2002, 1 (1): 30～34.

[21] 孟海东, 李丹丹, 吴鹏飞. 基于数据场的量化关联规则挖掘方法设计 ［J］. 计算机与现代化. 2013 (1): 8～11.

[22] 余剑桥. 基于云模型与数据场的空间孤立点挖掘研究 ［D］. 西南农业大学博士学位论文, 2005, 42～73.

[23] Bodyfat dataset. http://www.datatang.com/data/11639 bodyfat dataset ［DB/OL］.

[24] Medical dataset. http://www.cnkang.com/jbdq/nk/xnk/gxy/by/Index.htm. medical dataset ［DB/OL］.

10　基于 MapReduce 聚类分析

随着网络技术的不断发展和各种应用的爆炸式增长，随之产生的数据量也急速膨胀，使用传统的单机存储和串行数据挖掘算法已经无法在有效时间内发现隐含的知识与智慧，而云计算具有海量的存储能力和弹性化的计算能力，因此，在数据挖掘领域逐渐发挥出其显著优势。Hadoop 平台是 Apache 推出的开源云计算平台，是目前基于云计算平台数据挖掘技术的重要平台。本章在 Hadoop 平台上根据距离三角不等式原理对基于 MapReduce 的 K-means 聚类算法进行了改进；同时，研究与开发了基于 MapReduce 的 CADD 聚类分析算法，进一步提高了挖掘大数据的运行效率。

10. 1　Hadoop 开源云计算平台

云计算（Cloud Computing）是一种新兴的商业计算模型[1~3]，它被视为科技业的下一次革命，它将带来工作方式和商业模式的根本性改变，可以彻底改变人们未来的生活。云计算的新颖之处就是把普通的服务器或者个人计算机连接起来以获得超级计算机（也称高性能和高可用性计算机）的功能，但是成本更低。云计算关键技术主要包括：分布式并行计算、分布式存储、分布式数据管理等技术，而 Hadoop 就是 Google 实现云计算的一个开源系统平台。实现云计算关键技术层的理想开源工具 Hadoop 由 HDFS、MapReduce、Hadoop FS shell、Hadoop Streaming 等部分组成。

Hadoop 由 许 多 元 素 构 成，其 最 底 部 是 Hadoop Distributed File System（HDFS），它存储 Hadoop 集群中所有存储节点上的文件。HDFS（对于本文）的上一层是 MapReduce 引擎，该引擎由 JobTrackers 和 TaskTrackers 组成。

10. 1. 1　MapReduce

Hadoop MapReduce 编程模型从一开始出现就引起了广泛的关注，该模型为程序员屏蔽了复杂的并行应用程序开发细节，程序员只需要关心应用逻辑。Hadoop 作为 MapReduce 的一个 Java 开源实现，只需要部署在普通的 PC 机上，大大节约了投资成本，在 Amazon、Facebook、Yahoo!、IBM 等大型网站上都已得到了广泛应用。

MapReduce 是一种编程模型，用于大规模数据集（大于 1TB）的并行运算。

概念"Map（映射）"和"Reduce（归约）"主要思想都来源于函数式编程语言与矢量编程语言；它极大程度上方便了编程人员在分布式系统上运行自己的程序。MapReduce 模型的实现就是指定一个 Map（映射）函数，用来把一组键值对映射成一组新的键值对，指定并发的 Reduce（归约）函数，用来保证所有映射的键值对中的每一个共享相同的键组。

MapReduce 整个框架会负责任务的调度和监控，以及重新执行已经失败的任务。基于该框架设计出来的应用程序可以在由上千台计算机组成的大型集群上运行，并且以可靠的并行方式处理海量规模的数据集。通常分布式文件系统 HDFS 和 MapReduce 计算框架运行在一组相同的节点之上。也就是说，计算节点和存储节点通常在一起。这种配置允许框架在那些已经存好数据的节点上高效地调度任务，这可以高效地利用整个集群的网络带宽。MapReduce 框架由一个单独的主节点工作追踪器（Master JobTracker）和集群节点上所有子节点作业追踪器（Slave TaskTracker）共同组成。主节点负责调度构成一个作业的所有任务，这些任务分布在不同的子节点上，主节点监控它们的执行及重新执行已经失败的任务，而子节点仅负责执行由主节点指派的任务。

MapReduce 的执行流程如图 10.1 所示[4]。任务是从最上方的 User Program 开始的，User Program 链接了 MapReduce 库，实现了最基本的 Map 函数和 Reduce 函数。

（1）MapReduce 库先把 User Program 的输入文件划分为 M 份（M 为用户定义），每一份通常有 16MB 到 64MB，如图 10.1 左方所示分成了 split0 ~ 4；然后使用 fork 将用户进程拷贝到集群内其他机器上。

（2）User Program 的副本中有一个称为 Master，其余称为 worker，Master 是负责调度的，为空闲 worker 分配作业（Map 作业或者 Reduce 作业），worker 的数量也是可以由用户指定的。

（3）被分配了 Map 作业的 worker，开始读取对应分片的输入数据，Map 作业数量是由 M 决定的，和 split 一一对应；Map 作业从输入数据中抽取出键值对，每一个键值对都作为参数传递给 Map 函数，Map 函数产生的中间键值对被缓存在内存中。

（4）缓存的中间键值对会被定期写入本地磁盘，同时被划分为 R 个分区，R 的大小是由用户定义的，将来每个分区会对应一个 Reduce 作业；这些中间键值对的位置会被通报给 Master，Master 负责将信息转发给 Reduce worker。

（5）Master 通知分配了 Reduce 作业的 worker 它负责的分区在什么位置（肯定不止一个地方，每个 Map 作业产生的中间键值对都可能映射到所有 R 个不同分区），当 Reduce worker 把所有它负责的中间键值对都读过来后，先对它们进行排序，使得相同键的键值对聚集在一起。因为不同的键可能会映射到同一个分区也就是同一个 Reduce 作业，所以排序是必须的。

（6）Reduce worker 遍历排序后的中间键值对，对于每个唯一的键，都将与键关联的值传递给 Reduce 函数，Reduce 函数产生的输出会添加到这个分区的输出文件中。

（7）当所有的 Map 和 Reduce 作业都完成了，Master 唤醒 User Program，MapReduce 函数调用返回 User Program 的代码。

所有执行完毕后，MapReduce 输出放在了 R 个分区的输出文件中（分别对应一个 Reduce 作业）。用户通常并不需要合并这 R 个文件，而是将其作为输入交给另一个 MapReduce 程序处理。整个过程中，输入数据是来自底层分布式文件系统（GFS）的，中间数据是放在本地文件系统的，最终输出数据是写入底层分布式文件系统（GFS）的。要注意 Map/Reduce 作业和 Map/Reduce 函数的区别：Map 作业处理一个输入数据的分片，可能需要调用多次 Map 函数来处理每个输入键值对；Reduce 作业处理一个分区的中间键值对，期间要对每个不同的键调用一次 Reduce 函数，Reduce 作业最终也对应一个输出文件。

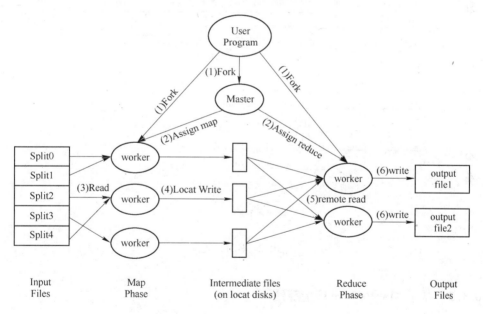

图 10.1 MapReduce 程序流程图

10.1.2 HDFS 文件系统

HDFS 是一个旨在处理大文件的，并用 Java 实现的文件系统[2,3]。与传统的文件系统相似，Hadoop 支持一系列的基本命令如删除文件、改变文件目录和列出文件状态。HDFS 对于终端用户是透明的，对于外部使用者而言是架构在一个海量存储能力的机器的文件系统。图 10.2 描述了 HDFS 的架构，HDFS 采用了主从式结构，它的集群系统由一个 NameNode 和多个 DataNode 组成。NameNode 存储了整个文件系统的元数据信息（即命名空间），它维护着文件系统树和树内的所有文件和索引目录，以及文件与存储块列表的映射关系。DataNode 存储实际的数据，数据是以块的形式存储在 DataNode 节点上的。为了检测数据的完整性，HDFS 在数据写入时会计算数据的检验和，并在读取时验证该检验和。对于如何保证数据的可靠性，HDFS 采用了冗余备份的策略，在多台机器的备份数据副本。默认情况下，数据副本个数为 3，且至少保证至少有两个副本不是在同一个机架中的。NameNode 会定期地收集所有 DataNode 的运行情况，当某个数据块的可用副本减少时，NameNode 会动态增加数据块的可用复本以保证数据可用性。通过多种软件备份策略，HDFS 可以部署在多台硬件上，满足数据容错的需要。

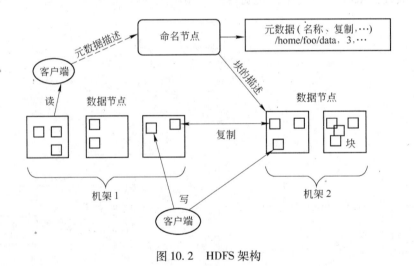

图 10.2　HDFS 架构

10.1.3　基于 MapReduce 聚类算法

基于云计算平台的数据挖掘算法研究已经开始逐渐成为国内外学者的研究热点。未来的研究方向包括：（1）研究算法并行化的一般规律，找到数据规模、算法的复杂性、节点数之间的关系，发现加速比和可扩展性的影响因素，从而设计出高效的并行聚类算法；（2）研究基于云计算平台的数据挖掘应用中的信息安全和隐私保护等问题，该问题解决对于云计算在实际商务中的应用将起到至关重要的作用。

10.1.3.1 基于 MapReduce 的 K-means 算法

K-means 算法中主要的计算工作是将每个样本分给距离其最近的聚簇,并且分配给不同样本的操作之间是相互独立的,因此考虑到将这一步骤并行执行。在每次迭代中,算法执行相同的操作,基于 MapReduce 的 K-means 算法则是在每次迭代中分别执行相同的 Map 和 Reduce 操作。首先随机选择 K 个样本作为中心点,并将 K 个中心点存储在 HDFS 上的一个文件当中,作为全局变量;然后在每一步进行迭代运算,每次迭代由 3 个部分组成:Map 函数、Combine 函数和 Reduce 函数[5]。

(1) Map 函数设计:Map 函数输入的 <key,value> 对是 MapReduce 框架默认的格式,即 key 是当前样本相对于输入数据文件起始点的偏移量,value 是当前样本各维坐标组成的字符串。首先,从 value 中解析出当前样本各维的值,然后计算其与 K 个中心点的距离,找出距离最近的聚簇的下标;最后输出 <key′,value′>,其中 key′是距离最近的聚簇的下标,value′是当前样本各维坐标组成的字符串。

为了减少算法迭代过程当中传输的数据量和通信代价,在 Map 操作后,K-means 算法设计了一个 Combine 操作,将每个 Map 函数处理完后的输出数据进行本地合并。因为每个 Map 函数操作后输出的数据,总是先存储在本地节点,所以每个 Combine 操作都是在本地执行,通信代价很小。

(2) Combine 函数设计:Combine 函数的输入对 <key,V>,key 是聚簇下的下标,V 是分配给下标为 key 的聚簇的每个样本的各维的坐标的字符串的链表。首先从字符串链表中依次解析出每个样本各维坐标值,并将每一维对应的坐标值相加,同时记录下链表中样本的总数。输出 <key′,value′> 对中 key′是聚簇的下标;value′是字符串,包括两部分信息:样本总数和各维坐标值的累加和组成的字符串。

(3) Reduce 函数的设计:Reduce 函数输入的 <key,V> 中,key 是聚簇的下标,V 是从各个 Combine 函数中传输的中间结果;在 Reduce 函数中,首先解析出每个 Combine 中处理各个样本个数和相应节点各维坐标的累加值,然后对应的各个累加值分别对应相加,再除以总的个数,即得新的中心坐标。

10.1.3.2 Canopy-K-means 算法

由于 K-means 算法效率与初始中心点的选择有着密切的关系,因而在数据的预处理过程中引进了 Canopy[6,7]算法,使用 Canopy 算法获得初始的聚类中心点与 K 值,从而进一步提高该算法的运算速度。

在数据的预处理过程中,Canopy 算法首先会要求输入两个阈值 T1 和 T2,T1 > T2;算法有一个集群这里称 Canopy 的集合 (Set),当然一开始它是空的;然后会将读取到的第一个点作为集合中的一个 Canopy，接着读取下一个点，该点与集合中的每个 Canopy 计算距离，若这个距离小于 T1，则这个点会分配给这个 Canopy（一个点可以分配给多个 Canopy），而当这个距离小于 T2 时，这个点不能作为一个新的 Canopy 而放到集合中。也就是说当一个点只要与集合中任意一个 Canopy 的距离小于 T2 了，即表示它距离那个 Canopy 太近不能作为新的 Canopy。若都没有则生成一个新的 Canopy 放入集合中。依次循环，直到没有标记的数据点。最后，通过 Canopy 算法进行聚类，以确定 K 值以及初始簇的中心点。

在使用上述算法确定了 K-means 算法的中心点以后，由于避免了随机选取初始聚类中心点、设置聚类个数 K 等问题，减少了迭代次数。最后，K-means 算法在确定 K 值以及初始簇的中心点的基础上，通过调运 Map 函数、Combine 函数和 Reduce 函数完成聚类过程。

10.2　基于 MapReduce K-means 算法改进

10.2.1　距离三角不等式聚类算法

在 Hadoop 平台上基于 MapReduce 的距离三角不等式 K-means 聚类算法（MapReduce Based Triangle Inequality K-means，BRTI-K-means），在 K-means 算法中引进了距离三角不等式定理：任一个三角形两边和大于第三边，两边之差小于第三边；欧式距离满足三角不等式原理，并将其扩展到欧几里得空间，进一步减少了聚类算法的计算复杂度，提高了大数据的聚类分析效率。

假设在欧几里得空间内有任意 3 个数据点 X、C_1、C_2，数据点间距离满足三角不等式原理：$d(X,C_1) + d(C_1,C_2) \geqslant d(X,C_2), d(C_1,C_2) - d(X,C_1) \leqslant d(X,C_2)$；若 X 为数据空间中任意一个数据点，C_1 和 C_2 为两个簇中心点。如果 $2*d(X,C_1) \leqslant d(C_1,C_2)$，同时在两边减去 $d(X,C_1)$，则有：$2*d(X,C_1) - d(X,C_1) \leqslant d(C_1,C_2) - d(X,C_1)$，即有 $d(X,C_1) \leqslant d(C_1,C_2) - d(X,C_1)$；由于 $d(C_1,C_2) - d(X,C_1) \leqslant d(X,C_2)$，因此，$d(X,C_1) < d(X,C_2)$；所以，如果 $2*d(X,C_1) \leqslant d(C_1,C_2)$，则 $d(X,C_1) < d(X,C_2)$，即数据点 X 属于簇中心点 C_1。

根据上述原理，单玉双、邢长征[8]对 K-means 算法进行了改进：在获得初始的中心点以后，计算每个中心点到其他中心点的最短距离；根据三角不等式原理，计算集合中的每个数据点到第一个数据中心点之间的距离。如果数据点到中心点之间的距离的 2 倍小于或等于第一个数据中心点到其他数据中心点的最短距离，那么，这个数据点就属于第一个数据中心点，标记为第一类，同时从数据集中删除这个数据点；根据上述的步骤，依次类推，对集合中的数据点进行标记，同时从数据集中删除标记过的数据点，直到没有符合条件的数据点为止；如果集合中还存在不符合条件的数据点，则根据上述过程中已经求得的不符合条件的数据点到每个中心点距离，把不符合条件的数据点标记为距离其最近的数据中心点的簇中。在把集合中每个数据点分配到其相应的簇以后，计算每个簇中新的中心点，然后根据上述的步骤重新进行计算，直到每个簇的中点前后不再发生变化，即达到一种稳定分类状态，则聚类完成。

10.2.2 距离三角不等式算法设计

基于 MapReduce 的距离三角不等式 K-means 聚类算法（BRTI-K-means）执行过程如下：

（1）将数据集上传到 HDFS，数据分片，并将每一分片段存储到若干台 Data-Node，输入初始中心点的集合 U（作为全局变量）。

（2）在每个计算节点，计算每个中心点到其他中心点的最短距离 D 集合。

（3）根据距离三角不等式原理，将满足条件的数据点划分到各个中心点所在的簇，同时把已划分的数据点从数据集 V 中删除；如果在数据集 V 中还有不符合条件的数据点，则根据已经计算得到的数据点到各个中心点的距离分配给相应的簇，并把相应的数据点从 V 中删除。

（4）生成新的中心点。

（5）返回到（2）重新计算数据中心点，直到数据中心点不再发生变化为止，算法结束。

（6）计算节点聚类结果融合，输出聚类结果。

具体实现 MapReduce 的三角不等式 K-means 算法伪代码如下：

Setup 函数：

（1）输入：初始簇中心点的集合 $U = \{C, C'\}$，K 值；

（2）对所有的中心点 C 和 C'，计算 $d(C, C')$；对所有的中心点 $C, S(C') = \min(d(C, C'))(C \neq C')$；

（3）把每个中心点与其他中心点相应的最短距离保存到数组中；

（4）如果中心点发生改变，则重复步骤（1）与（2）。

Map 函数：

（1）输入：簇中心点的集合 U，数据集 $V(v_1, v_2, \cdots, v_n)$；

（2）输出：K 中心点集合 U'；

（3）$U' = U$；

（4）While（true）；

（5）计算每个数据点到第一个中心的距离 d_1；

（6）If $(2 * d_1 \Leftarrow S)$，标记数据点属于第一个中心点的簇；同时从 V 中删除这个数据点，并保存不符合条件的数据点到该中心点的距离到数组 D；依次类推，计算出其他所有数据点到第 K 个中心的距离 d_k，并标记该数据点所属的簇；

（7）End If；

（8）If（V！＝Null）；

（9）根据上述步骤中已经保存的数据点到各个中心点的距离数组 D，比较到各个中心点距离的大小，选取到中心点最近的簇，并进行标记，同时从 V 中删除该数据点；

（10）End If；

（11）根据已经获得的簇，计算出新的中心点；

（12）比较上个中心点与本次中心点之间的差（Distance）；

（13）If（Distance＝0）；

（14）Break；

（15）Else；

（13）返回第三步重新计算；

（14）End while。

Combine 函数：

为了减少算法在迭代过程当中传输的数据量和通信代价，算法在 Map 操作之后设计了一个 Combine 操作，将每个 Map 函数处理完输出的数据进行本地合并。因为对于大数据来讲，在完成本地的 Map 函数操作以后，总是先存储在本地的节点，所以每个 Combine 操作都是在本地执行，通信代价会很小，减少大数据的 I/O 传输。

输入：被标记所属簇的下标 Key，以及被标记所属簇的 V 值组成的字符串链表；

输出：被标记所属簇的下标 Key，以及样本总数和各维坐标值的累加字符串之和的字符串；

（1）初始化一个数组，用于存储各维坐标的累加值，每个分量的初始值为 0；

（2）初始化变量 Num，记录分配给同一个所属簇的 V 值的个数，初始值为 0；

（3）While（V. hasNext（））；

（4）从 V. next（）中解析出每个 V 的各维坐标值；

（5）将各维坐标值累加到数组相应的分量中；

（6）Num＋＋；

（7）End While。

Reduce 函数设计：

输入：各个聚簇的下标，以及从各个 Combine 函数传输的中间结果 V；

输出：各个簇的下标，以及各个簇的新的中心点；

（1）初始化一个数组，用于存储各维坐标累加值，每个分量初始值为 0；

（2）初始化每个分量 NUM，记录分配给相同簇样本的个数，初始值为 0；

（3）While（V. hasNext（））；

（4）从每个 V. next（）中解析出各维坐标值和样本的个数 Num；

（5）将各维坐标值累加到数组相应的分量中；

（6）NUM + = Num；

（7）End While；

（8）将数组的分量除以 NUM，得到新的中心点坐标。

根据 Reduce 函数的输出结果，得到新的中心点坐标，并更新到 HDFS 文件当中去，初始化 Setup 函数，然后进行下一次迭代，直到算法的收敛。

算法流程如图 10.3 所示。

10.2.3 聚类算法实验结果分析

实验使用 3 台计算机，操作系统为 Ubuntu Linux 10.10，Hadoop 版本选用 1.1.2。一台机器作为 Master 和 JobTracker 服务节点，其他两台机器作为 Slave 和 TaskTracker 服务节点，每个节点均为 1 个 2GHZ Inter Xeon CPU、2G 内存的 PC；Java 开发包为 JDK1.7 版本，程序开发工具为 Eclipse-standard-kepler-SR1-linux，算法使用 Java 实现。

实验数据集采用了 UCI 数据集下 Synthetic_ Control，分别构造了 130M、200M、1G 的 60 维的数据来验证算法的时效性；同时，为了验证算法的有效性，利用了 Wine 数据集（178 数据对象，13 属性）[9]，Iris 数据集（150 数据对象，4 属性）[10]，Libras 数据集（360 数据对象，90 属性）[11] 进行了实验。

在实验中，由于算法初始中心随机选择，因而对初始中心点进行了 10 次随机选择，同时进行了 10 次运算，然后取 10 次运算的时间的平均值来代表算法的时效性；并采用正确率（正确聚类的数据对象数/总数据对象数%）表达算法的有效性，实验结果见表 10.1 和表 10.2。

表 10.1　三种算法在不同大小数据集下的执行时间

数据量	基于 Hadoop 平台的算法	执行时间/s
130M	K-means	211
	Canopy-K-means	63
	BRTI-K	48
200M	K-means	413
	Canopy-K-means	107
	BRTI-K	54
1G	K-means	1967
	Canopy-K-means	346
	BRTI-K	298

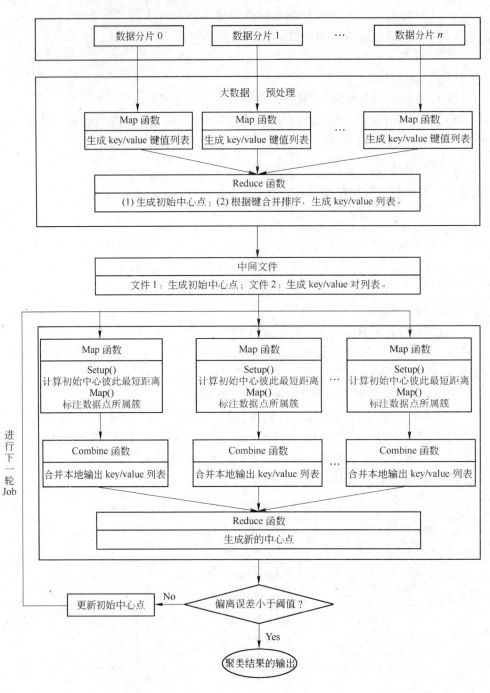

图 10.3   算法流程图

表 10.2 三种算法在不同类型数据集下的执行时间与有效性

数据类型	基于 Hadoop 平台的算法	执行时间/s	有效性（正确率）/%
Libras	K-means	15	47.2
	Canopy-K-means	2.8	54.0
	BRTI-K-means	2.7	54.0
Wine	K-means	7	96.2
	Canopy-K-means	2.6	96.3
	BRTI-K-means	2.3	96.3
Iris	K-means	6	78.0
	Canopy-K-means	2.6	85.0
	BRTI-K-means	2	85.0

由表 10.1 的结果可以看出，三种算法在不同大小的数据上执行时间是不同的，Canopy-K-means 与基于 MapReduce 的距离三角不等式 K-means 聚类算法（BRTI-K-means）在执行时间有了明显的改善。同时可以看出，基于 MapReduce 的距离三角不等式 K-means 聚类算法（BRTI-K-means）更进一步提高了聚类算法的时效性。

对 UCI 数据的聚类结果表明，Canopy-K-means 和 BRTI-K-means 正确率相对较高，见表 10.2。其主要原因是这两种聚类算法都采用 Canopy 数据预处理，确定了初始簇中心，提高了聚类算法的有效性。但是，这些算法均以 K-means 算法为原型，具有 K-means 的特点，所以，对于非等轴状分布、具有噪声或孤立点的数据对象分布，三种算法聚类结果的正确率必然降低。因此，进一步研究与开发基于云计算的新算法。

10.3 基于 MapReduce CADD 聚类算法

10.3.1 算法设计

如第 3 章所述，基于密度和自适应密度可达算法（Clustering Alogrithm base on Density and adaptive Dentsity-reachable，CADD）[12,13]的核心思想是：（1）根据密度函数计算数据空间数据对象的分布密度；（2）寻找数据空间密度吸引点

（密度极值点）；（3）根据密度自适应可达距离分别搜索属于密度吸引点的数据对象；（4）剩余的数据对象标识为孤立点或噪声点。CADD 算法的特点是：根据密度吸引点自动确定簇的位置与个数，能够识别不同大小、不同形态和不同密度分布的簇。

　　为了充分利用 CADD 算法的特点，提出了 Hadoop 平台下基于 MapReduce 的 CADD 聚类算法。算法的基本思想是：（1）利用 MapReduce 功能将大数据集 D 分片后分配到各个计算节点，如图 10.4 所示；（2）在每个节点利用 CADD 算法进行聚类；（3）将各个节点聚类结果按照给定的融合准则，如基于距离的或基于簇相似性准则，进行融合并输出聚类结果。

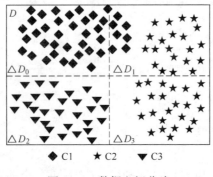

图 10.4　数据空间分片

10.3.2　MapReduce 聚类模型

　　基于 MapReduce 的并行聚类模型难点在于规划不同输入与输出的键值（key/value）对，海量数据的聚类挖掘则需要考虑采用多个 MapReduce 过程来处理，上一个 MapReduce 过程的输出作为下一个 MapReduce 过程的输入。该模型采用三个 MapReduce 步骤来实现[14~16]。

　　（1）数据准备。

　　1）根据计算节点的数量对海量原始数据集 D 进行划分，形成 p 个子数据集 $\Delta D_0, \Delta D_1, \cdots, \Delta D_{p-1}$（$p$ 为节点个数或进程数），然后使用 MapReduce 模式对其进行并行处理。

　　2）进行 Map 处理，确定各个子数据集的 key/value 键值对。

　　3）进行 Reduce 处理，将 Map 处理后输出的 key/value 对按照 key 进行排序，将 key 键相同的数据统一由一个 Reduce 进行处理，保存输出结果，作为下一个步骤的输入数据。

　　（2）并行聚类。

　　1）第一步处理输出的结果分别进行 CADD 聚类，形成多个局部聚类结果，再次进行 MapReduce 处理。

2）Map 处理：每个 Mapper 以 CADD 聚类后的局部聚类结果作为输入，并以簇中心作为 Key 值，存储中间数据。

3）Reduce 处理：对 CADD 聚类处理后的数据进行 Reduce 处理，输出数据中，对所有相同簇中心的各个簇进行合并，形成新的聚类簇。输出并存储结果，作为下一次处理的输入数据。

（3）合并结果。

将第二步处理输出结果作为输入，进行 MapReduce 处理，该步骤使用多个 Mapper 函数，该步骤的 Reduce 阶段仅使用一个 Reducer 处理函数，根据不同特征值合并后的数据数量，将所有聚类结果根据聚类特征键值进行合并，形成最终处理结果。

1）Map 处理：每个 Mapper 以第二步输出的中间结果作为输入，以新的聚类簇中心点作为 Key 值，存储中间数据。

2）Reduce 处理：最后一步的 Reduce 过程中，使用一种改进的 BIRCH[15] 算法聚类特征，将 Mapper 传来的具有聚类簇进行特征值提取，并按照簇特征相似准则（空间位置相似性、空间分布（凝聚度）相似性）对具有相同特征值的聚类簇进行合并，仅适用一个 Reducer 函数，对合并后的数据，形成最终聚类结果。

算法的整个流程如图 10.5 所示。

10.3.3 聚类算法实验结果分析

实验使用 5 台计算机，操作系统为 Ubuntu Linux 10.10，Hadoop 版本选用 1.0.3。一台机器作为 Master 和 JobTracker 服务节点，其他 4 台机器作为 Slave 和 TaskTracker 服务节点，5 台计算机使用一台普通百兆交换机进行连接，计算机硬件配置为 Intel Pentium4 CPU、2G 内存和 100M 以太网卡。

实验数据采用一组内蒙古科技大学校园计费系统日志数据，数据中包含用户名、用户 IP、登录时间、目标 URI 等数据。逐渐增加数据量，分别使用单机和 MapReduce 并行处理，进行对比，如图 10.6 所示。

实验结果显示，当处理较小数据量时，Hadoop 集群系统处理效率并不占优势，但是当采用大数据时，具有良好的收敛性能，且聚类时间大大缩短，聚类效率显著提高。

在 Hadoop 平台上实验表明，基于 MapReduce 的并行聚类模型能够提高对海量数据进行挖掘的效率，能够充分提高普通 PC 机组成的 cluster 的计算性能，实现对大数据的有效挖掘。

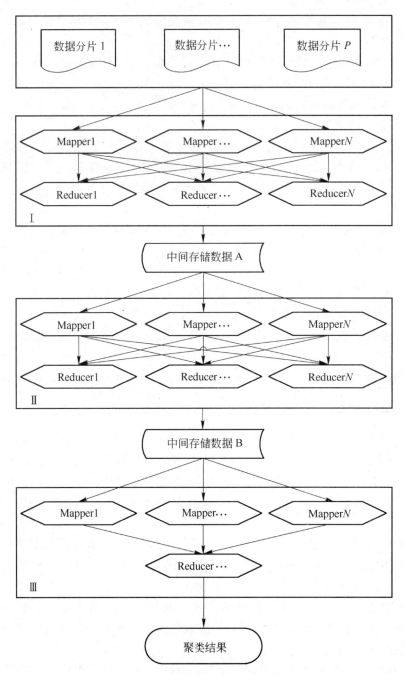

图 10.5　MapReduce 处理流程图

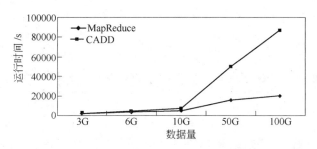

图 10.6 两种处理方式效率对比

参 考 文 献

［1］刘刚，侯宾，翟周伟. Hadoop 开源云计算平台［M］. 北京：北京邮电大学出版社. 2011.

［2］Hadoop［EB/OL］.［2014. 6］. http：//hadoop. apache. org/.

［3］Hadoop［EB/OL］.［2014. 6］. http：//baike. baidu. com/view/908354. htm？fr = aladdin.

［4］MapReduce［EB/OL］.［2014. 6］. http：//baike. baidu. com/view/2902. htm？fr = Aladdin.

［5］赵卫中，马慧芳，傅燕翔，史忠植. 基于云计算平台的并行 K-means 聚类算法设计研究［J］. 计算机科学，2011，38（10）：166 ~ 178.

［6］赵庆. 基于 Hadoop 平台下的 Canopy-K-means 高效算法［J］. 电子技术，2014（2）：29 ~ 31.

［7］毛典辉. 基于 MapReduce 的 Canopy-K-means 改进算法［J］. 计算机工程与应用，2012，48（27）.

［8］单玉双，邢长征. 一种更有效的 K-means 聚类算法［J］. 计算机系统应用，2009（8）：96 ~ 99.

［9］Wine dataset. http：//archive. ics. uci. edu/ml/datasets/Wine［DB/OL］.

［10］Iris dataset. http：//archive. ics. uci. edu/ml/datasets/Iris［DB/OL］.

［11］Movement dataset. http：//archive. ics. uci. edu/ml/datasets/Libras + Movement［DB/OL］.

［12］孟海东，杨彦侃. 并行聚类算法的设计与研究［J］. 计算机与现代化，2010（8）：5 ~ 8.

［13］王淑玲. 增量聚类算法的设计与实现［D］. 内蒙古科技大学，2009.

［14］戎翔，李玲娟. 基于 MapReduce 的频繁项集挖掘方法［J］. 西安邮电学院学报，2011，16（4）：37 ~ 39，43.

［15］梁建武，周杨. 一种异构环境下的 Hadoop 调度算法［J］. 中国科技论文，2012，7（7）：495 ~ 498.

［16］李锐，王斌. 文本处理中的 MapReduce 技术［J］. 中文信息学报，2012，26（4）：9 ~ 20.

11 数据挖掘结果可视化表达

数据挖掘过程与挖掘结果的可视化表达是获取、评价和理解挖掘知识的重要手段。利用可视化技术将隐含的、有意义的挖掘结果进行可视化表达，能够有序地发现其中隐藏的特征、关系、模式和趋势等，便于发现新的知识和做出合理的决策。本章采用二维散点图、三维散点图、平行坐标图、圆环段、星形图等方式实现了聚类分析和关联规则分析结果的可视化表达。

11.1 可视化数据挖掘

可视化数据挖掘技术是随着数据挖掘和计算机可视化技术的发展而产生的，它能有效地把人类的感知能力和领域知识应用到数据挖掘的过程中。它以刻画结构和显示数据的功能性，以及人类视觉的感知能力、倾向和关系的能力为基础，用可视化技术来加强数据挖掘的结果处理。数据挖掘就是从大量的历史数据中抽取出潜在的、有价值的知识的过程，而可视化就是把数据、信息和知识转化为可视的表达形式的过程[1]。它为人类与计算机这两个信息处理系统之间提供了一个接口。使用有效的可视化表达技术可以快速、高效地与大量数据打交道，发现其中隐藏的特征、关系、模式和趋势等，可以引导出新的预见，做出更高效的决策；可以利用人类的模式识别能力来评估并能提高挖掘出的结果模式的有效性；可以建立用户和数据挖掘系统之间交互的良好沟通渠道，使用户能够使用自己丰富的专业知识来规划、调整、约束挖掘过程，改善挖掘结果；有时，一些数据挖掘技术和算法让决策者难以理解和使用，而可视化数据挖掘可以帮助决策者更好地理解数据和挖掘结果，而且允许对结果进行比较和检验，打破传统挖掘算法的黑盒模式，提高用户对挖掘系统挖掘出的结果的信赖程度，方便决策者使用，也可用于指导数据挖掘算法，使用户参与到决策分析的过程中来。

传统的数据挖掘过程以机器和算法为中心，用户缺少对于挖掘过程的参与、控制，而结合了可视化技术的数据挖掘过程更加突出以人为中心，利用人类对图形的感官认识和直觉将可视化技术与数据挖掘完美结合，提高了整个数据挖掘过程中用户的参与性、交互性、灵活性和有效性。

11.1.1 数据可视化

11.1.1.1 可视化目的

数据可视化是关于数据的视觉表现形式的研究；其中，这种数据的视觉表现形式被定义为一种以某种概要形式抽提出来的信息，包括相应的信息单位的各种属性和变量。

数据可视化技术的基本思想是把数据库中每一个数据项作为单个图元元素表示，大量的数据集就构成了数据图像，同时把数据的各个属性的值以多维数据的形式表示，可以从不同的维度来观察数据，从而对数据进行更深入的观察和分析。

数据可视化旨在借助图形图像来显示大型数据库中的多维数据，清晰有效地传达与沟通信息而且以可视化的形式反映对多维数据的分析及其内涵信息的挖掘。数据可视化技术凭借计算机的巨大处理能力以及计算机图形图像学基本算法和可视化算法把海量的数据转换为静态或动态图表或图形展现在人们的面前，并且允许通过交互性手段来控制数据的抽取和画面的显示，使隐含在数据之中不可见的现象成为可见，为人们分析、理解数据及形成概念、找出规律提供了强有力的工具。具体讲数据可视化的功能包括：

（1）发现数据的变化趋势，如数据的增长、下降等；

（2）找出数据的歧异点；

（3）识别数据的边缘点，如最大值、最小值、边界数据等；

（4）显示数据的分类和分簇，并发现不同数据的特征；

（5）以一定的规律在屏幕上显示更多的数据点；

（6）提供丰富的人机交互操作，帮助用户准确地找到特定的数据，实现对数据的选择、缩放、过滤等基本功能。

数据可视化是将原始数据或清洗后的数据（其中很多是高维数据），从不同的抽象层次或者将属性、维度进行联合之后，把数据的分布情况与统计信息用各种不同类型的表现形式展现在用户的面前。数据可视化用来观察数据挖掘的原始数据，也可以用来观察预处理后的数据。

11.1.1.2 可视化技术

常见的数据可视化技术包括柱状图、饼状图、折线图、散点图、三维立方体、数据分布图表等，主要用于显示一维数据和二维数据。基于像素的可视化技术递归模式法[2]（Recursive Pattern Technique）和圆形分割法[3]（Circle Segments Technique）是两种比较著名的针对海量一维数据的可视化技术，这两种技术的优点是一次性可以描述大量信息而且不会产生重叠，不仅能够有效地保留用户感兴趣的小部分区域，还能纵览全局数据。二维数据常用于表示地理数据集。多维数据的展示多使用平行坐标[4]和星形坐标方法[5]。Table Lens[6]用于可视化理解二维表，TaxonTree[7]技术是一种用于理解数据集的基于树的交互和可视化技术。下面介绍几种非传统数据可视化技术，一个高维的依据几何的技术是雷达坐标可视化 RadViz[8]。对于一个 N-维可视化，从圆的中心发射出 N 条线并在圆周上终止，每一条线与一个属性相关。Chernoff[9]面法，它是一种典型的图标显示技术，它用预先设置好的人脸来表示每一个数据，每一张脸的大小、形状及间隔表示不同变量的数量。棍状图法[10]，也是一种经典的图标显示技术，但它允许大数据量的可视化，因而更适合于数据挖掘。假设一个棍状图标有五个分支，可以让两个属性（通常取 X 和 Y）映射为棍状图的位置，剩余的数据则被映射成了棍状图分支的角度。这样，一个具有五个分支的棍就可以表示七维（即 2D 的位置信息和五个分支的角度信息）的数据信息。如果再加上棍的长度、颜色或其他几何特征，棍状图就可以表达更多维数的信息。Robertson、Mackinlay 和 Card 等提出的一种利用三维图形技术对层次结构进行可视化的方法 Cone Tree[11]。Shneiderman 等提出的一种可以充分利用屏幕空间的层次信息表示模型 Treemaps[12]。Lamping 和 Rao 等提出的一种基于双曲线几何的可视化和操纵大型层次结构的 Focus + Context 技术 Hyperbolictree[13] 以及 Dimension Stacking 和 Worlds-within-Worlds[14]。

11. 1. 2　数据挖掘过程可视化

　　数据挖掘过程可视化是利用可视化形式来描述各种挖掘过程，从中用户可以看出数据从哪个数据仓库或数据库中抽取出来，怎样抽取以及如何清理、集成、预处理和挖掘的。一个数据挖掘算法往往只能在某些有限的领域内有好的效果，不能适用于所有的应用领域。数据挖掘过程的可视化在挖掘算法没有得到最终的结果时就给出某些中间结果的可视化信息，使用户能监控算法运行进度，及时发现问题，做出调整。

　　典型的过程可视化是 Fayyad 过程模型和 CRISP-DM 过程模型的数据挖掘系统均采用了过程可视化技术，例如 IBM Intelligent Miner，SAS Enterprise Miner，SPSS Clementine，Insightful Miner 等著名商业数据挖掘软件，可视化流程使得数据观察和交互变得简单方便，所以成为商业数据挖掘软件必不可少的一部分。

11. 1. 3　数据挖掘结果可视化

　　数据挖掘结果可视化是将数据挖掘后得到的知识和结果用某种图形的形式表达出来，这些形式包括散列图、盒图、平行坐标图、星形图、圆环段图等。其中，数据挖掘的过程仍然由数据挖掘的算法完成，可视化的结果表示能使用户轻松地理解数据挖掘得到的信息，发现其中隐藏的特征、关系、模式和趋势等。用户往往会根据图形的信息得到一些更准确的参数，然后再重新运行数据挖掘算法，这样不断地进行调整，可以得出新的预见和更高效的决策。

对于关联规则可视化，可以使用表的可视化技术。该方法是用表结构文字化描述关联规则。表中的每一行描述一条关联规则，每一列分别描述关联规则中的参数，包括规则的前项、后项、支持度和置信度。此外还有基于二维矩阵的可视化技术，该方法利用一个二维矩阵的行和列分别表示规则的前项和后项，并在对应的矩阵单元画图，可以是柱状图或条形图等。不同的图形元素（如颜色或高度）可以用来描述关联规则的不同参数，如规则的支持度和置信度。不同颜色柱状图的高度分别表示支持度和置信度的置信度取值；还可以改进平行坐标法来表示，用一系列等间隔的水平轴分别表示关联规则中出现的所有不同的项目，而每一条连接相应水平轴的垂直线段则表示一条关联规则。其中，水平轴上圆形的点表示规则的前项，正方形的点表示规则的后项。利用颜色信息来描述规则的支持度和置信度，对于每一条代表关联规则的垂直线段，其圆形节点的颜色提供支持度的取值范围，方形结点的颜色提供置信度的取值范围，通过察看颜色－值域对照表可以得到估计数值。可以看出改进的关联规则可视化技术不仅能够清晰地描述多对多关系的关联规则，而且当关联规则数量增多时，也不会有界面紊乱产生歧义等问题出现。同时，还提供一定的交互功能。

11.1.4 交互式可视化数据挖掘

许多挖掘技术包括不同的数学步骤而且需要用户的干预，可视化能够在用户参与的情况下支持决策过程，可视化工具可以使用户在数据挖掘过程中根据领域知识做出相应的判断，帮助用户做出更加合理的挖掘决定。从这个观点出发，可视化数据挖掘技术不仅是应用于分析挖掘过程中挖掘数据的可视化技术，而且在数据挖掘算法中可视化也起到了重要的作用。这种将信息可视化技术用于数据挖掘算法过程，且能把可视化结果反馈给挖掘算法的迭代过程，称为交互式可视化数据挖掘，它是可视化数据挖掘技术的最重要方向。PBC（Perception Based Classification）[15] 交互式决策树分类器允许用户在决策树上建立一个数据特性分类点的多维可视化技术进行交互。将基于像素的可视化技术递归模式法和 state-of-the-art 算法相结合，使用户可以有效地创建规模小、精度高的决策树。Xmdvtool[16] 集成了四种数据可视化方法，对每种数据可视化的方法，它都实现了若干主要的数据分析技术，比如数据缩放、维数控制等。同时 Xmdvtool 引入了分层聚类算法，这使得数据集以分层聚簇树的方式构造出来，这样分层显示模式就形成了。Prefuse[17] 是一个交互式可视化工具，它可以对有结构和无结构的数据创建动态的可视化视图。VISTA[18]（Visual Cluster Rendering System）实现了一个线性的，在 2D 星形坐标空间交互式的可视化多维数据集的可视化模型。它提供了一个丰富的和用户友好的交互式的操作集，允许用户验证和定义依据可视化经验和他们领域知识的聚类结构。

11.2　数据可视化方法及分类

常用的数据可视化技术包括：柱状图、折线图、饼状图、散点图、分位数图、回归曲线图等。此外，根据数据可视化技术的原理不同又可以划分为基于几何的技术、面向像素技术、基于图标的技术、基于层次的技术、基于图像的技术和分布式技术等。

11.2.1　基于几何的技术

基于几何方法的多维数据可视化技术是以几何画法或几何投影的方法来表达高维数据，以线或折线来表示数据集中各变量之间的联系。目标是发现多维数据集中令人感兴趣的投影，从而将对多维数据的分析转化为仅对感兴趣的少量维度数据的分析。这种技术主要适用于数据量不大，但是维数较多的数据集，它比较容易观察数据的分布并发现其中的歧异点。基于几何的可视化主要包括散列图（Scatter plot）、超盒图（Hyperbox）、地形图（Landscapes）、映射追踪（Projection Pursuit）、平行坐标（Parallel Coordinates）等方法。

11.2.1.1　散列图（Scatter plot）

散列图（图 11.1）是一种多维数据可视化的方法。散列图将多维数据的各变量两两对应，绘制数据在该二维上的分布图，从而得到一个数据的散列阵（scatter plot matrix）。多维数据的每两个变量对应的分布图都作为散列阵中的一个元素（称为面板），从各属性的两两比较中得到隐含的信息。

11.2.1.2　平行坐标法（Parallel Coordinates）

平行坐标法[19~23]是一种以二维形式表示多维数据的可视化技术，其实现方法是将 n 维数据空间的各属性通过 n 条等距离的平行轴映射到二维平面上，每一条轴线代表一个属性维，轴线上的取值范围从对应属性的最小值到最大值均匀分布，这样，每一个数据项都可以根据其属性值用一条折线段表示在 N 条平行轴上，折线的顶点在坐标轴上的取值即为相应的属性取值。它能够有效地显示大范围的数据特性，是一种可视化多维数据的有效工具，能使用户直观地看到数据集的全貌、分析各对象同一属性值的分布、分析各属性之间的关系，还可进行聚类分析等。

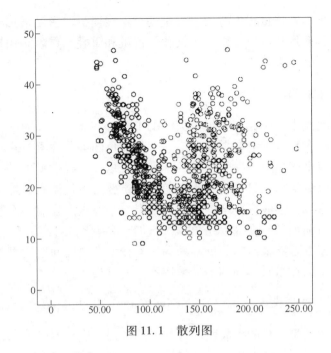

图 11.1 散列图

代表 n 维数据的折线可以用 $n-1$ 个线性无关的方程表示，方程如下：

$$\frac{x_1 - a_1}{u_1} = \frac{x_2 - a_2}{u_2} = \cdots = \frac{x_n - a_n}{u_n} \tag{11.1}$$

由此可得出

$$x_{i+1} = m_i + x_i \quad i = 1,2,3,\cdots,n-1 \tag{11.2}$$

其中，$m_i = u_{i+1}/u_i$ 表示斜率；$b_i = a_{i+1} - m_i a_i$ 是 $x_i x_{i+1}$ 平面中 x_{i+1} 轴上的截距。平面直角坐标中的点映射到平行坐标中是一条线段，而平面直角坐标中处于一条直线上的多个点映射到平行坐标中就是相交于一点的多条线段，这样就可以用平行坐标中的点与平面直角坐标中的直线相对应。假设平行坐标轴间的距离为 d，若假设轴间的距离为 1，则交点坐标为：

$$\left(\frac{b_i}{1-m_i}, \frac{i}{1-m_i}\right), i = 1,2,3,\cdots,n-1 \tag{11.3}$$

假设一个 n 维空间的点由 $(x_1,x_2,\cdots,x_n)$ 表示，则这个点对应在平行坐标的折线由连接 n 个点 $(1,x_1),(2,x_2),\cdots,(n,x_n)$ 的折线表示。一个笛卡儿坐标系统中的 N 维点在平行坐标系统中由在 n 条轴线上的数个点以及顺序连接此 n 个点组成的 $n-1$ 条折线代表。这样，高维数据就映射为二维数据，使数据的可视化变得简单，如 11.3.2 节中图 11.4 所示。

这种技术能够有效地显示大范围的数据特性，与传统直角坐标相比最大的优点是表达的维数决定于屏幕的水平宽度，而不必使用矢量或其他可视图标。然而最大的局限性是，数据量很大时由于大量的交迭线使折线密度增加，图形存在重叠，层次不清，使用户难以识别。可视化的混乱和重叠严重阻碍用户解释可视化和他们之间交互的能力。

11.2.2 面向像素的技术

面向像素的技术是由德国慕尼黑大学的 D. A. Keim 提出。面向像素技术的基本思想是把每一个数据项的数据值对应一个带颜色的屏幕像素，对不同的数据属性用不同的窗口来表示。每一个单独的子窗口表示每一维数据的值。其优点是一次性可以描述大量信息而且不会产生任何数据重叠，不仅能有效地保留那些用户感兴趣的部分区域，还能纵览全局数据。如果一个像素点代表一个数据值，则这种技术可以对目前所陈列的最大量的数据进行可视化，对高分辨率的显示器来说，可显示多达百万数量级的数据。面向像素技术的主要问题就是怎样在屏幕上排列这些像素。该技术对不同的图口采用不同的排列。

11.2.2.1 递归模式技术（Recursive Pattern Technique）

递归模式技术是递归的生成面向行与列的排列。递归图案技术是基于一般的递归模式，它的特别之处在于按照数据属性本来存在的顺序来表达数据（如：时间序列），因此，主要用于对多维数据集的序列分析。通过对每个递归模式设置参数，允许用户来控制和决定数据属性值排列顺序及有意义的语义结构。递归图案技术在分离的子窗口中显示每一维属性。在一个子窗口中，每一维属性值用一个着色的像素来表示，颜色和属性值构成映射。为了使用户在同一点上把不同的属性与相关的属性值关联，每一个子窗口中的属性的排列顺序是相同的。

11.2.2.2 圆周分段技术（Circle Segments Technique）

圆周分段技术是针对大型高维数据集的可视化提出的。它的基本思想不再是在单个子窗口显示各维属性的值，而是把整个数据集以圆环的形式表现出来，每一个属性占有圆环的一段。在这些圆环段中，属性值用单色像素值来表示，像素的排列从圆环的中心开始，按数据的属性值的大小逐次向外围扩散。这种方法的特点是，越靠近圆的中心，属性就越集中，提高了属性值的可视化对比程度。另外，它不像其他面向像素技术那么离散，因为它在中心具有一个稳定的点，见11.3.2 节中的图 11.6。

11.2.3 基于图标的技术

基于图标的技术是把每一个高维数据项画成一个图标，图标的各个部分表示 P 维数据属性。图标形状可以被任意定义，它们可以是"小脸"、"针图标"、

"星图标"、"棍图标"等。基于图标的可视化方法包括表长法（Table Lens）、脸谱图法（Chemoff Face）、形状编码法（Shape Coding）、枝形图法（Stick Figures）、颜色图标法（Color Icon）等。基于图标的技术适合展示那些维数不多，但是某些维含有特别的含义而且在二维平面上具有良好的展开属性的数据集，用户可以根据图标的显示更准确地理解这些维的意义。

11.2.3.1　枝形图（Stick Figures）

枝形图方法的基本思想是用同一棵的树枝来表示多个变量，每一个变量占一节树枝。枝形图首先选取多维数据项中的两个变量属性值作为基本的 X-Y 平面轴，在此平面上利用小树枝表示出其他变量值的变化范围，树枝的多少可以根据数据维数的大小确定。此外，还可以用树枝的颜色、粗细等特征来表示变量。

11.2.3.2　脸谱图（Chemoff Face）

脸谱图又称切诺夫脸，它希望用脸的面部表情来表达数据的特征值。Chemoff脸的不同部位代表了不同的变量。脸谱由六大部分构成：轮廓、鼻、嘴、眼、眼球和眉毛，每一部分的长度或者方向的指标代表了变量的不同值。Chemoff 脸适合用于在大量相似的数据中发现奇异点，或者根据表情对数据进行聚类。

11.2.4　基于层次的技术

基于层次的技术的基本思想是把 P 维数据空间划分成若干个子空间，对这些子空间仍然按照层次结构的方式组织并且以图形的方式显示出来。基于层次的可视化方法大多利用树形结构，可以直接应用于具有层次结构的数据，也可以对数据变量进行层次划分，在不同层次上表示不同的变量值。基于层次的技术适用于具有层次关系的数据信息，如人事组织、文件目录、人口调查等。基于层次的可视化技术主要包括维堆（Dimensional Stacking）、树图（Tree Map）、维嵌套（Worlds within Worlds）、锥形树（Cone Trees）、双曲线树（Hyperbolic Trees）等方法。

11.2.4.1　锥形树（Cone Trees）

锥形树技术是一种三维动态数据可视化技术，它把传统的二维树的概念扩展到了三维空间，以锥形发散的形状显示树，通过颜色、形状、纹理等表示属性值，通过动态缩放、手控旋转等达到全面的观察效果。

11.2.4.2　双曲线树（Hyperbolic Trees）

双曲线树是对传统树的一种变形技术，它的基本思想是先把层次信息均匀地显示在双曲线的面上，然后利用庞加莱（Poincare）映射方法把双曲线树映射到一个圆形区域内。因为数据对空间的要求是呈指数级增长的，所以双曲线技术无疑是解决这一问题的好方法，它保留了层次的结构，只是把连接的直线弯曲成弧形，并且用圆盘把整个显示界面保护起来。双曲线树技术的实现首先在圆的中心画出树的根节点，然后以递归的形式逐个嵌入节点。用户可以移动自己感兴趣的节点，将其放到圆心，双曲线树技术可以通过几何变化达到平滑的动画效果。

11.3　可视化数据挖掘系统设计与实现

11.3.1　可视化挖掘系统

在数据挖掘的整个过程中都伴随着可视化技术的使用，将数据挖掘的整个过程进行可视化具有很高的价值和重要性。把抽象的信息以图形化的、简明的、容易理解的、具有知识的形式呈现出来，可以为用户提供关于分析结果的总体情况的概念，方便用户指导下一步的挖掘工作和知识理解。本章使用已有和改进的各种可视化技术，采用 java awt 和 java Swing 包中的 java2D 和 java3D 开发包，实现了原型数据挖掘系统的多种数据可视化、结果可视化。

系统结构如图 11.2 所示：VisualDM 的体系结构分为 4 层，每层相互独立。数据层从数据源载入数据后，可以通过数据可视化查看原始数据，经过数据清理、数据集成、数据变换、数据规约处理后，在这一步骤结束后，也可通过数据可视化查看整理后的数据，然后选择数据挖掘算法，进行数据挖掘，最后把挖掘结果以 arff、文本文件、excel、文件形式保存，可视化部分负责从文件读取聚类结果，显示聚类结果。

数据挖掘过程可视化是利用可视化的形式来描述各种挖掘过程，以图标和工作流程的形式来展示整个数据挖掘方案的挖掘过程。通过对可视化图标的操作，使用户可以完成从数据库中抽取数据、执行数据的预处理、选择合适的算法和设置参数，然后运行挖掘流程，完成数据挖掘后查看挖掘出的结果和评估生成挖掘模型等操作。通过图标间的连线，灵活组织出最合适的挖掘流程，同时这种挖掘过程可视化可以直观地向用户反馈出挖掘过程中产生的中间结果，使用户更加主动地参与到整个数据挖掘过程中，真正实现了以用户为中心的挖掘。

数据挖掘流程通常集成了多个挖掘算法，传统上挖掘算法的运行结果通常以文本的形式显示，内容复杂而且用户面对一堆数据也不利于理解。数据挖掘结果可视化是以图形化的方式直观展示各种挖掘算法的运行结果，能够反映一些数据的趋势性和关系，也能够从全新的角度快速、轻松地理解信息，充分地探索业务数据，发现潜在的、以前未知的趋势、行为和异常来分析各数据对象同一属性值的分布和分析各属性之间的关系以解决相应的领域问题。方便用户更加快速直接地理解结果，发现问题，指导后续挖掘工作的调整。

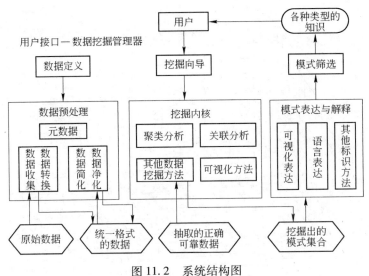

图 11.2 系统结构图

11.3.2 聚类结果可视化

聚类结果可视化可以采用统计学的方法[24]。但是这些统计学方法只能反映簇与簇之间的数量关系，如柱状图；簇内成分的比例关系，如饼图。没有具体到每一个对象，没有利用到每个对象所包含的信息。为了有效地表达数据的全貌，可以使用平行坐标法、星形图和圆环段图等来表示[25]。

平行坐标技术对高维数据聚类后的结果进行呈现和浏览。在平行坐标系中，对于每一个维度都有一个纵坐标轴，每个数据都使用一条多边形线来描述。同时利用颜色来区分各个簇。除此之外还可以使用基于像素的技术中的圆环段图和基于图标的技术来展示挖掘结果。

11.3.2.1 3-D 散点图可视化

从上述聚类结果看不出数据之间的关系，借助三维散点图可以任意选中 3 个属性进行浏览、对比、分析数据的分布，图 11.3 是对鸢尾花（Iris）数据集聚类后生成的散点图，X 轴选取鸢尾花数据集的 sepallength 属性，Y 轴选取鸢尾花数据集的 sepalwidth 属性，Z 轴选取鸢尾花数据集的 class 属性。

但此 3-D 散点图只能显示 3 维属性而不能完全直观地看到超过 3 维数据集的全貌，为此又开发了平行坐标图。

11.3.2.2 平行坐标图

平行坐标法是一种以二维形式表示多维数据的可视化技术，通过坐标变化可

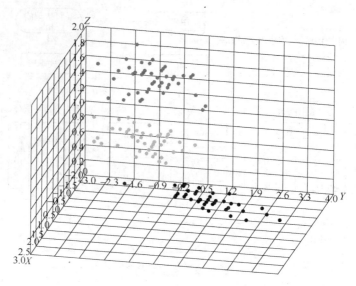

图 11.3 Iris 数据集 3-D 散点图

以把多维数据集映射到二维平面上。

图 11.4 即是在二维坐标上实现了对含有 5 维和 150 条数据项的鸢尾花（I-

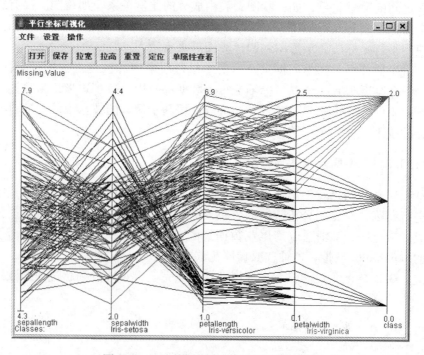

图 11.4 Iris 数据集聚类结果平行坐标图

ris）数据集聚类后生成的平行坐标图，它不仅实现了多维数据的可视化表达，而且也不会因为坐标变换引起信息损失，每一个数据项和它们的聚类从图形显示中都能清楚地看到，数据之间的关系在图形中依然能很好地表达，从而使人们能够更好地理解高维数据。而且由于图形以相对简单的折线图来表示，从中发现数据间隐含的关联变得更为简单。对比 3-D 散点图，可从中看到所有的属性及完整的数据集，由图 11.4 可明显直观地看出对鸢尾花（Iris）数据集聚类后产生的三个簇，各个簇的颜色不同，每一个数据项都可以依据其属性取值而用一条跨越 5 条平行轴的折线段表示，相似的对象就具有相似的折线走向趋势，此外，还可以清楚地看到各对象同一属性值的分布，从图中可明显看出鸢尾花的 Class 属性值的分布在 1.0 到 3.0 之间，sepallength 属性值的分布在 4.3 到 7.9 之间，sepalwidth 属性值的分布在 2.0 到 4.4 之间，petallength 属性值的分布在 1.0 到 6.9 之间，petalwidth 属性值的分布在 0.0 到 2.5 之间。单击每条折线段可以显示该条多维数据集的数据，还可以使用添加或去掉坐标轴来改变鸢尾花数据集的维数以方便查看其某些属性值的分布。

11.3.2.3 星形图

有时候需要选取某几个属性进行观察分析或降维处理，星形图是一种有效的方法。可以对多维数据中的六维数据集进行观察，数据维中某些维值在二维平面上具有良好的展开属性，某些维含有特别的含义，用户可以根据星图标的显示更准确地理解这些维的意义，认识它们之间存在的关系。星图标是基于图标的技术，其核心思想是把每个多维数据项画做一个星形图标。在星图标显示技术中，每一维数据用一条射线表示，数据的大小由射线的长短来表示，属性的个数就是射线的条数，所有射线起点相同，彼此夹角也相同，射线的端点由折线段彼此相连，如图 11.5 所示。观察者可以根据自己的需要改变参数，重画图形以便得到更清晰的印象。通过下拉列表，可以选择对应 X-Y 轴的两个属性，通过这两个属性查看数据项的分布，分别选择对应上、右、下、左四个射线的属性，还可以设置射线的长度，从而改变星图标的大小。

11.3.2.4 圆环段图

圆环段图适用于多维大数据量的数据集，可以一次性描述大量信息并且不会产生重叠，不仅能有效地保留用户感兴趣的小部分区域，还能纵览全局数据。

在这些圆环段中，属性值以单色像素表现，像素的排列从圆环的中心开始，逐渐向外围扩散。这种方法越靠近圆的中心，属性就越集中，提高了属性值的可视化的对比程度。当用鼠标点击属性对应的扇形区域时，下面会给出相应属性的更详细的信息，颜色条给出这个属性名称、最小最大值以及对颜色渐变区间

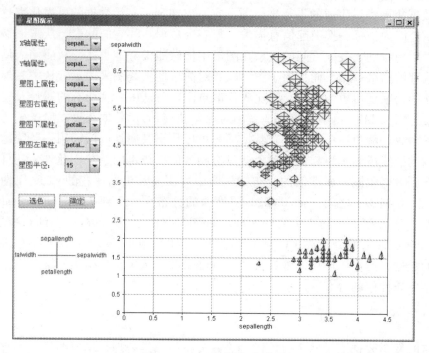

图 11.5 Iris 数据集星形图

（RGB（255，0，0）~ RGB（0，0，0）），对应可以查看圆环段上值的分布。下面还有所选属性的折线图作为补充，并提供属性值的平均值和方差。如图 11.6 所示：sepalwidth 的值在 0 到 6.9 之间，像素的颜色逐渐加深，同时给出了均值和方差，并给出了 sepalwidth 的折线段。

11.3.3 关联规则结果可视化

11.3.3.1 基于表的可视化技术

该方法是用表结构文字化描述关联规则[26]。表中的每一行描述一条关联规则，每一列描述关联规则中的参数，包括规则的前项、后项、支持度和置信度。此方法的优点是能够利用表的基本操作对感兴趣的列（如：支持度）进行排序或者过滤出前项和后项中包含特定项目的规则。缺点是缺少形象化表达，不利于对结果进行对比观察和分析，如图 11.7 所示。

11.3.3.2 基于二维矩阵的可视化技术

该方法利用一个二维矩阵的行和列分别表示规则的前项和后项，并在对应的矩阵单元画图，图可以是柱状图或条形图。不同的图形元素（如颜色或高度）

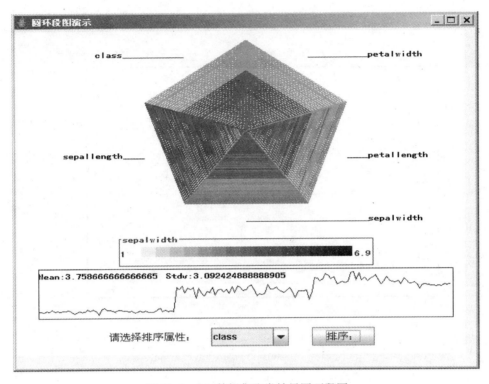

图 11.6   Iris 数据集聚类结果圆环段图

可以用来描述关联规则的不同参数，如规则的支持度和置信度。不同颜色柱状图的高度分别表示支持度和置信度的置信度取值。二维矩阵法的优点是易于可视化一对一布尔关系的关联规则；局限性是当大量的关联规则需要可视化时，后面的图形会被前面的图形遮蔽而不容易观察，如图 11.8 所示。图 11.8 中用一个二维矩阵的行和列分别表示关联规则的前项和后项，在对应的矩阵单元画两条相邻柱状图，左面柱状图的高度表示规则的支持度，右面柱状图的高度表示规则的置信度。这种关联规则结果显示方法的局限性在于无法显示多对一关系以及多对多关系的关联规则。

11.3.3.3   基于图的可视化技术

（1）有向图法：有向图法是利用有向图中的结点代表项目，连接两个结点的边代表项目间的关联。当只需显示少量项目（结点）和少量关联规则（边）时此方法非常有效，但是当项目的个数和关联规则的数量增多时，有向图很快变得十分紊乱，反而不利于观测关联规则。此外有向图法不能清楚地标注支持度和置信度等关联规则参数值。

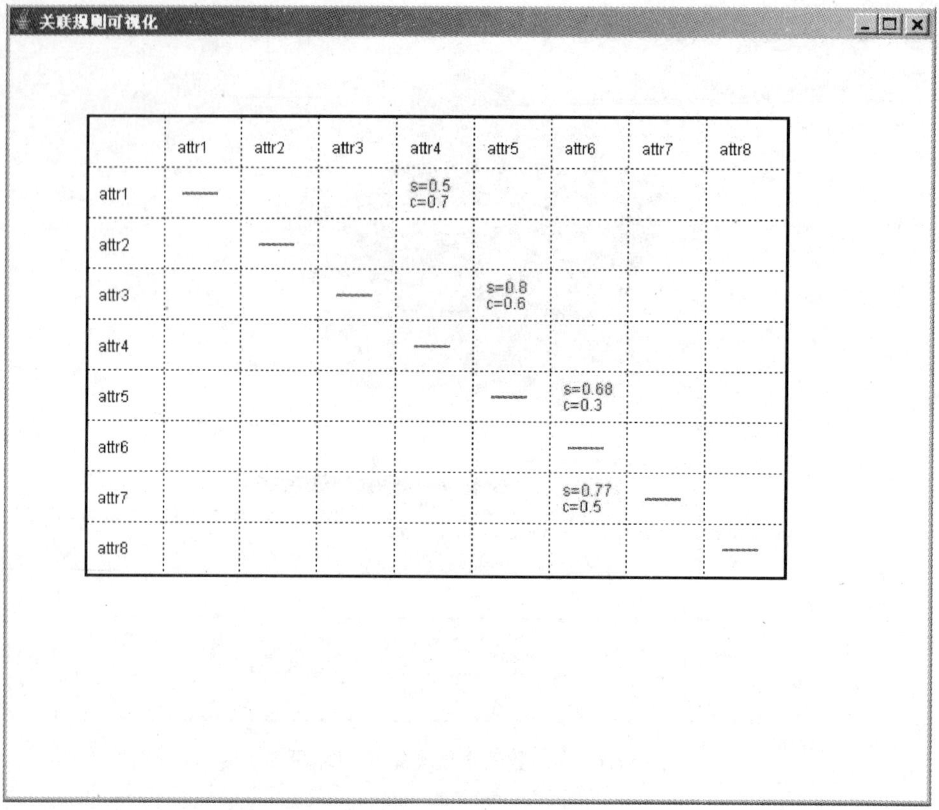

	attr1	attr2	attr3	attr4	attr5	attr6	attr7	attr8
attr1	—			s=0.5 c=0.7				
attr2		—						
attr3			—		s=0.8 c=0.6			
attr4				—				
attr5					—	s=0.68 c=0.3		
attr6						—		
attr7						s=0.77 c=0.5	—	
attr8								—

图 11.7　关联规则表格可视化

（2）平行坐标法：平行坐标技术常用于多维关系数据的可视化，在水平方向等间隔地放置一系列垂直轴，每条垂直轴代表一个独立的变量，每轴上的点对应于变量的值。一条多维关系数据可以用一系列垂直轴上的连接线段表示。该方法的优点是可以清楚地表示关联规则的各个维，用户能够直观地获得在特定条件下得到的后续结果。缺点是同时显示多条多维关联规则时，界面紊乱，容易产生歧义。此外支持度、置信度等元数据的标注也不太方便。

针对二维矩阵关联规则可视化的局限性，从平行坐标法出发，改进提出了一种多维关联规则结果可视化技术，如图 11.9 所示。用一系列等间隔的水平轴分别表示关联规则中出现的所有不同的项目，每一条连接相应水平轴的垂直线段则表示一条关联规则。其中，水平轴上圆形的节点表示规则的前项，正方形的节点表示规则的后项。利用颜色信息来描述规则的支持度和置信度，对于每一条代表关联规则的垂直线段，其圆形节点的颜色提供支持度的取值范围，方形节点的颜色提供置信度的取值范围，通过察看颜色-值域对照表来获取参数信息。可以看

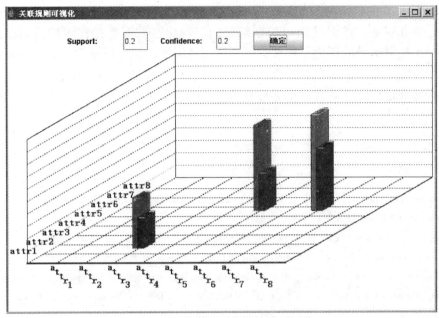

图 11.8 关联规则分析结果可视化

出改进的多维关联规则结果可视化技术不仅能够清晰地描述多对多关系的关联规则，而且当关联规则数量增多时，也不会有界面紊乱产生歧义等问题出现。此外，还可以通过图形下方的参数文本域调节需要观察的最小的支持度和置信度，显示所有支持度和置信度大于给定输入值的关联规则。

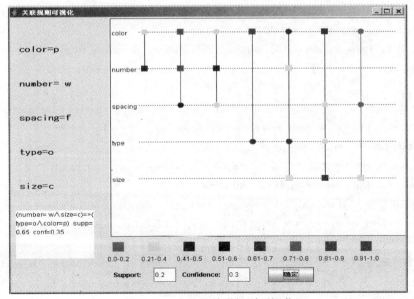

图 11.9 改进的关联规则可视化

由于人类获取信息与知识的 70% ~80% 是依靠视觉、20% ~30% 是依靠听觉、触觉和嗅觉，挖掘过程与挖掘结果的可视化是数据挖掘技术的重要组成部分。对于挖掘结果的评价与理解，既要靠理性思维，又要靠感性认识，即既要采用客观方法，又要依靠主观分析。因此，可视化技术在数据挖掘中发挥着重要作用，有必要进行深入研究，用更有效的可视化技术来表达挖掘过程和挖掘结果。

参 考 文 献

［1］ Nahum D Gershon, Stephen G Eick. Information Visualization ［J］. IEEE Computer Graphics and Applications, 1997 (8): 29 ~31.

［2］ Keim D A, Kriegel H P, Ankerst M, Recursive pattern: A technique for visualizing very large amounts of data ［J］. Proc. Visualization 95, IEEE Computer Society Press, 1995, 279 ~286.

［3］ Ankerst M, Keim D A, Kriegel H P. Circle segments: A technique for visually exploring large multidimensional data sets ［J］. Proc. Visualization 96. IEEE Computer Society Press, 1996, 203 ~206.

［4］ Inselberg A, Dimsdale B. Parallel coordinates: A tool for visualizing multi-dimensional geometry ［J］. Proc. Visualization 90, IEEE Computer Society Press, 1990, 361 ~370.

［5］ Kandogan E, Star coordinates: A multi-dimensional visualization technique with uniform treatment of dimensions ［J］. Proc. of IEEE Information Visualization, 2000, 4 ~8.

［6］ Kandogan E. Visualizing multi-dimensional clusters, trends, and outliers using star coordinates ［J］. proceedings of the seventh ACM SIGKDD international conference on knowledge discovery and data mining, ACM press, 2001, 107 ~116.

［7］ Nowell L, Havre S, Hetzler B, Whitney P. Themeriver: Visualizing thematic changes in large document collections ［J］. Transactions on Visualization and Computer graphics, 2002 (8): 9 ~20.

［8］ Rao R, Card S K. The table lens: merging graphical and symbolic representation in an interactive Focus + Context visualization for tabular information ［J］. Proc. Human Factors in Computing Systems CHI 94, ACM Press, 1994, 318 ~322.

［9］ Chernoff H. The use of faces to represent points in k-dimensional space graphically ［J］. Journal Amer. Statistical Association, 1973, 361 ~368.

［10］ Pickett R M, Grinstein G G. Iconographic displays for visualizing multidimensional data ［J］. Proc. IEEE Conf. Systems, Man and Cybernetics, IEEE Computer Society Press, 1988, 514 ~519.

［11］ Robertson G, Card S, Mackinlay J. Cone trees: Animated 3D visualizations of hierarchical information ［J］. Proc. ACM Int'l Conf. Human Factors in Computing (CHI 1991), ACM Press, 1991, 189 ~194.

［12］ Shneiderman B. Tree visualization with treemaps：A 2D space-filling approach ［J］. ACM Trans. Graphics, 1992（1）：92~99.

［13］ Lamping J, Rao R, Piroll P. A focus+context technique based on hyperbolic geometry for visualizing large hierarchies ［J］. In Proc. Human Factors in Computing Systems CHI 95 Conf., ACM press, 1995, 401~408.

［14］ Beshers C G, Feiner S K. Visualizing n-dimensional virtual worlds within n-Vision ［J］. Computer Graphics, 1990（24）：37~38.

［15］ Hofmann H, Siebes A P J M, Wilhelm A F X. Visualizing association rules with interactive mosaic plots ［J］. Proc. Int'l Conf. Knowledge Discovery and Data Mining（ACM SIGKDD'00）, ACM press, 2000, 227~235.

［16］ Ward M O. Xmdvtool：Integrating multiple methods for visualizing multivariate data ［J］. in Proc. of Visualization 94, IEEE Computer Society Press, 1994, 326~336.

［17］ Jeffrey Heer, Stuart K Card, James A Landay, Prefuse：a toolkit for interactive information visualization ［J］. Proceedings of the SIGCHI conference on Human factors in computing systems, ACM Press, 2005, 421~430.

［18］ Chen K, Ling Liu. Validating and refining clusters via visual rendering ［J］. Proceedings of the Third IEEE International Conference on Data Mining, IEEE Computer Society Press, 2003, 501~504.

［19］ 王静. 可视化技术在数据挖掘中的研究与应用 ［D］. 吉林：吉林大学硕士学位论文, 2009.

［20］ 于洋. 数据挖掘可视化技术的研究与应用 ［D］. 吉林：吉林大学硕士学位论文, 2008.

［21］ 王宝杰. 可视化数据挖掘的研究与应用 ［D］. 吉林：吉林大学硕士学位论文, 2005.

［22］ 翟旭君, 李春平. 平行坐标及其在聚类分析中的应用 ［J］. 计算机应用研究, 2005, 08-0124-03.

［23］ 徐永红, 高直, 金海龙, 刘文远. 平行坐标原理与研究现状综述 ［J］. 燕山大学学报, 2008, 05-0389-04.

［24］ 许翔燕, 江永全, 杨燕, 张仕斌. 聚类结果可视化研究 ［J］. 微计算机信息, 2007, 04-3-0190-02.

［25］ 王国庆. 数据挖掘结果的可视化问题 ［J］. 佳木斯大学学报, 2004, 04-0561-04.

［26］ 郎瑾, 王保保. 关联规则挖掘结果的可视化技术研究 ［J］. 电子科技, 2002.10.

12　地球化学数据挖掘（Ⅰ）

随着地球科学的发展，为矿产资源预测提供了丰富的地质、地球化学、地球物理和数字遥感等地球科学数据。由于地球科学数据具有海量性、高维性、异构性、动态性、多样性、多源性、多尺度性、时空性和模糊性的特征，给传统的数据分析处理方法带来一定的困难，在这种情况下，大数据挖掘技术提供了一个有效解决问题的途径。本章与传统地球化学数据处理不同的是引入数据挖掘技术中的聚类分析算法，对地球化学数据进行聚类分析，确定可能存在的资源赋存靶区；然后利用相关分析通过确定地球化学元素的共生组合关系来推断靶区赋存的资源类型，为地球化学数据处理提供了新技术。

12.1　地球化学数据处理方法

12.1.1　传统处理方法

勘查地球化学是当代重要的找矿方法技术，而地球化学数据处理是勘查地球化学领域的关键内容，其目的是对所获得的多种地球化学元素数据进行加工、分析、可视化和解释，有效、合理地区分地球化学背景与异常，从海量数据中发现与成矿有关的地球化学异常，进而配合地质、物探、遥感等综合信息指导矿产资源预测与评价。

现代数学、计算机技术和信息技术的发展，已将地球化学数据处理带入新的发展阶段，大大提高了对多种、复杂数据的综合处理和分析能力，以及信息提取的科学性和客观性。地球化学数据处理解决的问题主要有：（1）研究采样和分析中的误差，优化采样布局；（2）抑制地球化学数据噪声，突出数据场主体变化趋势，区分地球化学背景与异常；（3）揭示多种地球化学数据的内在联系，提取隐蔽的有用信息；（4）表达地球化学数据空间分布模式，可视化地球化学数据模型；（5）地球化学异常分类、识别、评价等。

合理地区分地球化学背景与异常，以及研究与确定地球化学异常特征和性质，是决定勘查地球化学应用于矿产勘查成功与否的关键。在确定地球化学背景值和异常下限技术方面，传统的方法是基于地球化学数据场服从正态分布或认为地球化学数据场是连续变化的，如地质统计学方法、稳健统计法、概率格纸法、累计频率法、趋势面分析、克里格插值法等[1,2]。随着分形概念的提出与发展，许多地质学家与地球化学家认为地球化学数据场应当具有多重分形分布特征，逐渐基于分形理论的地球化学异常下限计算方法应运而生，如含量-周长法、含量-面积法、含量-距离法、含量-频率法、分形求和法和多重分形技术等[3~8]，并且某种程度上获得较好的地质效果。

在地球化学异常对比、分类、识别、评价等方面，目前国内外常用的方法包括：回归分析、逐步回归分析、非线性回归分析、相关分析、典型相关分析、趋势分析、判别分析、聚类分析、因子分析、对应分析、人工智能与专家系统等，这些方法在地球化学数据处理中发挥着重要的作用[1,2,9~11]。

近年来，随着地理信息系统（GIS）的研究、开发与推广应用，地理信息系统在地球化学数据处理中也得到了应用。由于地理信息系统（GIS）实现了对整个或部分地球表层空间有关地理分布数据进行空间储存、管理、运算、分析、显示和表达，在地球化学数据处理中能够对数据进行集成化处理[12~14]。近年来一些研究人员提出了将数据挖掘技术应用于地球化学数据处理中，如聚类分析、关联规则分析和神经网络等[15~18]。

12.1.2　数据挖掘方法

数据挖掘技术能够在大量的、有噪声的、不完整的和模糊的数据中发现隐含的、有用的和先前不为人知的知识，能够实现数据→知识→价值的转化[19~23]。由于地球化学数据具有海量性、非线性、多尺度、高维性、空间性、多源性、不确定性和模糊性等特点，给传统的数据处理方法和技术带来了挑战，同时也为数据挖掘技术的研究与应用创造了条件。数据挖掘技术在水利小流域规划、环境污染监测、林业与森林防火、农田管理、城市地籍管理、人口学领域（分布）、生态经济、卫生防疫、客户管理、油气储层建模、遥感图像处理、地表水质评价、军事领域、医学和生物等许多领域获得了应用[24~28]。同时，由于地球化学数据场是由多种地球化学元素组合形成，不同地质环境地球化学数据场的空间结构特征不同。传统的地球化学数据场表达方式是采用单元素含量空间分布表达，如单元素含量等值线图及其多种元素含量等值线叠加图；或元素组合分布图，如利用因子得分法确定的组合异常分布图。近年来的研究结果表明，离散小波变换是异常分解的有效工具。而且，图像与信息融合技术能够使图像与信息更加适合计算机分析，提高对图像与信息的分类、识别和理解能力。因此，采用图像与信息融合技术[29;30]，例如基于离散小波变换的融合技术，将地球化学数据场或异常场分解到不同的尺度（频率）空间，通过地球化学数据场的挖掘，分析与研究地球化学数据从背景场到异常场的变化、地球化学指示元素异常场的分带性、异常强度、异常点的密集度或集中程度、异常场形态和分布规模等空间结构特征，能够为地球化学数据场或异常场的分类、识别和评价提供新技术。

　　地球化学数据挖掘的基本过程设计如下：

　　（1）构建地质、地球化学空间数据仓库：建立多维空间数据仓库，将传统的地球化学数据、地质资料转换为多维数据仓库，实现地质、地球化学数据的有效存储和操作，为数据挖掘提供数据源。

　　（2）构建基于地理信息系统（GIS）的地球化学数据场：勘查地球化学工作所采集的数据或样本往往具有空间分布不完整性、有限性，为了利用有限的样本数据有效地表达地球化学数据场的整体空间分布，利用不同技术，如克里格、分形理论和变异函数，将各地球化学元素的数据能量从有限的数据样本空间辐射或扩散到整个研究空间，形成基于 GIS 的空间地球化学元素数据场，实现地球化学元素数据场的栅格化，为数据挖掘和数据场融合提供完备的地球化学空间数据。

　　（3）地球化学数据挖掘：地球化学数据具有海量性、非线性、多样性、多尺度、高维性、时空性、多源性、不确定性和模糊性，利用数据挖掘技术中的异常检测算法、聚类分析算法、量化关联规则分析算法和分类算法等对地球化学数据进行分析处理。1）以采样点样品（或栅格数据）为数据对象，采样点样品（栅格数据）地球化学元素为属性，采样点样品（栅格数据）地球化学元素分析数据为属性值，对采样点样品进行空间聚类分析，分析采样点样品地球化学元素的空间分布特征，确定有意义的矿产资源靶区。2）采用异常检测技术，如基于模型的、基于邻近度的和基于密度的技术，将异常采样点（或栅格数据）和背景（正常）采样点（或栅格数据）进行分解，或从采样点（或栅格数据）分离出正常场和异常场。3）利用传统的相关分析、数据挖掘量化关联规则分析或模糊聚类分析确定指示元素的组合关系，根据元素的组合特征，结合地质资料，进一步确定地球化学异常性质；或者，结合已知资料，建立地球化学异常分类模型，利用数据挖掘分类方法对地球化学异常进行分类识别与评价。

　　（4）多元素数据场融合：为了进一步确定地球化学异常场的空间分布特征，利用图像与信息融合技术将具有组合关系（关联关系）的多种地球化学元素数据场进行融合处理，进一步提高地球化学数据场的特征显示能力，分析与研究地球化学指示元素异常场的分带性、异常强度、异常点的密集度或集中程度、异常场形态和分布规模等特点。对地球化学元素数据场进行不同尺度的离散小波变换并进行融合，一方面分析地球化学数据场的空间结构特征，另一方面研究地球化学背景场与异常场的变化，可进一步验证异常检测技术所确定出的地球化学异常的空间分布特征。

　　（5）地球化学数据场与挖掘结果可视化表达：实现基于 GIS 的挖掘结果、地球化学数据场与异常场的可视化表达。

12.2 地球化学数据聚类分析

12.2.1 地球化学数据来源

地球化学数据来源于 1:20 万区域地球化学测量数据, 采样网格为 2km × 2km, 共 1517 个采样点样品, 每个样品分析元素包括: Ag、Al、As、Au、B、Ba、Be、Bi、Ca、Cd、Co、Cr、Cu、F、Fe、Hg、K、La、Li、Mg、Mn、Mo、Na、Nb、Ni、P、Pb、Sb、Si、Sn、Sr、Th、Tl、U、V、W、Y、Zn、Zr 共 39 种化学元素的地球化学勘探数据。数据平面文件格式分别存储在 39 个文件中, 如图 12.1 所示。在分析处理之前需要将这些数据文件转换成数据库表, 或建立数据仓库, 如图 12.2 所示。

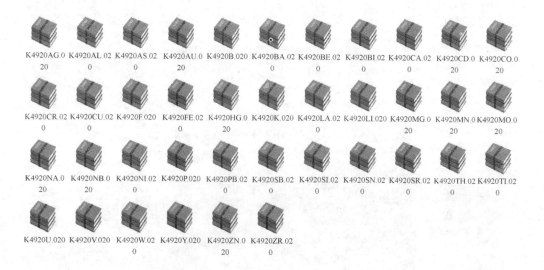

图 12.1 地球化学化探数据文件

12.2.2 区域地质概况

研究区域为 1:20 万国际分幅 K-49-(20)(白云鄂博幅), 位于内蒙古巴彦淖尔市和包头市的东西交界地段, 属内陆高原地区。区域范围为: 109°00′E ~ 110°00′E, 41°20′N ~ 42°00′N, 区内交通主要是公路运输, 该区域四季气候特征分明, 冬季寒冷少雪, 春季干燥多风、夏季炎热少雨, 秋季温和凉爽, 一年内蒸发量大大高出降水量, 属于典型的中温带大陆性多风气候。区域地质环境如图 12.3 所示。

化探点号	坐标X	坐标Y	Ag	Al	aAs	Au	B	Ba	Be	Bi	Ca	Cd	Co	Cr	Cu	F	Fe	Hg	K
1	19335	4579	0.08	15.88	2.45	0.2	11.5	660	2.2	0.09	4.1	0.07	9.4	45	10.5	345	4.06	24.2	1.86
2	19337	4579	0.03	16.88	3.03	0.3	12	670	1.8	0.11	3.95	0.03	7.7	28	8.2	228	3.46	16.4	2.23
3	19339	4579	0.03	15.63	2.48	0.2	6.3	780	1.1	0.09	2.85	0.02	5.8	28	7.2	213	2.12	14.8	2.9
4	19341	4579	0.05	12.81	2.75	0.3	9.3	720	2.2	0.11	3.15	0.05	5.5	23	9	365	2.54	14.3	2.8
5	19343	4579	0.06	14.56	3.51	0.5	7.6	800	1.5	0.13	1.9	0.03	2.6	10.3	7.2	113	1.1	14.4	4.62
6	19345	4579	0.03	15.75	2.2	0.4	9.6	760	1.4	0.09	2.7	0.07	7.1	42	13	228	2.81	16.2	3.08
7	19347	4579	0.08	15.75	6.18	0.4	23.5	660	1.5	0.09	3.2	0.05	8.6	31.5	11.6	284	3.08	16.5	3.3
8	19349	4579	0.04	15.38	4.51	0.3	11.5	810.0001	1.5	0.09	3.2	0.05	8.7	34	16.5	290	3.52	16.1	2.37
9	19351	4579	0.06	16.88	5.45	0.4	9.5	940	1.4	0.18	3.8	0.07	8.7	22.5	11	181	3.39	7.2	2.14
10	19353	4579	0.03	16.88	3.2	0.5	8.8	780	1.3	0.1	4.3	0.08	8.7	30	11	349	3.79	27.8	1.62
11	19355	4579	0.05	16.7	3.64	0.7	12.5	860.0001	1.5	0.16	4.78	0.04	12	30	11	349	3.79	27.8	1.62
12	19357	4579	0.15	14.19	8.82	0.9	23	640	2.3	0.19	4.45	0.05	16.8	64	31	370	5.3	5.6	1.46
13	19359	4579	0.09	13.88	5.87	1.5	17	620	0.7	0.18	3.88	0.06	12	37	17.5	349	3.88	18.4	1.64
14	19361	4579	0.1	13.75	7.24	0.9	26	840	2.45	0.25	2.85	0.05	11.5	58	20	307	3.6	18.5	2.6
15	19363	4579	0.08	14.94	5.41	0.4	23	760	0.78	0.1	2.5	0.04	8.6	31	18	256	2.48	14.6	2.88
16	19365	4579	0.1	14	7.73	0.5	19.5	950	2	0.42	3.25	0.04	9.6	32	13	284	3.17	62.6	2.88
17	19367	4579	0.15	14.38	6.14	0.3	13.5	860.0001	0.3	0.19	3	0.02	10	44	15.5	318	2.86	14.9	2.68
18	19369	4579	0.08	14.88	5.09	0.6	13.5	1150	1.2	0.17	4.35	0.04	10	40	12.8	284	2.5	24.1	2.69
19	19371	4579	0.13	14.69	5.74	1.7	19	600	2.9	0.1	4.35	0.05	25.5	96	17.5	504	5.48	24.3	1.72
20	19373	4579	0.08	16.13	3.71	0.6	13.5	950	0.92	0.17	3.9	0.03	9.6	41	15	284	2.62	18.4	1.95
21	19375	4579	-99	-99	-99	-99	-99	-99	-99	-99	-99	-99	-99	-99	-99	-99	-99	-99	-99
22	19377	4579	0.03	16.5	3.99	1.3	4.1	1180	0.7	0.12	3.5	0.03	7.4	38	10.5	455	1.91	30.6	2.1
23	19379	4579	0.03	16.38	2.75	0.4	5	1120	0.9	0.07	3.5	0.01	4.4	22	5.9	361	1.18	24.9	1.98
24	19381	4579	0.04	16.5	2.95	0.7	11	840	1.4	0.2	3.22	'0.03	7.4	35	7.8	528	1.34	34.5	1.73
25	19383	4579	0.06	14.94	3.82	0.8	6.5	810.0001	1.2	0.16	3.22	0.04	7.4	35	8.6	294	2.14	30.6	2.46
26	19385	4579	0.02	13.88	2.01	0.6	2.6	360	0.38	0.04	1.85	0.02	3.8	9.2	3.5	2227	1.12	40.2	3.65
27	19387	4579	0.06	14.19	3.82	0.4	16	680	2.3	0.16	3.25	0.05	7.3	39	8.2	516	2.44	30.6	2.22
28	19389	4579	0.05	14.25	4.89	3.2	6.5	840	1.4	0.13	3.5	0.05	7.8	31	9.6	499	3.06	34.5	2.46
29	19391	4579	0.05	14.5	4.76	0.5	7.2	710	1.8	0.16	3.5	0.05	7.3	30	11.5	476	2.37	30.6	2.91
30	19393	4579	0.06	14.23	5.63	0.5	11.5	860.0001	0.78	0.16	2.3	0.06	6.8	30	11.5	476	2.37	30.6	2.34
31	19395	4579	0.05	12.94	6.57	0.8	27	680	1.2	0.15	2.6	0.06	7.7	38	11	613	2.44	30.6	2.34
32	19397	4579	0.05	13.5	8.38	1	20	620	1.3	0.16	3.28	0.04	7	36	14.3	449	3.15	24.9	2.79
33	19399	4579	0.05	12.25	8.64	0.9	26	680	1.5	0.11	5.15	0.06	8.4	44.5	18	606	3.15	24.9	2.59
34	19401	4579	0.06	13.44	7.1	0.8	26	660	2	0.16	2.35	0.04	7.4	31	12.5	460	2.83	17.2	2.81

图 12.2 转换后地球化学空间数据

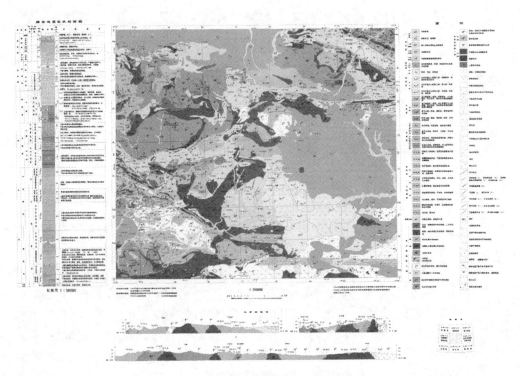

图 12.3 白云鄂博幅地质图

12.2.2.1 地层

本区域由老到新发育了古生界、中生界及新生界地层。

A 古生界

寒武系—下志留系（∈）对应白云鄂博群，包括都拉哈拉岩组、尖山岩组、哈拉霍疙特岩组、比鲁特岩组、白音宝拉格岩组、呼吉尔图岩组、阿牙登岩组、阿拉呼都格岩组、呼和艾力更岩组。上部为黄褐色大理岩夹石英岩，下部为粉灰、灰褐色长石石英砂岩夹板岩、大理岩。寒武系—下志留系分布广泛，主要分布于本区域的西部和东北部。

志留系（S）中下统对应包尔汗图群，包括布龙山岩组、哈拉岩组；上统对应巴特敖包群，包括查干哈布组和哈力齐组。志留系上部为灰褐色石英砂岩夹板岩，下部为灰绿色硅质板岩夹含铁石英岩、砂岩、石灰岩透镜体。志留系分布很少，位于区域的东北角。

石炭系（C）为一套陆相山间盆地沉积。本区石炭系分布较少，主要分布在东北部。石炭系上统，包括宝利格庙组或阿木山组，前者上部为深灰色流纹质凝灰火山砾岩、流纹斑岩、凝灰岩、灰绿色安山玢岩夹凝灰质粉砂岩，底部为石英斑岩；后者上部为黄褐色硬砂岩夹石灰岩，下部为浅灰色石灰岩、白色含砾砂岩。

B 中生界

侏罗系（J）中上统上部为灰紫、黄褐色流纹斑岩，下部为黄绿色砂砾岩、砂岩、凝灰质砂岩、凝灰岩及玄武岩；上统上部为咖啡色、紫色细砂岩与页岩互层，下部为黄色、灰紫色砾岩及砂砾岩。主要分布于研究区域的东南部。

C 新生界

第三系（N）上新统岩性为杂色砂质泥岩、砂岩、砂砾岩夹玄武岩及泥灰岩。主要分布在区域的西北部边缘和东部。

第四系（Q）中下更新统岩性为冲击粉色半硅胶结晶屑玻屑凝灰砂岩；中更新统岩性为冰碛沙砾层，普遍含砂金；上更新统岩性为河流阶地的黄土状粉砂质黏土及沙砾层；全更新统岩性为冲积砂砾、湖积淤泥、粉砂砾。主要分布于河套地区。

12.2.2.2 岩浆岩

区内构造经历了加里东期、华力西期两次构造运动，全为侵入岩，岩浆活动较频繁。华力西期在研究区域内分布很广，规模很大。岩浆活动一共有两个旋回。

A　加里东旋回侵入岩

加里东中期侵入岩为超基性岩，中细粒白云石碳酸盐岩，分布面积小，主要分布于东北部；晚期以酸性侵入岩为主，岩石类型为粉黄绿色碎裂花岗闪长岩，斜长角闪岩，灰白、灰绿色中细粒斜长花岗岩及混合岩化花岗岩。成因属陆壳改造岩浆型，分布于整个区域的西南部和东南部边缘。

B　华力西旋回侵入岩

华力西旋回岩浆侵入活动在本区域内强烈且多次出现，中、晚期侵入活动最为强烈。

华力西中期侵入岩广泛分布于北部。中性岩为灰白色花岗闪长岩，分布于西北和东北部地区。酸性岩主要分布于中西部地区，主要为灰白色中细粒巨斑状黑云母花岗岩。晚期侵入岩分布较广，岩石为酸性、中性岩，分布于西部地区和东北部地区，其西北部地区有很多石英斑岩脉、花岗伟晶岩脉、云斜煌斑岩脉。中性岩有石英闪长岩、闪长岩、斜长角闪岩，在本区域中分布较少，集中于西南部边缘地带。酸性岩石主要为粉黄、肉红色黑云母花岗岩、钾质花岗岩，广泛分布于西部、中部、东北部；其次为粉灰色黑云母花岗岩，分布在中部地带。

12.2.2.3　地质构造

区域中存在不少断层及破碎带。破碎带分布于中西部和东南部边缘地区；中部、中西部、中北部和东北部存在很多逆断层。东南部地区有四个死火山口。

12.2.3　聚类分析研究

以采样点样品（或栅格数据）为数据对象，采样点样品（栅格数据）地球化学元素为属性，采样点样品（栅格数据）地球化学元素分析数据为属性值，对采样点样品进行空间聚类分析，分析采样点样品地球化学元素的空间分布特征，确定有意义的矿产资源靶区。

通过聚类分析，将地球化学元素含量变化特征相同的采样点（样品）聚为一类（簇），其他的聚为其他类。在可视化表达聚类结果的过程中，将同一簇的采样点（样品）用同一种颜色表示，不同的簇的采样点用不同颜色表示。然后，将空间聚类分析结果表示在采样位置图上，相同颜色的点代表采样点样品属于同一簇，如图12.4所示。分析聚类结果散点图（图12.4）可以发现，在某些区域采样点样品的地球化学元素含量变化特征相同，表现为在一定区域范围内采样点具有相同颜色；而在其他区域采样点样品的地球化学元素含量变化没有任何规律性，在散点图中表现为采样点的颜色随机变化。

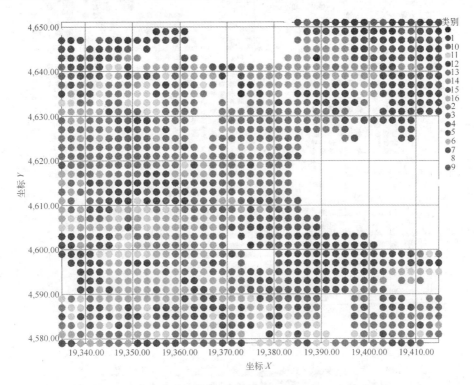

图 12.4 聚类结果二维散点图

为了突出在空间分布范围内地球化学元素含量变化特征稳定的区域，将相应的聚类结果发现簇的空间分布可视化在图 12.5 中。地球化学采样点样品在某一区域范围内具有相同的变化特征，说明该区域内存在稳定的地质控制因素，例如地层、岩性、构造等因素。因此，这些区域与其他区域相比更具有进一步研究的价值，可能是寻找矿产资源的有利区域（靶区）。结合区域地质资料划分的区域，即 Q1、Q2、Q3、Q4、Q5、Q6 区域，如图 12.6 所示。

12.2.4 靶区地球化学特征

在空间聚类分析确定出的 Q1、Q2、Q3、Q4、Q5、Q6 区域中，采样点样品地球化学元素含量变化如图 12.7 ~ 图 12.12 所示。从图中可以看出，Q1 和 Q2 区域采样点地球化学元素含量变化特征基本相同，这也说明聚类分析过程中有时会将一个大的簇划分为一个以上的簇，在具体应用中应对聚类结果做合理分析，必要时将这样的簇加以合并；其他区域中采样点地球化学元素含量变化特征不同。各区域中采样点地球化学元素含量变化特征也反映在表 12.1 中。

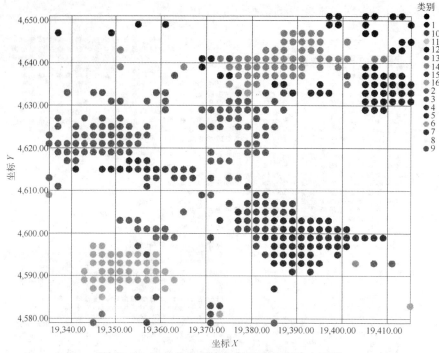

图 12.5 地球化学元素含量变化特征稳定区域

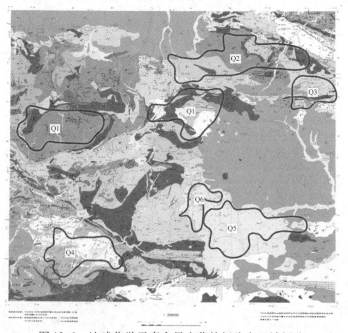

图 12.6 地球化学元素含量变化特征稳定区域划分

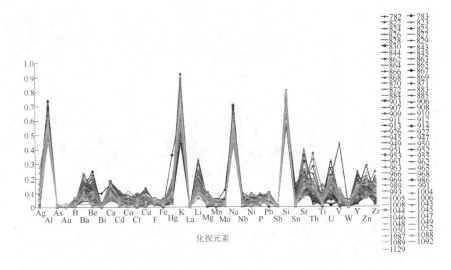

图 12.7 Q1 区域中所有采样点元素含量折线图（标准化）

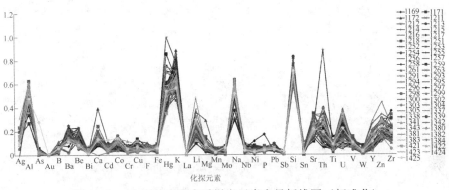

图 12.8 Q2 区域中所有采样点元素含量折线图（标准化）

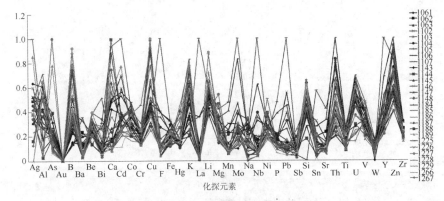

图 12.9 Q3 区域中所有采样点元素含量折线图（标准化）

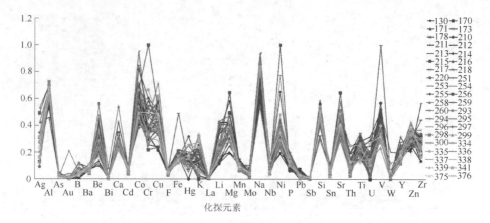

图 12.10   Q4 区域中所有采样点元素含量折线图（标准化）

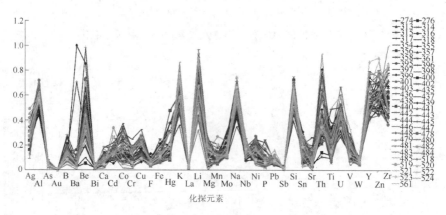

图 12.11   Q5 区域中所有采样点元素含量折线图（标准化）

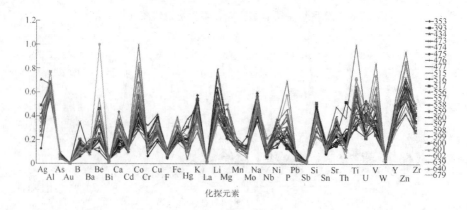

图 12.12   Q6 区域中所有采样点元素含量折线图（标准化）

表 12.1 各区域化探数据中部分元素含量平均值 ×10⁻⁶

类别号	Ag	Au	Cr	Cu	F	Mo	Ni	U	Zn
Q1	0.03	0.59×10^{-3}	9.15	4.48	397.03	0.24	4.04	0.62	20.84
Q2	0.05	0.87×10^{-3}	11.96	4.75	548.48	0.37	4.02	0.89	30.63
Q3	0.13	2.68×10^{-3}	54.64	37.25	1633.77	3.07	23.50	2.23	105.55
Q4	0.07	3.39×10^{-3}	102.59	27.94	476.05	0.45	30.34	0.61	47.78
Q5	0.08	0.78×10^{-3}	28.79	11.57	534.13	1.60	11.52	1.92	89.62
Q6	0.09	1.73×10^{-3}	58.40	20.91	626.17	0.96	23.54	1.48	82.22

12.3 区域矿产资源预测

12.3.1 地球化学异常靶区

地球化学找矿中,借助靶元素和探途元素进行[31]。例如,常见矿床的靶元素和探途元素组合见表 12.2。

表 12.2 常见矿床的靶元素和探途元素组合

矿床类型	靶元素	探途元素
斑岩铜矿	Cu、Mo	Zn、Au、Re、Ag、As、F
硫化物矿床	Zn、Cu、Ag、Au	Hg、As、S、Sb、Se、Cd、Ba、F、Bi
贵金属脉状矿床	Au、Ag	As、Sb、Te、Mn、Hg、I、F、Bi、Co、Se、Ti
矽卡岩矿床	Mo、Zn、Cu	B、Au、Ag、Fe、Be
砂岩型铀矿	U	Se、Mo、V、Rn、He、Cu、Pb
脉状铀矿	U	Cu、Bi、As、Co、Mo、Ni、Pb、F
超镁铁岩矿床	Pt、Cr、Ni	Cu、Co、Pd
萤石脉状矿床	F	Y、Zn、Rb、Hg、Ba

表 12.2 中,用来找常见矿床的元素有 Cu、Mo、Zn、Ag、Au、U、Pt、Cr、Ni、F 等种。为预测聚类分析后得出的 6 个区域中是否存在相关矿产资源,根据统计学原理,采用靶区中采样点样品地球化学元素含量的"平均值±2 倍标准差"作为地球化学异常临界值,确定靶区是否存在地球化学异常,分析结果见表 12.3。

表 12.3 各类中异常元素统计表

区 域	地球化学异常元素
Q1	无
Q2	无
Q3	Ag、Cu、F、Mo、Ni、U、Zn
Q4	Au、Cr、Cu、Ni
Q5	U、Zn
Q6	Ag、Ni、Zn

　　根据地球化学找矿原理，可以初步预测出 Q3 区域可能有斑岩铜矿、硫化物矿床、贵金属脉状矿床、矽卡岩矿床、砂岩型铀矿、脉状铀矿、超镁铁岩矿床、萤石脉状矿床中的一种或多种；Q4 区域可能有斑岩铜矿、硫化物矿床、贵金属脉状矿床、矽卡岩矿床、超镁铁岩矿床中的一种或多种；Q5 区域可能有矽卡岩矿床、砂岩型铀矿、脉状铀矿中的一种或多种；Q6 区域可能有硫化物矿床、贵金属脉状矿床、矽卡岩矿床、超镁铁岩矿床中的一种或多种。

12.3.2 元素组合特征分析

　　通过聚类分析，初步发现 4 个可能存在矿产资源的区域。对 4 个区域中与矿产资源类别有关的元素进行相关性分析，根据地球化学元素的共生组合特征预测该区域可能存在的矿产资源。这里，利用皮尔逊相关分析研究地球化学元素间的相关组合特征。

　　Q3、Q4、Q5 和 Q6 区域中元素相关分析结果见表 12.4 ~ 表 12.7，元素相关分析组合关系连接如图 12.13 ~ 图 12.16 所示。

　　由表 12.4 和图 12.13 可以看出，当相关系数 $r \geq 0.68$ 时：（1）Cr 与 Ni 相关；（2）Be、B、Cu、V、Sb 相关；（3）Fe、Zn、Mo、Ba、Pb、Mn、F、Cd、Y 相关。当相关系数 $r \geq 0.8$ 时：（1）Be、B、Sb 相关；（2）Ba、Pb、Mn、Cd、Y、F、Mo 相关。

表 12.4 Q3 区域元素间相关系数

元素 1	元素 2	相关系数	元素 1	元素 2	相关系数
Cu	V	0.689558	Cd	Pb	0.810129
Fe	Mo	0.700058	B	Sb	0.815512
Cd	Mn	0.709532	Ba	Pb	0.821085
Mn	Y	0.723007	Mo	Pb	0.838875
Cu	Sb	0.731959	F	Y	0.851182
Cr	Ni	0.746279	Ba	Mn	0.859316
Ba	F	0.747868	Mn	Mo	0.861796
B	Cu	0.778366	F	Mo	0.866367

续表 12.4

元素 1	元素 2	相关系数	元素 1	元素 2	相关系数
Pb	Y	0.786945	F	Mn	0.879181
Mo	Y	0.790217	B	Be	0.879464
Cd	Mo	0.790987	Mn	Pb	0.911583
Cd	F	0.795365	F	Pb	0.968713
Fe	Zn	0.795431			

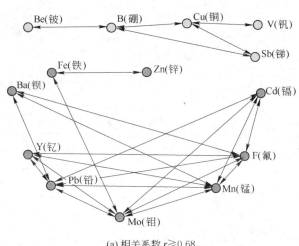

(a) 相关系数 $r \geqslant 0.68$

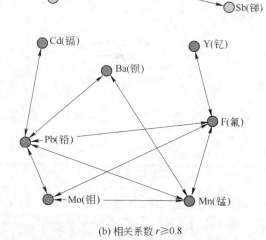

(b) 相关系数 $r \geqslant 0.8$

图 12.13 Q3 区域元素相关分析组合关系连接图

　　由表12.5和图12.14可以看出，当相关系数 $r \geqslant 0.5$ 时：（1）Cr与Ni相关；（2）Co、Ag、Mo、Fe、V、Mn相关；（3）Sb、As、B、Cu、Bi相关。当相关系数 $r \geqslant 0.8$ 时：（1）As与Sb相关；（2）Fe与V相关；（3）Cr与Ni相关。

表 12.5　Q4 区域元素间相关系数

元素1	元素2	相关系数	元素1	元素2	相关系数
Fe	V	0.891029	Ag	Co	0.56993
As	Sb	0.860205	Co	Mo	0.556003
Cr	Ni	0.827732	As	Bi	0.547561
As	B	0.707028	Cu	Sb	0.540656
B	Sb	0.663067	Fe	Mn	0.528723
Co	V	0.612169	Ag	Mo	0.528168
Mn	V	0.591287	Mn	Y	0.513331
Co	Fe	0.580615			

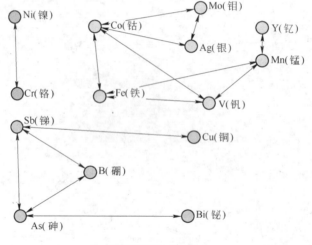

(a) 相关系数 $r \geqslant 0.5$

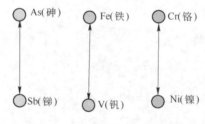

(b) 相关系数 $r \geqslant 0.8$

图 12.14　Q4 区域元素相关分析组合关系连接图

　　由表 12.6 和图 12.15 可以看出，当相关系数 $r \geqslant 0.5$ 时：（1）Cu、V、Sb、Ni、Fe、Co、Cr、As、B、Ag、Hg 之间相关；（2）Pb、Y、Zn 相关。当相关系数 $r \geqslant 0.8$ 时：Cu、V、Sb、Ni、Fe、Co、Cr 之间相关。

表 12.6　Q5 区域元素间相关系数

元素 1	元素 2	相关系数	元素 1	元素 2	相关系数
Cr	Cu	0.929947	Mn	Ni	0.592689
Cr	Ni	0.915284	Mn	V	0.591516
Co	V	0.896511	Cu	Hg	0.584347
Cu	Ni	0.894022	Hg	V	0.582331
Co	Fe	0.886681	B	Hg	0.571641
Ni	V	0.843629	Cu	Fe	0.566696
Ni	Sb	0.839482	Co	Sb	0.559339
Cu	V	0.832796	B	Co	0.554673
Cr	V	0.797186	F	Fe	0.545988
Fe	V	0.796809	Co	Zn	0.533384
Cd	Mn	0.786801	Co	Mn	0.532316
Co	Ni	0.785909	Hg	Sb	0.531334
Cr	Sb	0.784581	Bi	Hg	0.528647
B	Ni	0.774692	Fe	Mn	0.52827
Cu	Sb	0.769966	Fe	Sb	0.528168
B	Sb	0.76381	V	Zn	0.526481
B	Cr	0.753263	As	Hg	0.526131
As	Ni	0.740161	Cr	Mn	0.518223
Co	Cu	0.723517	Cr	Fe	0.51721
As	Sb	0.703347	Ag	Mn	0.515381
As	V	0.68671	Cd	Cu	0.514059
Sb	V	0.677071	Bi	Cu	0.508334
Co	Cr	0.676456	As	Mn	0.505198
Fe	Ni	0.673932	B	Fe	0.503031
As	B	0.656923	Cd	Ni	0.502037
Hg	Ni	0.640194	Co	Hg	0.501396
As	Co	0.638901	Bi	Cr	0.497458
As	Cu	0.630263	F	V	0.477577
B	V	0.628977	Be	F	0.477548
B	Cu	0.626784	Cd	Sb	0.473604
Y	Zn	0.622293	Bi	Sb	0.471123
Cu	Mn	0.614695	Ba	F	0.463352

元素1	元素2	相关系数	元素1	元素2	相关系数
As	Cr	0.613185	Hg	Mn	0.455448
As	Fe	0.605762	Mn	Sb	0.453705
Fe	Zn	0.60388	Pb	Zn	0.453663
Co	F	0.601095	Ag	Zn	0.448964
Pb	Y	0.594912	Cd	Cr	0.446948
Cr	Hg	0.594608	Ag	Cd	0.446568

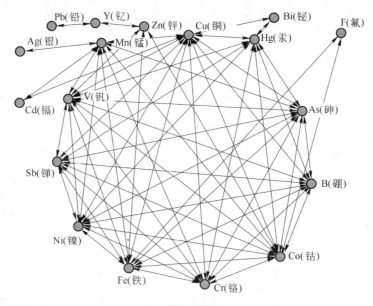

(a) 相关系数 r≥0.5

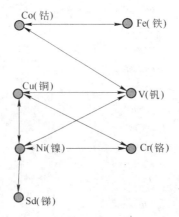

(b) 相关系数 r≥0.8

图 12.15 Q5 区域元素相关分析组合关系连接图

由表 12.7 和图 12.16 可以看出，当相关系数 $r \geqslant 0.6$ 时：（1）F、Fe、V、Zn、Co 相关；（2）Zn、Y、Cd、Cu、Ni、Cr、Sb 相关；（3）Sb、Bi、B、U、As、Hg 相关。当相关系数 $r \geqslant 0.8$ 时：（1）Co、Fe、V、F 相关；（2）Cr 与 Sb 相关。

表 12.7　Q6 区域元素间相关系数

元素 1	元素 2	相关系数	元素 1	元素 2	相关系数
Co	V	0.967269	F	V	0.692255
Co	Fe	0.916611	Cd	Cu	0.69026
Fe	V	0.887705	As	B	0.689709
Cr	Sb	0.868139	Co	Zn	0.639488
F	Fe	0.837671	As	Sb	0.638691
Cd	Y	0.795582	Bi	Hg	0.637812
Fe	Zn	0.792803	Bi	U	0.637782
F	Zn	0.78063	Bi	Sb	0.628841
Cr	Cu	0.745139	Cu	Sb	0.625197
Y	Zn	0.725934	As	Bi	0.624048
Co	F	0.720618	V	Zn	0.620754
Cu	Ni	0.717049	Cd	Sb	0.620637

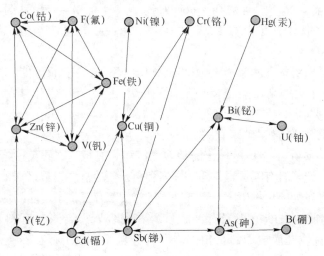

(a) 相关系数 $r \geqslant 0.6$

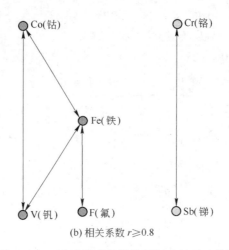

(b) 相关系数 $r \geqslant 0.8$

图 12.16　Q6 区域元素相关分析组合关系连接图

12.3.3　区域矿产资源预测

根据常见矿床的地球化学元素组合特征对各区域可能赋存的矿产资源进行分析与预测。

（1）Q3 区域可能赋存的矿产资源类型：根据勘查地球化学理论[2,31]，Cr、Ni、Pt 组合是超镁铁岩矿床的指示元素。在该区域中，Cr、Ni 元素有较强相关性（在区域地球化学测量中没有分析 Pt 元素），因此推断这种元素组合可能与超镁铁岩矿床有关。与超镁铁岩有关的矿产资源种类较丰富，常见和重要的矿种有钒钛磁铁矿、铜-镍、铬铁矿、磁铁矿、铂族、钴、金、镁、磷灰石、金刚石、石棉、蛭石和宝石等。同时，Zn、Pb、Cd、Ag、Fe、As、Sb 是铜、铅、锌多金属硫化物矿床的伴生元素，Zn、Pb、Cd、Fe 相关推断可能与铜、铅、锌多金属硫化物矿床有关。

（2）Q4 区域可能赋存矿产资源类型：Cr、Ni 相关推断可能与超镁铁岩矿床有关。As、Sb 相关推断可能与金矿床有关，因为 As、Sb 经常与 Au 伴生。

（3）Q5 和 Q6 区域可能赋存矿产资源类型：Hg、As、Ag、Cu、Sb、Fe、Co、B 相关推断与斑岩铜矿床有关。

通过分析地质资料：Q3 区域出露地表的沉积岩有板岩、石英砂岩、石灰岩、石英岩和大理岩；岩浆岩有闪长岩、超基性岩和白云碳酸盐岩，且区域的北部有逆断层构造。因此该区域为硫化物矿床、超镁铁岩矿床的赋存提供了可能的地质环境。

Q4 区域出露地表的沉积岩有冲积砂砾、混合岩；岩浆岩有斜长花岗岩、黑云母花岗岩、钾质花岗岩、斜长角闪岩和闪长岩。区域中存在石英脉、石英斑岩脉和斜长角闪岩脉。这也为金矿床和超镁铁岩矿床的赋存提供了地质环境。

Q5 和 Q6 区域中出露地表的为中性喷出岩和基性喷出岩，岩性为流纹斑岩、层凝灰岩、泥灰岩、安王岩和粗面岩。另外 Q6 区域还出露有玄武岩、砂砾岩、凝灰岩、安山岩和粗面岩。所以该区域中可能赋存斑岩铜矿床。

通过查阅资料，Q3 区域位于白云鄂博，其中有白云鄂博铁矿和赛乌素金矿；Q4 区域北邻新忽热苏木，东临石哈河镇，而石哈河镇和新忽热苏木已发现铁矿和金矿，石哈河镇还有铅锌硫铁矿。这些资料间接证实了将数据挖掘技术应用于地球化学数据处理能够取得良好的应用效果。

参 考 文 献

[1] Howarth R J. Statistics and Data Analysis in Geochemical Prospecting [M]. Elsevier Scientific Publishing Company, 1983.

[2] 罗先熔，文美兰，欧阳菲，等. 勘查地球化学 [M]. 北京：冶金工业出版社，2007.

[3] 林鑫. 化探数据处理方法对比研究—以西准噶尔野马井一带为例 [D]. 西安：长安大学硕士学位论文，2012.5.

[4] 张冬梅，金辉，刘伟. 基于 Kriging 的多重 GEP 演化建模趋势分析圈定区域化探异常研究 [J]. 应用基础与工程科学学报，2012，20 (3)：526～538.

[5] 张焱，成秋明，周永章，谢淑云，刘小龙，徐德义. 分形插值在地球化学数据中的应用 [J]. 中山大学学报 (自然科学版)，2011.1，50 (1)：133～137.

[6] 陈志军. 多重分形局部奇异性分析方法及其在矿产资源信息提取中的应用 [D]. 武汉：中国地质大学，2007.

[7] Fan Xiaoa, Jianguo Chen. Fractal projection pursuit classification model applied to geochemical survey data [J]. Computers & Geosciences, 2012 (45)：75～81.

[8] 李江，金辉，刘伟. 基于分形 SMOTE 重采样集成算法圈定区域化探异常 [J]. 计算机应用研究，2012，29 (10)：3744～3747.

[9] Robert Šajn, Mateja Gosar. Multivariate statistical approach to identify metal sources in Litija area (Slovenia) [J]. Journal of Geochemical Exploration, Available online 21 December 2013.

[10] Khalila A, Hanicha L, Bannarib A, et al. Assessment of soil contamination around an abandoned mine in a semi-arid environment using geochemistry and geostatistics：Pre-work of geochemical process modeling with numerical models. [J]. Journal of Geochemical Exploration, 2013 (125)：117～129.

[11] Qiuming Cheng. Singularity theory and methods for mapping geochemical anomalies caused by buried sources and for predicting undiscovered mineral deposits in covered areas [J]. Journal of Geochemical Exploration, 2012 (122)：55～70.

[12] 杨荣. 基于 MapGIS 的地球化学数据处理系统的开发研究 [D]. 成都：成都理工大学硕士学位论文，2012.

［13］朱莉莉，洪金益，张金良，等. MapGIS 与 DGSS 软件在湘南化探数据处理中的应用［J］. 物探化探计算技术，2013，35（4）：480~494.

［14］柯丹，韩绍阳，喻翔，等. 基于组件 GIS 的区域物化探数据处理软件开发［J］. 世界核地质科学，2013，30（1）：28~33.

［15］琚锋. 基于成矿区带基础数据库的空间数据挖掘技术研究［D］. 武汉：中国地质大学硕士学位论文，2007.

［16］Matthias Templ, Peter Filzmoser, Clemens Reimann. Cluster analysis applied to regional geochemical data：Problems and possibilities［J］. Applied Geochemistry, 2008, 23（8）：2198~2213.

［17］段蔚. 基于关联规则的化探数据分析［J］. 资源环境与工程，2010，24（1）：75~77.

［18］Mansour Ziaiia, Faramarz Doulati Ardejanib, Mahdi Ziaeia, Ali A Soleymania. Neuro-fuzzy modeling based genetic algorithms for identification of geochemical anomalies in mining geochemistry［J］. Applied Geochemistry, 2012, 27（3）：663~676.

［19］Tan P N, Steinbach M, Kumar V. Introduction to Data Mining［M］. Published by Pearson Education Asian LTM. and Post & Telecom Press, 2006.

［20］Ng R T, Han J. CLARANS：A method for clustering objects for spatial data mining［J］. IEEE Transactions on Knowledge and Data Engineering, 2002, 14（5）：1003~1016.

［21］王树良. 基于数据场与云模型的空间数据挖掘和知识发现［D］. 武汉大学博士学位论文，2002，128~134.

［22］李德仁，王树良，李德毅. 空间数据挖掘理论与应用［M］. 北京：科学出版社，2006：364~508.

［23］王新华，米飞，冯英春，等. 空间数据挖掘技术的研究现状与发展趋势［J］. 计算机应用研究，2009，26（7）：2401~2403.

［24］Jeremy Mennis, Diansheng Guo. Spatial data mining and geographic knowledge discovery—An introduction［J］. Computers, Environment and Urban Systems, 2009（33）：403~408.

［25］Chuanli Liu, Xiaosheng Liu. Research on poyang lake wetland information extraction and change monitoring based on spatial data mining［J］. Physics Procedia, 2012（33）：1412~1419.

［26］Forrest M Hoffmana, J Walter Larsonc, Richard Tran Millsa. Data mining in earth system science（DMESS 2011）［J］. Procedia Computer Science, 2011（4）：1450~1455.

［27］Vagh Y. The application of a visual data mining framework to determine soil, climate and land use relationships［J］. Procedia Engineering, 2012（32）：299~306.

［28］Li Gongquan, Xiao Keyan. Spatial data-mining technology assisting in petroleum reservoir modeling［J］. Procedia Environmental Sciences, 2011（11）：1334~1338.

［29］杨扬. 基于多尺度分析的图像融合算法研究［D］. 长春：中国科学院长春光学精密机械与物理研究所博士学位论文，2013.

［30］谭航. 像素级图像融合及其相关技术研究［D］. 成都：电子科技大学博士学位论文，2012.

［31］阳正熙，高德政，严冰. 矿产资源勘查学［M］. 北京：科学出版社，2011.

13 地球化学数据挖掘 (Ⅱ)

本章在地球化学数据聚类分析确定矿产资源靶区的基础上，结合地质资料选取其中一个靶区作为研究对象，利用模糊聚类分析方法研究地球化学元素间的组合关系，依此来推断靶区可能存在的矿产资源类型。

13.1 区域地质形貌

13.1.1 自然地理环境

测区行政区划属锡林郭勒盟东乌珠穆沁旗。测区范围东经：117°30′~117°45′，北纬：45°40′~45°50′。研究面积为361平方千米左右。区内交通以公路运输为主。区内为干旱、半干旱大陆性气候。冬季漫长寒冷，夏季炎热，春秋季多风沙；年蒸发量远大于降水量。

植被发育，主要为草原牧场，局部发育有灌木丛。测区以内蒙古高原上低山丘陵为主，海拔一般在900~1200m，丘陵山区地形切割，水系较发育，相对高差200m以下；其他地区地势平坦，地形切割不明显。区内河流不发育，多为雨季发育的间歇性径流，水系呈树枝状分布。在山区凹陷处形成沼泽地和内陆小湖泊。

从地表介质特性来看，物理、化学风化皆有发育，在地势平坦地带，化学风化占有相当的地位。山坡及山脚剥蚀速度相对较小，地表松散层厚度较大。

本区居民以蒙古族为主，以牧业为主。该区人口密度较低，每平方公里不到1人。本区牧业及采矿业较以前有所发展，但该地区整体经济水平欠发达。

13.1.2 区域地质概况

本区位于华北板块和西伯利亚板块的结合地区，是中亚-兴蒙造山带的重要组成部分，长期复杂的板块构造演化吸引了国内外众多地质学家的注意。测区内地层出露较齐全，区内地层出露较多，但分布较广的为上古生界地层和新生界地层，如图13.1所示。各类侵入岩十分发育，金属矿床（点）数量众多，为中亚巨型造山带和金属成矿带的重要组成部分[3]。

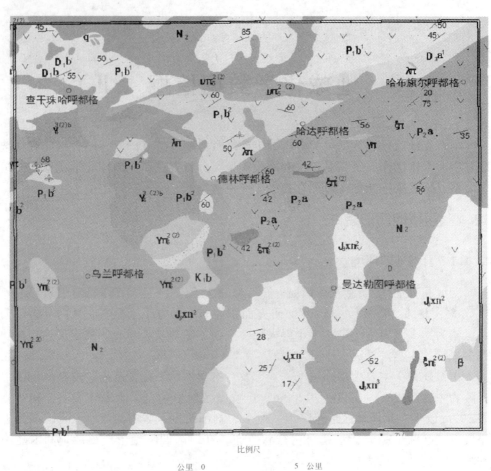

比例尺

公里 0   5 公里

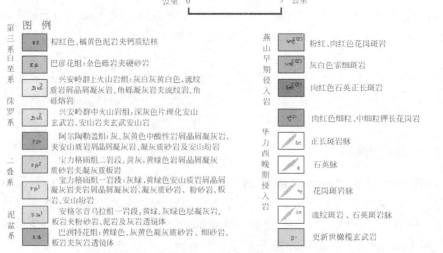

图 13.1 区域地质图

13.1.2.1 地层

A 古生界

泥盆系，巴润特花组（D_1b）：砂岩、细砂岩、板岩夹灰岩透镜体。安格尔音乌拉组一岩段（D_3a^1）：凝灰岩、板岩夹粉砂岩、泥岩及灰岩透镜体。

二叠系上统，阿尔陶勒盖组（P_2a）：灰、灰黄色中酸性岩屑晶屑凝灰岩夹安山质岩屑晶屑凝灰岩、凝灰质砂岩及安山玢岩。宝力格庙组一岩段（P_1b^1）：安山质岩屑晶屑凝灰岩夹岩屑晶屑凝灰岩、凝灰质砂岩、粉砂岩、板岩、安山玢岩。宝力格庙组二岩段（P_1b^2）：岩屑晶屑凝灰质砂岩夹凝灰质板岩。

B 中生界

白垩系下统巴彦花组（K_1b）：砾岩夹灰白、灰黄色含砾不等粒硬砂岩及少量泥岩并含植物化石碎片。

侏罗系上统，兴安岭群中山火山岩组（J_3xn^2）：片理化安山玄武岩、安山岩夹玄武安山岩。倾斜流线构造。中性喷出岩。兴安岭群上山火山岩组（J_3xn^3）：灰白灰黄白色、流纹质岩屑晶屑凝灰岩、角砾凝灰岩夹流纹岩、角砾熔岩。

C 新生界

第四系更新统橄榄玄武岩（B_1）。第三系，上新统（N_2）：泥岩夹钙质结核。

13.1.2.2 侵入岩

燕山早期侵入岩 $\gamma\pi_5^{2(2)}$：以酸性和中酸性岩为主，中型岩并不多见，主要为粉红、肉红色花岗斑岩；还有侵入岩（$\nu\pi_5^{2(2)}$）：灰白色霏细斑岩和侵入岩（$\xi\pi_5^{2(2)}$）：肉红色石英正长斑岩；华力西晚期侵入岩 $\gamma_4^{3(2)b}$：肉红色细粒、中细粒钾长花岗岩。还有侵入岩脉石英脉（q），流纹斑岩、石英斑岩脉（λπ），花岗斑岩脉（γπ），正长斑岩脉（ξπ）。

13.1.2.3 构造

测区位于南蒙古巨大弧形构造带的南侧、华北地台与西伯利亚板块之间的古生代造山带内。受华北地台、古蒙古洋壳和西伯利亚板块多期次俯冲、碰撞和对接作用影响，该区范围内前寒武纪中间地块星罗棋布，古生代火山-沉积岩分布广泛，深大断裂带（层）纵横交错，各类侵入岩十分发育，金属矿床（点）数量众多，为中亚巨型造山带和金属成矿带的重要组成部分。

13.1.2.4　区域地球化学

研究区域位于东乌珠穆沁旗块区南部。东乌珠穆沁旗区域的突出特点表现为两点：一是本区经历了中古生代到中生代重弧前盆地、弧上残余盆地到造山后伸展盆地的连续发育的过程，不同性质的盆地火山沉积作用较为发育；二是燕山期的构造岩浆活动非常强烈，形成了规模较大的燕山期花岗岩体，较大地改变了本区的成矿元素组合。从这个角度看，本区域大致可分为北部和南部两个区域，其中北部基本上被中生代的岩浆岩所占据，成矿元素主要为钨；南部则表现出从泥炭纪到二叠纪，从侏罗纪到新生代的基本连续沉积，其成矿元素组合较为复杂，以 Cu、Pb、Zn、Ag、Sn 为主，相伴 Au、Sb、Sn、Bi、Co 等元素，体现出强烈的多期叠加成矿作用特点。

13.2　地球化学元素聚类分析

13.2.1　数据整理和建立数据库

测区资料有 MapGIS 格式的水系沉积物采样点位布置图和各采样点的样品分析得到的 Cr、Co、Ni、Cu、Zn、Mo、Cd、W、Pb、Bi、Sb、As、Hg、Au、Ag、Sn 共 16 种地球化学元素分析结果 Excel 表，如图 13.2 所示。每一个编号网格内在不同位置进行 4 次采样，并按网格编号和采样点进行样品编号。根据采样点位布置图，利用 MapGIS 软件系统平台提取各采样点坐标，并建立相应数据库。具体过程如下：

（1）建立数据库。在 MapGIS K9 资源中心打开 GDB 企业管理器，选择 MapGIS Local 创建数据库，根据创建数据库的名字，设置数据存放位置、初始大小（MB）、文件增长大小（MB）、上限（MB，无限制）等参数。这样数据库已经创建好，并将现有数据导入数据库中。

（2）投影变换。应用 MapGIS K9 "投影变换系统" 中的 "点位置转换为属性"，设置相应的属性结构参数，将采样点位置坐标赋为点属性。

（3）由于 MapGIS K9 中采样点位布置图的点名称和采样点地球化学分析结果名称不同。通过 "修改点属性" 修改采样点位布置图上的点名称，使相对应的采样点名称相同，并将修改后的点（.wt）文件保存在数据库中。

（4）通过 "属性连接" 把采样点坐标（X、Y 坐标）和相应的采样点元素分析结果连接在一起，将其保存在数据库中。

13.2.2　地球化学数据聚类分析

研究区域按1∶50000进行地球化学采样，共有采样点1430个，样品分析的

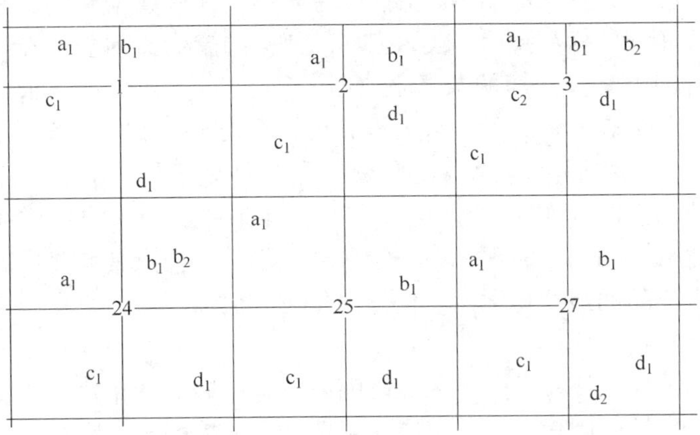

(a)

送样号	Cr	Co	Ni	Cu	Zn	Mo	...
	ppm	ppm	ppm	ppm	ppm	ppm	...
BAla1	16.85	3.311	7.882	7.98	34.16	0.749	...
1a2	27.81	7.14	16.6	14.30	66.18	0.711	...
1b1	14.09	5.791	7.687	10.92	63.03	1.056	...
1b2	33.12	7.045	14.49	18.46	60.05	0.399	...
1c1	16.89	3.782	8.284	8.10	35.72	0.44	...
1c2	11.28	2.429	5.129	6.96	28.64	0.442	...
1d1	38.31	13.55	19.32	25.84	72.59	0.498	...
1d2	41.13	8.568	19.35	21.19	54.68	0.481	...
2a1	32.39	6.669	16.73	15.08	55.34	0.456	...
2a2	33.36	8.079	25.76	15.99	57.44	0.566	...
2b1	38.21	8.435	20.35	18.20	47.64	0.736	...
2c1	46.26	12.77	25.61	24.93	58.4	1.40	...
2c2	32.78	9.099	31.9	23.30	41.32	2.39	...
2d1	73.41	14.7	32.37	33.44	69.77	0.851	...
2d2	51.2	11.74	26.95	25.96	56.39	0.771	...
3a1	35.94	9.138	17.59	17.94	53.02	0.763	...
3b1	31.33	8.595	19.82	22.62	45.54	0.691	...
3b2	85.14	28.2	44.94	50.40	106.3	0.76	...
3c1	98.2	31.95	46.63	48.93	120.9	0.488	...
3c2	66.3	19.51	35.33	37.07	85.73	0.626	...

(b)

图 13.2 采样点位布置图和采样点化探结果对照图

地球化学元素有 16 种。以地球化学采样点样品为数据对象、采样点地球化学元素（Cr、Co、Ni、Cu、Zn、Mo、Cd、W、Pb、Bi、Sb、As、Hg、Au、Ag、Sn）为属性、地球化学元素分析数据为属性值，利用聚类分析算法进行聚类分析。聚类分析的目的是为了研究区域地球化学元素的分布特征与分布规律，寻找有意义的资源靶区。

　　将采样点样品根据样品的 16 个地球化学元素分析数据聚类，地球化学元素含量变化特征相同的样品聚为一类（簇），其他的聚为其他类。在可视化表达聚类结果的过程中，将同一簇的采样点（样品）用同一种颜色表示，不同的簇的采样点用不同颜色表示。然后，将聚类分析结果表示在采样位置图上，采样点样品聚类为 6 个簇，相同颜色的点代表采样点样品属于同一簇，如图 13.3 所示。分析聚类结果散点图（图 13.3）可以发现，在某些区域采样点样品的地球化学元素含量变化特征相同，表现为在一定区域范围内采样点具有相同颜色；而在其他区域采样点样品的地球化学元素含量变化没有任何规律性，在散点图中表现为采样点的颜色随机变化。

　　地球化学采样点样品在某一区域范围内具有相同的变化特征，说明该区域内存在稳定的地质控制因素，例如地层、岩性、构造等因素。因此，这些区域与其他区域相比更具有进一步研究的价值，可能是寻找矿产资源的有利区域。根据上述分析，划分出 5 个地球化学元素分布特征区域，分别标识为靶区 1、靶区 2、靶区 3、靶区 4 和靶区 5，如图 13.4 所示。靶区 1、靶区 2、靶区 3 和靶区 4 具有相同的地球化学特征（采样点样品属于同一簇，采样点具有相同的颜色），而靶区 5 具有不同的地球化学特征。

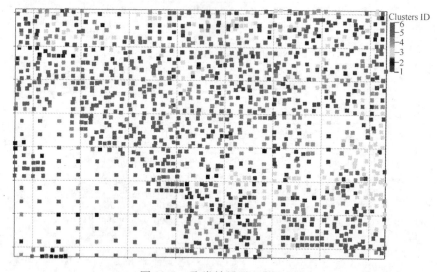

图 13.3　聚类结果平面散点图

13.2.3　聚类结果 MapGIS 成图

　　为了进一步研究靶区的地球科学性质，利用 MapGIS 系统平台将聚类分析结果散点图与地质图叠加，分析靶区所对应的地质环境，寻找产生地球化学特征区域（靶区）的地质成因。地球化学特征区域（靶区）与地质图叠加效果如图13.5所示。从图13.5可以看出，地球化学特征区域（靶区）与地质环境具有明显的相关性。

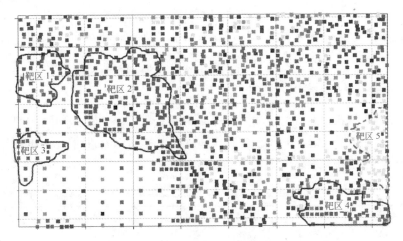

图 13.4　地球化学特征分区

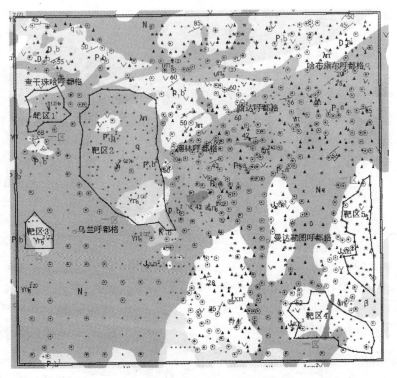

图 13.5　地球化学特征区域与地层岩性分布对比图

13.3　地球化学元素组合特征分析

根据地球化学理论[1]，通过研究地球化学元素的共生组合特征分析能够进一步推断靶区的矿产资源相关性，即是否与某些矿产资源有关或无关。这里，将数据挖掘技术的聚类分析与传统的地球化学数据处理方法相结合，采用传统的相关分析研究地球化学元素共生组合特征。

13.3.1　靶区 1~4 元素组合特征

由于靶区 1、2、3 和 4 地球化学样品的元素含量变化特征相同，即在聚类分析结果的同一簇，对靶区 1、2、3 和 4 地球化学样品元素进行相关分析，得到 25 组元素样本间的相关系数，见表 13.1。

表 13.1　靶区 1、2、3 和 4 地球化学元素间相关系数

元素 1	元素 2	相关系数	元素 1	元素 2	相关系数
Co	Ni	0.716187	Cu	Ag	0.156179
Co	Cu	0.482469	Zn	Cd	0.404873
Co	Zn	0.271186	Zn	W	0.150453
Co	Cd	0.254138	Zn	Bi	0.150337
Co	Bi	0.1501	Zn	Ag	0.25954
Ni	Cu	0.351969	Mo	Sb	0.30285
Ni	Zn	0.289977	Cd	Pb	0.248184
Ni	Cd	0.241186	Cd	Bi	0.140637
Ni	Hg	0.148315	Cd	Ag	0.37381
Cu	Zn	0.26215	W	Bi	0.52478
Cu	Cd	0.18005	Bi	Ag	0.215987
Cu	W	0.267584	Sb	As	0.473808
Cu	Bi	0.251464			

当 $r \geqslant 0.4$ 时，Cu、Co、Ni 相关，Zn 与 Cd 相关，W 与 Bi 相关，As 与 Sb 相关；当 $r \geqslant 0.35$ 时，Co、Ni、Cu 相关，Zn、Cd、Ag 相关，W 与 Bi 相关，As 与 Sb 相关；当 $r \geqslant 0.3$ 时，Zn、Cd、Ag 相关，W 与 Bi 相关，As、Sb、Mo 相关，Co、Ni、Cu 相关。如图 13.6 所示。

13.3.2　靶区 5 元素组合特征

对靶区 5 地球化学元素进行相关分析，得到 24 组元素间的关联系数，见表

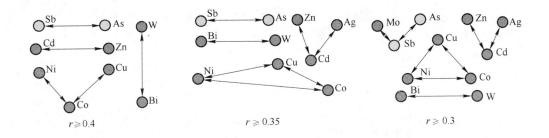

图 13.6 靶区 1~4 元素相关分析组合关系连接图

13.2。当 $r \geqslant 0.4$ 时，Sb、Hg、As、Mo 相关，W 与 Ni 相关，Pb 与 Cd 相关；当 $r \geqslant 0.35$ 时，Sb、Hg、As、Mo 相关，W、Ni、Sn 相关，Pb 与 Cd 相关，W 与 Cr 为负相关，如图 13.7 所示。

表 13.2 靶区 5 地球化学元素间相关系数

元素 1	元素 2	相关系数	元素 1	元素 2	相关系数
Cr	Co	− 0.333809	Cd	Pb	0.462416
Cr	W	− 0.375468	Cd	Sb	0.287513
Co	Ni	− 0.288337	Cd	As	0.277914
Co	Mo	0.323071	W	Bi	0.327852
Co	Cd	0.300352	W	Sb	0.282474
Ni	W	0.418419	W	As	0.359016
Ni	Sn	0.322203	W	Sn	0.395109
Cu	Sn	0.29762	Bi	Au	0.324761
Mo	Cd	0.318399	Sb	As	0.992272
Mo	Sb	0.963686	Sb	Hg	0.616487
Mo	As	0.960398	As	Hg	0.620124
Mo	Hg	0.57799	Au	Sn	0.308408

13.3.3 矿产资源预测

在地球化学数据聚类分析确定靶区基础上，通过分析靶区地球化学元素组合特征，结合地球化学找矿理论，对靶区内可能赋存的矿产资源做出预测，为下一步工作提供更多的科学依据。

根据化探找矿理论中矿产资源的元素组合及主要指示元素，能够预测靶区是何种矿产资源赋存的有利地段，见表 13.3[1]。

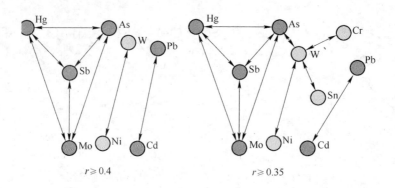

图 13.7　靶区 5 元素相关分析组合关系连接图

表 13.3　矿产资源元素组合及主要元素表

矿种	矿床类型	伴生元素或离子	指示元素和特征
铜	页岩中的自然铜及其变质类型	Ag、Zn、Cd、Pb、Mo、Re、Co、Y、Mn、Se、As、Sb	Ag、Zn、Pb、Mo、Co
	斑岩铜矿床	Mo、Re、Fe、Zn、Pb、Ag、As、Sb	Hg、As、Ag、Cu、Mo
	矽卡岩型	Fe、Mn、Zn、Pb、Au、Ag、Cd、Mo、W、Sn、Bi、As、Sb、Co、Ni、B、F	Cu、Ag、Au、Mo
	块状铜矿床（肖德贝利型）	Zn、Pb、Fe、As；Ag、Au、Se、Te、Pb、Zn、Sn、Bi、Hg	Ni、Cu、Co、As、S
	铜、铅、锌多金属硫化物矿床	Zn、Pb、Cd、Ag、Fe、As、Sb	Hg
银	含银的铜、铅、锌金矿床	见各类矿床	Pb、Zn、Cd、Cu、Mo、Bi、Se、Te、As、Sb
	自然银矿床（特别是含 Ni-Co 型）	Ni、Co、Fe、S、As、Si；含有：Cu、Zn、Cd、Pb、Hg	Ni、Cu、As、Bi、U（最好），Cu、Ba、Zn、Cd、Pb、Hg（有一定量含有也可）
金	火山岩、沉积岩中石英脉型金-银矿床	Ag、As、S、Fe；有些矿床含 Sb、Pb、Zn、Cu、Cd、Bi、W、Mo、B	Ag、As、S、Fe、Au、Ag
	矽卡岩	一般与 Cu、Pb、Zn、W 矿床一样，经常有很多的 As、Sb	As、Sb、Hg
	石英-角硕岩矿床	Fe、S、Ag、U、As、Cu、Pb、Zn、Co、Ni	
锌	有七种主要的矿床类型	Cd、Pb、Cu、Ag、Au、Ba、As、Sb、Bi、Mo、In、Te、Ge、Hg、Sn、Mn	脉状、块状矿床：Cu、Ag、Ba、Mn、As、Sb、Hg；矽卡岩型：Mo、W、Bi；其他矿床：Mg、Hg

续表 13.3

矿种	矿床类型	伴生元素或离子	指示元素和特征
铅	各种锌、铜矿床都含铅	Zn、Cd、Ag、Cu、Ba、Sr、V、Cr、Mn、Fe、Ga、In、Ti、Ge、Sn、As、Sb、Bi、Se、Hg	左侧元素均可，以 Zn、Cd、Ag、Cu、Ba、As、Sb 最好
镍	与火山岩有关的硫镍矿	Ni、Co、Fe、Cu、Ag、Au、Pt、Se、Te、As、S	Ni 本身为良好的指示元素。辅助指示元素有 Cu、Co、As、Pt、Cr
	硫化矿脉和透镜体	Ni、Co、Fe、Cu、S	
	含复砷镍矿的硫化物矿脉	Ni、Co、Ag、Fe、Cu、Pb、Zn、As、Sb、S、Bi、U	
	含镍钴的红土矿	Ni、Co、Fe、Cr	

13.3.3.1 靶区 1～4

根据 Cu、Co、Ni 相关组合（$r \geqslant 0.48$），推断靶区 1～4 可能赋存与铜矿床相关的矿产资源。靶区 1 和靶区 2 主要分布于肉红色细粒、中粒钾长花岗岩出露区域，其中在靶区 2 中也分布有粉红、肉红色花岗斑岩，局部有石英脉出露；靶区 3 分布区域出露有粉红、肉红色花岗斑岩；靶区 4 位于兴安岭群上火山岩组地层，岩性为灰白灰黄白色、流纹质岩屑晶屑凝灰岩、角砾凝灰岩夹流纹岩、角砾熔岩，局部出露有肉红色石英正长斑岩。

13.3.3.2 靶区 5

根据 Sb、Hg、As、Mo 相关组合（$r \geqslant 0.58$），推断靶区 5 为寻找金矿床和锌矿床的有利区域。靶区 5 也位于兴安岭群上火山岩组地层，岩性为深灰色片理化安山玄武岩、安山岩夹玄武安山岩。这种岩层中提供了赋存金、银、铅、锌多金属矿的条件。

文献 [2] 指出东乌旗北部一带金属矿床空间分布规律。以东乌旗-伊和沙巴尔深大断裂（F2）为界，西侧是寻找铜、钨矿床的有利地段；断裂东侧是寻找铁、铅、锌、银、金等矿床的有利地段。文献 [3] 指出东乌旗可能发现的矿床类型主要包括与岛弧岩浆活动有关的斑岩型铜-金矿床（中晚古生代）；晚中生代与大规模盆地火山-沉积作用有关的火山喷流-沉积型、沉积型、构造破碎蚀变型铜-铅-锌-铁矿床。研究内已发现铅-锌-银多金属矿床，表明基于地球化学数据挖掘的矿资源预测结果与实际地质情况相符。

13.4　地球化学元素模糊 C-means 聚类

在地球化学工作中，需要研究地球化学元素的组合特征。模糊数学提出的模糊聚类方法，是根据数据对象属性间的相似性，把数据对象划分成类，然后将其结果通过构成的"聚类图"或者"谱系图"，使这些样品或变量的内在联系、组合关系得到直观反映[4]。应用这种模糊聚类方法的时候需要建立每一待分类的相似关系[5]，有多种方法可以建立这种相似关系。由于所选择建立相似关系方法的不同，聚类结果会有偏差，聚类结果不稳定。为了能得到合理的结果，很多人同时采用多种方法来求相似关系，使地球化学数据处理工作变得繁琐，且工作量大。与传统的聚类或模糊聚类方法不同，本节将地球化学元素作为聚类分析的数据对象，地球化学样本的元素分析值作为数据对象（元素）的属性值，采用数据挖掘技术中模糊 C-means 聚类方法来分析与研究地球化学元素的组合特征[6]。

13.4.1　某金矿区模糊 C-means 聚类分析

该金矿区所在大地构造位置属于江南地轴西段北西向的加车鼻状背斜北东翼（寨蒿断裂南延部分）东侧，南部紧邻摩天岭花岗岩体。矿体的产出主要受叠加于一系列顺层滑动带之上的层间滑动带、韧性剪切带和断层破碎带的控制，在不大的范围内呈较密集的矿体群产出。矿区内岩石主要为变质（绢云）石英粉砂岩、变质石英砂岩、弱褐铁矿化石英岩、弱闪锌矿化绿泥石英岩[7]。

根据矿区内 Zr、Hf、Li、Be、Sc、Co、Ni、Cu、Zn、Ga、Rb、Sr、Nb、Mo、In、Cs、Ba、Ta、Tl、Pb、Bi、Th、U、As、Au 元素含量分析结果，以 25 个地球化学元素为数据对象、23 个样本分析结果为数据属性，即 $X = \{x_{ij}\}$（$i = 1, \cdots, 25; j = 1, \cdots, 23$），在对数据进行归一化处理的基础上，取聚类数 $c = 4$，即要将 X 分为四类。在模糊聚类过程中，取参数 $m = 2$，$\varepsilon = 0.00001$，通过计算机编程计算，其 25 个地球化学元素隶属于 4 个类（簇）的隶属度中心向量为：

$$
\begin{array}{cccccccccccccccccccccccccc}
\text{Zr} & \text{Hf} & \text{Li} & \text{Be} & \text{Sc} & \text{Co} & \text{Ni} & \text{Cu} & \text{Zn} & \text{Ga} & \text{Rb} & \text{Sr} & \text{Nb} & \text{Mo} & \text{In} & \text{Cs} & \text{Ba} & \text{Ta} & \text{Tl} & \text{Pb} & \text{Bi} & \text{Th} & \text{U} & \text{As} & \text{Au}
\end{array}
$$

$$
U = \begin{pmatrix}
0.96 & 0.94 & 0.82 & 0.84 & 0.86 & 0.05 & 0.17 & 0.05 & 0.05 & 0.85 & 0.68 & 0.55 & 0.97 & 0.15 & 0.48 & 0.94 & 0.25 & 0.93 & 0.48 & 0.15 & 0.08 & 0.06 & 0.22 & 0.1 & 0.11 \\
0.01 & 0.01 & 0.03 & 0.02 & 0.07 & 0.05 & 0.07 & 0.05 & 0.07 & 0.05 & 0.07 & 0.01 & 0.17 & 0.11 & 0.01 & 0.09 & 0.01 & 0.01 & 0.12 & 0.33 & 0.04 & 0.02 & 0.19 & 0.56 & 0.44 \\
0.02 & 0.03 & 0.1 & 0.1 & 0.1 & 0.07 & 0.06 & 0.35 & 0.1 & 0.03 & 0.1 & 0.03 & 0.46 & 0.2 & 0.3 & 0.2 & 0.16 & 0.83 & 0.89 & 0.15 & 0.14 & 0.2 \\
0.01 & 0.02 & 0.05 & 0.04 & 0.01 & 0.07 & 0.08 & 0.23 & 0.07 & 0.2 & 0.36 & 0.06 & 0.2 & 0.03 & 0.44 & 0.2 & 0.25
\end{pmatrix}
$$

其中，U 是模糊分类矩阵，模糊分类矩阵中的每一列隶属度组对应着一个元素。当取隶属度阈值 $u \geqslant 0.35$ 时（每个元素隶属于 4 个簇的平均隶属度值为 0.25），在第一簇中，元素 Zr、Hf、Li、Be、Sc、Ga、Rb、Sr、Nb、In、Cs、Ta、Tl 为一组合，反映出这些元素之间具有较好的相关性；在第二簇中，元素 Cu、Zn、As、Au 为一组合；在第三簇中，元素 Mo、Ba、Bi、Th 为一组合；在第四簇中，元素

Co、Ni、Pb、U 为一组合，见表 13.4。根据已知地质与地球化学资料[7]，元素组合 Cu、Zn、As、Au（第二簇）和元素组合 Co、Ni、Pb、U（第四簇）反映出该矿是一个多金属矿化、经历了低温和高温两个阶段的多金属共生的金矿。这一分析结果与实际地质资料相一致。

表 13.4 某金矿区地球化学元素聚类结果

聚类簇（组）	模糊聚类 U（$u \geqslant 0.35$）
1	Zr、Hf、Li、Be、Sc、Ga、Rb、Sr、Nb、In、Cs、Ta、Tl
2	Cu、Zn、As、Au
3	Mo、Ba、Bi、Th
4	Co、Ni、Pb、U

13.4.2 某锡矿区模糊 C-means 聚类分析

该锡矿区的矿床类型较多，主要有层间硫化物型、细脉型、白云岩型和花岗岩型锡、铜矿床等[8]。在此细脉型矿床中取样品，样品经加工处理后，经过分析得出区内 Sn、W、Pb、Zn、Cu、Ag、Bi、Mo、As、Sb、Be、Li、B、F、Rb、Sr 元素含量分析结果。以 16 个地球化学元素为数据对象、13 个样本分析结果为数据属性值。在对数据进行归一化处理的基础上，取聚类参数 $c=4$，$m=2$，$\varepsilon=0.00001$，模糊聚类分析得出 16 个地球化学元素隶属于 4 个类（簇）的隶属度中心向量为：

$$U = \begin{pmatrix} \overset{\text{Sn}}{0.05} & \overset{\text{W}}{0.13} & \overset{\text{Pb}}{0.08} & \overset{\text{Zn}}{0.17} & \overset{\text{Cu}}{0.03} & \overset{\text{Ag}}{0.03} & \overset{\text{Bi}}{0.01} & \overset{\text{Mo}}{0.03} & \overset{\text{As}}{0.01} & \overset{\text{Sb}}{0.01} & \overset{\text{Be}}{0.74} & \overset{\text{Li}}{0.29} & \overset{\text{B}}{0.25} & \overset{\text{F}}{0.25} & \overset{\text{Rb}}{0.61} & \overset{\text{Sr}}{0.63} \\ 0.03 & 0.11 & 0.06 & 0.07 & 0.01 & 0.87 & 0.96 & 0.9 & 0.96 & 0.97 & 0.04 & 0.21 & 0.12 & 0.08 & 0.06 \\ 0.06 & 0.68 & 0.09 & 0.12 & 0.04 & 0.05 & 0.02 & 0.01 & 0.14 & 0.36 & 0.4 & 0.55 & 0.22 & 0.19 \\ 0.86 & 0.08 & 0.77 & 0.64 & 0.93 & 0.04 & 0.02 & 0.04 & 0.08 & 0.27 & 0.14 & 0.08 & 0.09 & 0.12 \end{pmatrix}$$

当取隶属度 $u \geqslant 0.35$ 时，第一簇中，元素 Be、Rb、Sr 为一组；第二簇中，元素 Ag、Bi、Mo、As、Sb 为一组；第三簇中，元素 W、Li、B、F 为一组；第四簇中，元素 Sn、Pb、Zn、Cu 为一组。根据已知地质与地球化学资料[8]，元素组合 W、Li、B、F（第三簇）和元素组合 Sn、Pb、Zn、Cu（第四簇）反映出该矿是一个多金属锡矿。这一分析结果与实际地质资料相一致（表 13.5）。

表 13.5 某锡矿区地球化学元素聚类结果

聚类簇（组）	模糊聚类 U（$u \geqslant 0.35$）
1	Be、Rb、Sr
2	Ag、Bi、Mo、As、Sb
3	W、Li、B、F
4	Sn、Pb、Zn、Cu

13.4.3 某采样地区模糊 C-means 聚类分析

该地区处于内蒙古某地区一个多金属成矿带。收集了某一目标区域地球化学样品的分析数据，即 16 个元素 Cr、Co、Ni、Cu、Zn、Mo、Cd、W、Pb、Bi、Sb、As、Hg、Au、Ag、Sn 的 469 个样本分析结果。在聚类分析确定靶区的基础上，结合地质资料，选取其中一个靶区作为研究对象，利用模糊聚类分析方法研究地球化学元素间的组合关系，依此来推断靶区可能存在的矿产资源类型。

以 16 个元素 Cr、Co、Ni、Cu、Zn、Mo、Cd、W、Pb、Bi、Sb、As、Hg、Au、Ag、Sn 为数据对象，靶区 469 个样本为属性，对应地球化学元素分析结果为属性值，取模糊聚类数 $c = 4$，$m = 2$，$\varepsilon = 0.00001$，经过模糊聚类分析，其 16 个地球化学元素隶属与 4 个类（簇）的隶属度中心向量为：

$$U = \begin{pmatrix} Cr & Co & Ni & Cu & Zn & Mo & Cd & W & Pb & Bi & Sb & As & Hg & Au & Ag & Sn \\ 0.27 & 0.07 & 0.09 & 0.09 & 0.24 & 0.47 & 0.38 & 0.01 & 0.28 & 0.35 & 0.66 & 0.41 & 0.64 & 0.57 & 0.56 & 0.16 \\ 0.38 & 0.09 & 0.13 & 0.12 & 0.41 & 0.44 & 0.49 & 0.01 & 0.62 & 0.5 & 0.27 & 0.43 & 0.29 & 0.32 & 0.36 & 0.22 \\ 0.28 & 0.75 & 0.73 & 0.46 & 0.29 & 0.07 & 0.1 & 0.01 & 0.08 & 0.12 & 0.05 & 0.13 & 0.06 & 0.08 & 0.06 & 0.48 \\ 0.07 & 0.09 & 0.05 & 0.33 & 0.06 & 0.02 & 0.03 & 0.97 & 0.02 & 0.03 & 0.02 & 0.03 & 0.01 & 0.03 & 0.02 & 0.14 \end{pmatrix}$$

当取隶属度 $u \geq 0.35$ 时，第一簇中，元素 Mo、Cd 、Bi 、Sb、As、Hg、Au、Ag 为一组；第二簇中，元素 Cr、Zn、Mo、Cd、Pb、Bi、As、Ag 为一组；第三簇中，元素 Co、Ni、Cu、Sn 为一组；第四簇中，元素 W 为一组。根据地球化学理论[1]，元素组合 Mo、Cd 、Bi 、Sb、As、Hg、Au、Ag（第一簇），元素组合 Cr、Zn、Mo、Cd、Pb、Bi、As、Ag（第二簇），元素组合 Co、Ni、Cu、Sn（第三簇），以及元素 W（第四簇）反映出该地区矿是一个金、银多金属成矿区域（表 13.6）。

表 13.6 某区域地球化学元素聚类结果

聚类簇（组）	模糊聚类 U（$u \geq 0.35$）
1	Mo、Cd 、Bi 、Sb、As、Hg、Au、Ag
2	Cr、Zn、Mo、Cd、Pb、Bi、As、Ag
3	Co、Ni、Cu、Sn
4	W

该区域地球化学元素间相关系数见表 13.7。从表中可以看出，Co、Ni 和 Cu，Zn 和 Cd，Sb 和 As 具有较强的相关性（相关系数 $r \geq 0.4$）。对比表 13.6 和表 13.7，Sb 和 As 相关存在于第一簇中；Zn 和 Cd 相关存在于第二簇中；Co、Ni 和 Cu 相关存在于第三簇中，而且高度一致。这样的结果似乎表明，由地球化学元素的模糊聚类得出的元素组合关系更具有客观性，这方面有待于今后做更多的研究加以验证。

表 13.7 某区域地球化学元素相关系数表

元素 1	元素 2	相关系数	元素 1	元素 2	相关系数
Co	Ni	0.7036	Zn	Cd	0.4021
Co	Cu	0.4794	Zn	W	0.2957
Co	Zn	0.2678	Zn	Bi	0.1471
Co	Bi	0.1849	Mo	Sb	0.3044
Ni	Cu	0.3245	Cd	W	0.2998
Ni	Zn	0.2835	Cd	Pb	0.2486
Ni	Cd	0.2334	Cd	Bi	0.1488
Ni	Hg	0.1558	Cd	Ag	0.3719
Cu	Zn	0.2493	W	Bi	0.3948
Cu	Cd	0.1719	W	Sb	0.1847
Cu	W	0.1673	W	Ag	0.2196
Cu	Bi	0.1822	Bi	Ag	0.2437
Cu	Ag	0.1641	Sb	As	0.4745

由于该采样区域位于南蒙古巨大弧形构造带的南侧、华北地台与西伯利亚板块之间的古生代造山带内。受华北地台、古蒙古洋壳和西伯利亚板块多期次俯冲、碰撞和对接作用影响，古生代火山-沉积岩分布广泛，深大断裂带（层）纵横交错，各类侵入岩十分发育，金属矿床（点）数量众多，为中亚-蒙古巨型造山带和金属成矿带的重要组成部分。因此，推断该区域是寻找金、银等多金属矿产资源的有利地段。

参 考 文 献

[1] 罗先熔. 勘查地球化学 [M]. 北京：冶金工业出版社，2008.

[2] 张万益. 内蒙古东穆珠沁旗岩浆活动与金属成矿作用 [D]. 北京：中国地质科学院博士学位论文，2009.

[3] 葛良胜. 蒙古南戈壁-中国东乌旗跨国境成矿带东段多金属成矿与找矿 [M]. 北京：地质出版社，2009.

[4] 才庆喜，杨素贤. 应用模糊聚类分析对化探含金变量分类的研究 [J]. 地质地球化学，1988 (11)：67～70.

[5] 彭起陆. 应用模糊聚类分析对化探变量分类的探讨 [J]. 物化探计算技术，1986，8 (1)：82～85.

[6] 高新波. 模糊聚类分析及其应用 [M]. 西安：西安电子科技大学出版社，2004.

[7] 王睿. 从江翁浪地区蚀变岩型金矿微量元素地球化学特征 [J]. 地球学报，2009，30 (1)：95～102.

[8] 王雅丽，李磊. 个旧老厂细脉型锡矿床微量元素的多元统计分析 [J]. 云南地质，1997，16 (1)：76～84.

14 资源与经济发展关系分析

通过选取地区能源、有色金属、黑色金属、非金属矿产资源、污染物的排放量、污染治理费用、经济发展水平、固定资产投资、教育和科研项目指标，将我国的省、自治区和直辖市作为数据对象进行聚类分析，研究不同指标体系下我国区域间表现出的资源与经济发展的相似性与相异性，试图揭示这些相似性与相异性产生的原因。通过中国统计年鉴数据挖掘，发现资源分布与区域经济发展关系的知识，实现数据、知识到价值的转化。

14.1 资源与经济

14.1.1 矿产资源开发

矿产资源是人类赖以生存和经济发展的基础，同时矿产资源又是决定一个国家发展潜力的重要因素，由于矿产资源是不可再生资源，矿产资源的合理利用，对于保持可持续发展具有重要意义。近几十年来，我国工业化进程加快，经济高速发展，在很大程度上是建立在对自然资源掠夺性开发的基础上的。矿产资源是一种耗竭性的不可再生资源，所以矿产资源开发利用的主要问题是难以持续利用，因此对于资源的保护与合理利用同样意义重大。矿产资源如果不合理开发利用，不仅不能促进经济发展，甚至可能会成为阻碍经济发展的原因。我国矿产资源种类多，总储量大，同时人口基数大，人均储量严重不足。进入新世纪，虽然我国对矿产品的需求和消费可能会有变化，但国家处于加速实现工业化阶段，矿产资源在经济发展中的作用不会降低。我国的矿产资源短缺严重制约了经济的总体发展。我国的矿产资源现状决定了必须对矿产资源进行合理规划和利用。在以往研究矿产资源对经济增长的作用时，主要考虑矿产资源对经济增长的促进作用，很少考虑由于矿产资源开发通过对区域产业结构，就业人口结构等的作用进而对经济发展产生的负面作用和影响。目前我国大量资源城市面临资源枯竭问题，产业转型迫在眉睫，单纯依赖矿产资源开发的经济增长模式必然经历由兴盛到衰败。资源丰裕的西部地区，大多生态环境脆弱，资源的粗放式开采和对环境的破坏不利于该地区的可持续发展，同时基础设施薄弱，许多地区都已经形成了以破坏环境为代价的经济增长模式。

在所有自然资源中，矿产资源是一个国家发展工业化的基础，在国家工业化进程中的战略性地位显得尤为突出。我国人口基数大，人均拥有的矿产资源量低，飞速发展的经济对矿产资源的需求量与矿产资源不足的矛盾日趋严重。矿产资源的开发利用可能会对区域经济增长产生积极的作用，同时也可能制约着经济的发展。从国家层面来看，经济发展水平由于地域条件的差异而表现出明显的不同。资源型地区曾一度为国家的工业化进程做过巨大贡献，但到了20世纪90年代，这些地区却表现出经济发展缓慢，环境破坏，产业结构单一等多种现象。2000年以来，我国的 GDP 总量一直呈上升趋势，但工业明显倾向于重工业。因此对于矿产资源的保护和利用将是未来能源战略的一项关键内容。以西部地区为例，西部地区占据国土的大部分面积，且拥有丰富的矿产资源。一直以来丰裕的矿产资源都被当作经济发展的优势，但随着矿产资源的大量开发，并没有明显地改善经济发展落后的局面。资源相对贫乏的东部沿海地区，经济却呈高速增长的态势，东西部区域经济发展的差距依然很大。显然，将矿产资源作为初级产品进行简单的开发，对于资源型地区的经济发展是远远不够的。随着勘探技术和开采技术的发展，许多国家在勘探到资源财富后，掠夺式的挖掘开采。

进入新的世纪，矿产资源成为经济发展的瓶颈，使得资源地区经济好转。但是，经济增长依然受到资源价格波动、地区资源开采时造成的环境破坏、缺乏技术创新能力、经济发展缺乏持久动力等一系列问题的困扰。进入21世纪，中国的产业结构倾向于重化工业，由于技术水平有限，经济发展中带有明显的资源消耗特征，同时由于投资基础建设等经济决策，资源产品的需求量推动矿产品的价格上涨，较大地提升了资源丰裕地区的经济发展速度，如何使资源地区的经济被资源开发活动带动起来，将资源优势转化为经济优势，实现区域经济的快速、稳定、持续发展，是目前亟待研究的一个重要课题。

总之，矿产资源的合理开发与利用，对于缩小东西部经济发展差距，将资源优势转化为经济优势，维持经济长久、健康的发展具有重要的意义。

14.1.2　传统研究方法

长久以来人们一直认为丰富的资源是经济发展的必要条件，但是在20世纪70年代后期，资源丰富的地区却表现出经济增长缓慢的现象。依靠向澳大利亚、新西兰出口磷酸盐的瑙鲁，矿产资源接近衰竭，政府陷入严重的财政危机；20世纪80年代后美国唯一呈现经济负增长的州是拥有丰富石油资源的阿拉斯加。1993年，Auty[1,2]通过统计研究结果发现了一个十分令人惊讶的现象，无论是发达国家，发展中国家还是落后国家，无论是大国还是小国，在经济发展的一个较长周期内，丰裕的资源趋于阻碍而非促进经济增长，这就是经济学家们所说的"资源诅咒"现象。这一研究结果，改变了长久以来人们对资源在经济增长中起正面作用的看法。

Auty 较早地关注了这一现象，Matsuyama[3] 为对此问题进行研究，建立了标准的经济模型。这个模型利用资源部门的发展代表自然资源对经济增长的影响，通过分析资源部门和制造业部门各自在经济增长中的作用，得出的结论是经济结构中促使制造业向采掘业转变的力量削弱了制造业的成长，从而降低了经济增长速度。

Sachs 和 Warner 连续发表了 3 篇文章[4~6]，对"资源诅咒"这一概念进行开创性验证。选取了 97 个发展中国家，利用其 1970～1989 年间的数据对经济增长与资源型产品出口之间的关系进行研究，结果表明在初期资源型产品占 GDP 重要地位的国家，其经济增长在随后的 20 年里明显趋缓。Gylfason[7]、Papyrakis 和 Gerlagh[8] 等大量的研究结果都支持了"资源诅咒"这一假说，自然资源财富对经济增长更多地起着阻碍而不是促进的作用。"资源诅咒"假说在国家层面得到验证。其中 Elissaios Papyrakis 和 Reyer Gerlagh[9] 利用美国 1986～2001 年期间 49 个州的截面数据，首次在一个国家内部对资源开发与经济发展的关系及传导机制进行了实证研究。结果显示，不仅只在国家与国家之间存在"资源诅咒"现象，这种现象同样存在于一国内部。丰裕的自然资源主要通过投资、对外开放度、科技与教育水平等机制影响美国区域经济的增长。矿产资源对经济发展的阻碍现象存在于所有国家，而不单单是制度薄弱的国家。

2005 年，Bulte[10] 通过选用人类福利和资源依赖程度进行研究，结果表明对资源依赖度阻碍了经济发展速度。2007 年，Collier 和 Goderis[11] 选择跨国面板数据研究表明，自然资源在短时间内会对经济发展产生积极效应，但长期却会出现消极作用。Corden 和 Neary[12] 于 1982 年首次提出"荷兰病"的经典模型。他们认为资源繁荣主要可以通过资源转移效应和支出效应这两个作用机制使制造业的发展受到冲击。

从一个较长周期来看，资源丰裕的国家经济发展速度反而缓慢，学者们对于资源是通过什么途径来阻碍经济发展的解释主要集中在以下几个方面。

许多学者认为更多的是制度因素造成的"资源诅咒"现象，而并非简单的经济因素。在跨国增长研究（cross-country analysis）中，制度因素是经济增长差异中一个重要的解释变量。Karl[13] 研究表明健全的法律制度、高效的行政体系、自由的市场经济秩序等特征是实现良好经济增长的必要条件。Torvik[14] 建立了一个寻租模型。因为大量的经济租蕴含在自然资源内，所以在资源产业内或围绕着资源产业容易形成与之相关的寻租利益集团，催生腐败，使经济增长缺乏制度保障。同时资源受益者偏好阻滞经济增长的经济政策，而政府部门往往对资源的收入管理不当。当资源产业繁荣时，政府扩大了公共支出，居民分享了资源产业繁荣的成果，这时候政府支出的主要项目如基础设施建设、固定资产投资、运输等都大于经济增长率的速度。一旦资源价格下跌，以资源税为主的政府税收就会随之下降，但政府已经很难缩减现有的财政支出规模。经济必然遭遇衰败，生产停滞，大量资本外逃，通货膨胀加剧，失业率升高。资源受益者会阻碍新的经济增长政策，在解释20世纪70年代拉美资源丰裕国家经济发展落后于资源贫乏的东亚国家时经常被引用。拉美国家长期坚持进口替代战略，而韩国和中国台湾的经济增长模式则采用出口带动。一些学者认为是资源导致了拉美国家的进口替代战略，因为拉美的制造商和工人享受到了资源开发的利益，他们会阻止政策的改革。

经济学上在解释"资源诅咒"时，挤出逻辑被广泛使用，即资源部门阻碍经济增长是因为资源部门挤出了经济增长动力的部门。

人力资本是促进经济增长的重要因素之一，优秀的人力资源是工业发展和技术进步的基础。Gylfason[15]发现，自然资源对经济增长产生的负面效应主要来自于对教育的投入低，提高教育水平可以补充自然资源开发对人力资本产生的负面效应。Sachs和Warner等人证明：资源的开发和初级产品的生产构成了资源丰裕国家经济活动的主要内容，而资源的开发和初级产品的生产不需要高技术的劳动力，因此通过提高教育经费支出来增加人力资源储备完全没有必要。对于个人而言，就业领域对技能的要求不高，接受教育后的收益也不高，所以缺乏接受教育的激励。

徐康宁、王剑[16]以中国省际面板数据为样本，对"资源诅咒"命题进行实证检验。表明"资源诅咒"在我国省际层面成立，同时选取资源大省山西作为典型例证，通过分析发现由于自然资源的利用不当而抑制经济的增长，丰裕的自然资源所引致的制造业衰退和不合理或缺乏监督的资源产权制度是其中的关键。

美国经济学家Sachs和Warner得出自然资源与经济增长之间确实存在负相关性的经典论文，一直引用率较高。徐康宁、邵军[17]在11年后，以1970~2000年世界各国的经济增长差异为研究对象，对自然禀赋与经济增长之间的相关性进行了分析和检验。在控制了制度、人力资本等一系列因素后的计量分析结果表明，自然资源的丰裕度与经济增长之间存在着明显的负向关系，"资源诅咒"的命题确实成立。

徐康宁、韩剑[18]提出中国区域的经济增长在长周期上也存在着"资源诅咒"效应的假说，构建了资源丰裕度指数，并用它分析我国各省的资源禀赋与经济发展的关系。这个指数以能源为代表，并用"资源诅咒"的四种传导机制解释了1978~2003年我国资源丰裕地区经济增速大多慢于资源贫瘠的地区的原因。

邵帅、齐中英[19]利用1991~2006年的省际面板数据对西部地区的能源开发与经济增长之间的相关性及其传导机制进行了计量检验和分析。结果表明进入20世纪90年代以来，西部地区的能源开发与经济增长之间存在显著的负相关性，虽然西部大开发前能源开发与科技创新和人力资本投入呈负相关，但"诅咒"

效果不明显，在实施大开发后能源开发对科技创新和人力资本投入的负向作用增强，从而导致诅咒效应明显出现。

黄溶冰[20]选取 2002～2006 年人均 GDP 和 GDP 增长率在全国 287 个地级城市居于前列的资源型城市为典型城市作为研究对象。对比参照 20 年前，根据 1987 年的数据，选取与典型城市在矿产种类、开采年限、地理区位、经济状况相似的资源型城市，分析自然资源与经济增长的内在关系，通过对资源型城市如何摆脱"资源诅咒"的经验分析，得出从总体上看丰富的矿产资源对我国资源型城市的经济发展起到一定的制约作用这一结论，"资源诅咒"命题在我国的城市层面仍然成立。

王文行、顾江[21]以及赵奉军[22]等人以文献综述的形式对国外的研究成果进行了全面的介绍。赵伟伟、白永秀[23]把"资源诅咒"的原因划分为经济学和政治学因素，并以此为基础，从理论逻辑和实证检验两个方面阐述了"资源诅咒"的传导机制。

当然，并不是所有的研究都表明"资源诅咒"这一命题在国内成立。孙大超、司明[24]利用省际截面数据构建联立方程模型。结果表明，在控制各地区的制度质量、区位变量等影响因素后，资源丰裕度与经济发展并没有显著相关性，因此，"资源诅咒"假说在中国省际层面是否成立仍然值得商榷。方颖、纪衍和赵杨[25]利用中国 95 个地级市或地级以上城市的横截面数据分析。结果显示，衡量自然资源丰裕程度时如果使用人均的概念，自然资源的丰裕程度与经济增长之间并没有显著的负向关系。在中国城市层面上"资源诅咒"假说并不成立。景普秋、王清宪[26]则认为，矿产资源在区域经济发展中是一把双刃剑，既可以成为经济发展的动力，同样也可能带来区域经济增长缓慢、区域收入差距增大等负面效果。

14.2 数据源与数据预处理

14.2.1 数据的选取

指标的选取应遵循全面性、客观性、独立性的规则，即要求根据选取的不同指标，体现出经济不同层面的内容，以实际数据为准，避免人为的主观判断，同时要求在一段时间内数据相对稳定。数据来源为国家统计局网站上发布的 2011 年中国统计年鉴[27]及各省的统计年鉴。根据相关资料，把选取的指标分为以下几类：

（1）资源储量：如煤炭、石油、天然气、有色金属、黑色金属、非金属等；

（2）环境情况：如污染物的排放量、污染的治理费用等；

（3）经济属性：如经济发展水平、固定资产投资等；

（4）科技水平：如教育、科研项目等。

14.2.2　数据标准化

由于各地区经济发展水平不同，统计指标中数据值变化较大，数值较小变量的作用体现不明显，进而对聚类的效果产生影响，例如见表14.1。为了保证各数据在聚类分析中处于相同的地位，采用最大-最小规范化方法对数据进行无量纲处理[28]：

$$v' = \frac{v - \min_A}{\max_A - \min_A} \tag{14.1}$$

式中，$\min_A$ 和 $\max_A$ 分别为某一属性的最小值和最大值。数据属性的选取直接关系到应用结果的正确性。

表 14.1　矿产资源储量表

地　区	石油 /万吨	煤炭 /亿吨	天然气 /亿立方米	有色金属 /万吨	黑色金属 /万吨	非金属 /万吨
北　京	0	3.79	0	0.02	8900	0
天　津	3415.91	2.97	288.64	0	0	0
河　北	27780.8	60.59	359.32	1448.63	375286	23024.2
山　西	0	844.01	0	13808.7	121313	775.18
内蒙古	7643.8	769.86	7149.44	1255.94	121827	16378.9
辽　宁	18799	46.63	209.43	165742	756012	11129.9
吉　林	18861.8	12.4	681.26	45.28	23100.4	778.77
黑龙江	54516.4	68.17	1454.98	146.51	4200	48.2
上　海	0	0	0	0	0	0
江　苏	2689.35	14.23	23.66	45.33	17202.5	3662.22
浙　江	0	0.49	0	117.07	1600	1468.51
安　徽	186.73	81.93	0.06	209.69	81917.1	19016.1
福　建	0	4.06	0	221.04	35464.5	7020.38
江　西	0	6.74	0	842.74	19102.2	25230.5
山　东	34310.7	77.56	366.99	16610.3	103200	7545.66
河　南	5051.21	113.49	99.21	21617	16500.5	9458.01
湖　北	1307.97	3.3	4.68	370.42	38147.6	76008.2
湖　南	0	18.76	0	504.04	22237.1	36312.5
广　东	0.16	1.89	0.31	356.06	16115.8	55757.1
广　西	146.41	7.74	3.39	27418.3	15204.9	23290.2

地　区	石油 /万吨	煤炭 /亿吨	天然气 /亿立方米	有色金属 /万吨	黑色金属 /万吨	非金属 /万吨
海　南	17.27	0.9	0.7	4.43	10400	2272.6
重　庆	160.44	22.49	1921.02	3657.82	2352.62	1976.8
四　川	514.74	54.37	6763.11	581.85	310619	77378.9
贵　州	0	118.46	10.61	20179.3	7568.87	41835.3
云　南	12.21	62.47	2.41	2699.15	39105.9	70089.9
西　藏	0	0.12	0	199.38	2899.49	0
陕　西	24947.7	119.89	5628.11	841.35	40681.7	2758.72
甘　肃	16085.4	58.05	191.8	635.64	39577.8	1
青　海	5635.18	16.22	1321.89	308.23	700.48	6050.2
宁　夏	202.77	54.03	2.75	0	0	100
新　疆	51163.5	148.31	8616.43	197.21	36206.7	17.36

14.3　聚类分析

利用聚类分析研究不同指标体系下我国地区间表现出的资源与经济发展的相似性与相异性，试图揭示这些相似性相相异性产生的原因。

14.3.1　资源储量属性

矿产资源主要分为能源、有色金属、黑色金属、非金属。聚类分析是以省、直辖市、自治区为数据对象，以矿产资源指标为属性，如能源包括石油、煤炭、天然气；有色金属包括铜，铅、锌、铝、镁；黑色金属包括铁、锰、铬；非金属主要包括硫、磷、高岭土。聚类结果见表 14.2。

表 14.2　矿产资源聚类分析结果

类别（簇）	地区（数据对象）
1	安徽，江西，湖南
2	黑龙江，山东，河北，辽宁
3	甘肃，吉林
4	山西
5	河南，重庆，青海
6	北京，天津，上海，江苏，浙江，福建，海南，西藏，宁夏
7	湖北，广东，四川，云南
8	广西，贵州
9	内蒙古，陕西，新疆

　　PolyAnalyst 数据挖掘软件系统[29]引入了 Magnitude（属性重要性）和 Distinction（属性差别）评价指标，其中，Magnitude 代表某一属性在聚类分析过程中所起的作用，即属性对每个聚类簇的重要程度，值域为 [0，1]；Distinction 根据聚类簇中心投影距离来度量属性的差别，其值大表示对应的属性对聚类结果的产生贡献大。这两个参数可以在一定程度上从不同的方面反映出簇中属性的一些特点。部分簇的 Magnitude 和 Distinction 参数计算结果见表 14.3 和表 14.4。

表 14.3　矿产资源聚类属性 Magnitude 参数

指标（属性）	Magnitude（簇2）	Magnitude（簇4）	Magnitude（簇7）	Magnitude（簇9）
石油	0.15	0.00	0.0006	0.41
天然气	0.01	0.00	0.75	0.08
煤炭	0.0005	0.00	0.007	0.48
有色金属	0.44	0.00	0.0002	2.6e－005
黑色金属	0.37	0.00	0.17	0.01
非金属	0.03	0.00	0.08	0.03

表 14.4　矿产资源聚类属性 Distinction 参数

指标（属性）	Distinction（簇2）	Distinction（簇4）	Distinction（簇7）	Distinction（簇9）
石油	0.57	0.03	0.05	0.17
天然气	0.01	0.02	0.008	0.67
煤炭	0.003	0.90	0.01	0.13
有色金属	0.13	0.0009	0.005	0.003
黑色金属	0.26	0.005	0.003	0.0001
非金属	0.02	0.05	0.93	0.02

　　从表 14.2 中可以看出，河北、辽宁、黑龙江、山东聚成一类，山西单独作为一类，湖北、广东、四川、云南聚在一类，内蒙古、陕西、新疆聚成一类，聚类结果基本反映出我国矿产资源的地理分布特征。通过分析表 14.3 和表 14.4 可知，河北、辽宁、黑龙江、山东聚类结果主要由石油储量和黑色金属决定。山西的聚类结果主要由煤炭决定。南方省份的矿产资源主要集中在有色金属和非金属上，湖北、广东、四川、云南聚类结果主要由非金属决定。湖北的磷矿占有突出地位，储量占全国的 24%；广东的高岭土储量居全国之首。第一类中的江西是主要的铜产地；湖南、湖北、广东等省矿产资源中的能源储量不高，大多属于资源相对贫乏地区。内蒙古、陕西、新疆的天然气储量接近，决定聚类结果。四大盆地的天然气的勘探前景良好。内蒙古属于资源大省，煤炭、石油、天然气、金

属都具有较高的储量，内蒙古东部的煤田是东北地区重要的煤炭基地，稀土矿主要集中在内蒙古的白云鄂博。新疆的石油、煤炭同样具有丰厚的储量，新疆的煤炭远景储量居全国首位。西部地区矿产资源的远景储量很可观。西部地区的有色金属和非金属同样储量丰富，其中有色金属的产量在全国占有重要的地位。

14.3.2 环境指标属性

选取工业主要污染物的排放量及相关污染治理投资等指标作为省、直辖市、自治区的属性进行聚类分析，聚类结果见表 14.5。

表 14.5 污染指标聚类结果

类别（簇）	地区（数据对象）
1	江苏、浙江、广东、山东
2	河北、山西、内蒙古、辽宁、河南
3	黑龙江、四川、新疆
4	福建、湖北、陕西
5	吉林、贵州、重庆、云南、甘肃、宁夏
6	北京、天津、上海、海南、西藏、青海
7	湖南、广西
8	安徽、江西

部分簇的 Magnitude 和 Distinction 参数计算结果见表 14.6 和表 14.7。

表 14.6 污染指标聚类属性 Magnitude 参数

指标（属性）	Magnitude（簇 1）	Magnitude（簇 2）	Magnitude（簇 4）	Magnitude（簇 8）
废水排放	0.04	0.07	0.09	0.001
废气总排放	0.09	0.13	5.3e-005	0.37
二氧化硫排放	0.12	0.02	0.05	0.002
粉尘排放	0.02	0.12	0.02	0.19
烟尘排放	0.04	0.04	0.01	0.38
固体废物排放	0.07	0.13	0.001	0.001
废水治理	0.23	0.01	0.07	0.02
废气治理	0.30	0.06	0.69	0.04
固体废弃物治理	0.09	0.42	0.07	6.3e-005

表14.7 污染指标聚类属性 Distinction 参数

指标（属性）	Distinction（簇1）	Distinction（簇2）	Distinction（簇4）	Distinction（簇8）
废水排放	0.43	0.002	0.009	0.002
废气总排放	0.08	0.14	0.01	0.02
二氧化硫排放	0.13	0.17	0.01	0.06
粉尘排放	1.5e－005	0.10	0.005	0.45
烟尘排放	0.02	0.34	0.11	0.01
固体废物排放	0.001	0.19	0.002	0.02
废水治理	0.29	0.0002	0.05	0.16
废气治理	0.03	0.04	0.78	0.12
固体废弃物治理	0.02	0.008	0.02	0.16

从表14.5可以看出，江苏、浙江、广东、山东聚成一类（簇1），为沿海发达地区。分析表14.6和表14.7，根据 Magnitude 和 Distinction 参数，可以发现这些地区在很大程度上是由于在废水、废气排放和治理方面相似而聚为一类。因为这些地区制造、加工业发达，需要大量的工业用水。河北、山西、内蒙古、辽宁、河南地区的污染主要来源于固体废物、烟尘排放、二氧化硫排放等方面。山西、辽宁、河北、山东矸石存量约占全国矸石总量的50%。同时，中国的主要大型露天矿都集中在山西、内蒙古等地。由于露天开采的作业方式，必须剥离大面积的表土层及其覆盖的植被，而采掘场和排土场则直接破坏和压占土地，尾矿渣等固体废弃物吞蚀了大量耕地，复垦种植难度较大，自然植物难以生长。例如大同矿区以煤矸石和粉煤灰为主的固体废弃物堆存量，占废弃物总产生量的80%。露天开采同样会对大气产生非常严重的影响，开采过程中剥离表土层，矿体的穿孔爆破和破碎，装载都会产生大量的粉尘。在西北地区大多干旱炎热，由于大风的作用可能会产生尘暴现象，严重影响附近居民的正常生活。堆放的煤矸石自燃时产生的有毒、有害气体同样会污染环境。太原空气质量属于国家空气质量三级标准，全国排名倒数第一。黑龙江、四川、新疆的聚类结果主要由工业烟尘排放量和废气治理费用决定，同时固体废弃物治理费用对聚类结果影响也较大，如黑龙江鸡西煤炭开采产生的煤矸石达1亿多吨，每年正以600万吨左右的速度增加，四川攀枝花年产生工业废渣1200万吨，占四川省的1/2。吉林、重庆、贵州、云南、甘肃、宁夏废气治理费用在聚类过程中期的作用较大，但是工业废水排放量和工业粉尘排放量决定聚类结果。安徽、江西的聚类结果由工业粉尘排放量决定，同时固体废弃物治理费用和工业废水治理费用对聚类结果的影响也比较大。矿产资源的开采、洗选和冶炼等过程都需要大量的水，又会产生大量的污水、废水，如果直接排放而不进行处理，会对自然水体造成严重污染。由于

对附近生活的居民产生影响，要给予一定的经济补偿，增加了支出，降低了企业的经济效益。聚类结果显示，各地区的主要污染物与当地开采的矿产资源有很大关系。资源丰裕的地区，主要分布在西北和东北地区，虽然这些地区矿产资源丰富，但大部分地区生态环境恶劣，是生态环境脆弱地区。特别是西北地区，降水少，土地贫瘠，植被覆盖率低，土地荒漠化严重，为了短期的经济发展，不注意环境保护，长期对矿产资源的开发容易破坏生态环境，而后又要投入大量的资金治理污染，严重制约当地经济的可持续发展。

14.3.3　经济指标属性

14.3.3.1　经济发展水平指标

选取人均 GDP、人均第一产业产值、人均第二产业产值、人均第三产业产值、人均财政收入、人均进出口总额、居民消费水平 7 项指标作为聚类分析指标体系，分析区域经济发展水平的相似性和主要影响因素，聚类结果见表 14.8。

表 14.8　各地区经济发展水平指标属性聚类结果

类别（簇）	地区（数据对象）
1	内蒙古、辽宁、江苏、浙江、福建、山东、广东
2	北京、天津、上海
3	山西、江西、重庆、贵州、云南、西藏、陕西、甘肃、青海、宁夏
4	海南、新疆
5	安徽、河南、湖南、广西、四川
6	河北、吉林、黑龙江、湖北

部分簇的 Magnitude 和 Distinction 参数计算结果见表 14.9 和表 14.10。

表 14.9　经济发展水平指标聚类属性 Magnitude 参数

指标（属性）	Magnitude（簇 1）	Magnitude（簇 3）	Magnitude（簇 5）	Magnitude（簇 6）
人均 GDP	0.08	0.22	0.13	0.22
人均第一产业产值	0.23	0.11	0.39	0.23
人均第二产业产值	0.09	0.43	0.32	0.37
人均第三产业产值	0.05	0.04	0.07	0.04
人均进出口总额	0.35	0.01	0.07	0.03
人均财政收入	0.07	0.10	0.04	0.06
居民消费水平	0.12	0.09	0.04	0.06

表 14.10 经济发展水平指标聚类属性 Distinction 参数

指标（属性）	Distinction（簇 1）	Distinction（簇 3）	Distinction（簇 5）	Distinction（簇 6）
人均 GDP	0.28	0.28	0.26	0.09
人均第一产业产值	0.04	0.09	0.04	0.25
人均第二产业产值	0.42	0.20	0.17	0.03
人均第三产业产值	0.05	0.11	0.15	0.10
人均进出口总额	0.09	0.09	0.12	0.16
人均财政收入	0.04	0.10	0.18	0.27
居民消费水平	0.09	0.12	0.08	0.10

在表 14.8 中可以直观地看到我国的东西部经济发展水平呈现一定的阶梯性，东部地区整体要强于中西部地区。通过对比表 14.9 和表 14.10 可以看出，内蒙古、辽宁、江苏、浙江、山东、福建、广东这一类聚类结果主要由人均 GDP 和人均第二产业产值决定，这几个省份人均 GDP 仅次于第二类中的北京、上海、天津位于全国前列。江苏、浙江等沿海省都是国家重要的轻工业、制造业基地，地处富庶的平原地区，发达的农业为该地区经济长期稳定的发展提供了物质基础；地理条件的优越使该地区较早地进入工业化和加入国际市场。广东的经济发展外资的投入作用明显，山东在当地矿产资源开发基础上原材料加工工业迅速发展，成为国家重要的矿产原材料加工和能源生产基地。工业制造高度发达的辽宁，是我国主要的冶金、石油化工中心。内蒙古的矿产资源丰富，尤其是煤炭资源储量在全国占有突出地位。近年来经济发展迅速，该地区的经济增长主要体现在以煤炭为主的资源开发的基础上发展起来的工业。山西、江西、重庆、贵州、云南、西藏、陕西、甘肃、青海、宁夏作为第三类，聚类结果同样由人均 GDP 和人均第二产业产值决定。但第二产业的作用没有第一类中的明显。山西的经济发展同样是以煤炭的大规模开采为主。河北、吉林、黑龙江、湖北作为第六类，人均 GDP、人均第一产业产值、人均第二产业产值聚类过程中所起作用较大，但聚类结果由人均第一产业产值和人均财政收入决定。辽宁、山东、内蒙古、山西同属于资源型地区，但是经济发展水平却不相同，在聚类分析结果中属于不同的类，而湖北属于资源贫乏地区，黑龙江、河北属于资源丰裕地区，却聚在同一类，为更好分析这种差异性的产生，利用资源诅咒系数分析结果。

姚予龙提出资源诅咒系数是一个衡量区域经济发展水平与区域资源优势的偏离程度的指标，它反映区域资源诅咒的程度，系数越大，遭受资源诅咒的程度越高，用区域资源禀赋与资源对经济发展的贡献的比值来度量地区资源遭受诅咒的程度[30]，由于煤炭、石油、天然气作为主要的消费能源，其开采及相关产业对于经济增长有重要作用，因此国内的研究主要是针对这三种一次性能源作为研究对象，我国学者研究的资源诅咒主要指的是能源诅咒。已有的研究结果表明，第二产业与第一产业和第三产业不同，其增加值正相关于能源消费，同时消耗能源的比重最大[31,32]。能源资源诅咒系数可以表达为：各地区一次能源生产量占所有地区一次能源生产量的比重与各地区第二产业产值占所有地区第二产业产值的比重的比值，用公式表示为：

$$ES_i = \frac{\dfrac{E_i}{\sum_{i=1}^{n} E_i}}{\dfrac{SI_i}{\sum_{i=1}^{n} SI_i}} \tag{14.2}$$

式中，ES_i 表示 i 地区的资源诅咒系数；n 表示地区数；E_i 表示 i 地区的一次性能源的生产量；SI_i 表示 i 地区的第二产业产值。如果资源诅咒系数小于1，表示该地区一次性能源的产生量不大，具体表现为经济增长不单纯依靠能源产量的增长。能源资源诅咒系数能够反映出地区资源优势转化为经济优势的程度。如果系数大于1，表示该地区已经遭受资源诅咒，资源诅咒系数越大，表示该地区的经济越依赖能源的生产，地区资源诅咒现象也越严重。统计表中的数据来源于中国能源统计年鉴。为方便计算，根据一次性能源的转换系数，将各地区的一次性能源转换成统一标准量。由于统计年鉴中没有西藏，故表中没有计算。根据 2006~2010 年的统计数据，得出结果见表 14.11。

表 14.11　资源诅咒系数

地　区	2006	2007	2008	2009	2010	平　均
上　海	0.01	0.01	0.01	0.01	0.01	0.01
江　苏	0.11	0.10	0.08	0.07	0.06	0.08
浙　江	0.07	0.07	0.001	0.001	0.001	0.03
海　南	0.15	0.13	0.07	0.08	0.07	0.10
北　京	0.11	0.11	0.11	0.11	0.08	0.10
广　东	0.16	0.15	0.10	0.09	0.09	0.12
湖　北	0.22	0.21	0.14	0.11	0.10	0.16
福　建	0.36	0.34	0.21	0.20	0.18	0.26
广　西	0.38	0.36	0.07	0.08	0.09	0.20
江　西	0.50	0.48	0.46	0.43	0.30	0.43
天　津	0.60	0.61	0.55	0.60	0.79	0.63
河　北	0.58	0.60	0.54	0.55	0.57	0.57
湖　南	0.86	0.85	0.62	0.60	0.57	0.70
山　东	0.57	0.59	0.57	0.53	0.53	0.56

地 区	2006	2007	2008	2009	2010	平 均
吉 林	0.82	0.69	0.88	0.85	0.81	0.81
辽 宁	0.75	0.66	0.60	0.55	0.52	0.62
河 南	1.14	1.06	1.05	1.09	0.94	1.10
安 徽	1.16	1.23	1.40	1.31	1.09	1.24
四 川	1.23	1.30	1.08	0.95	0.81	1.07
重 庆	1.28	1.27	1.10	0.79	0.69	1.03
云 南	1.82	1.92	1.76	1.72	1.60	1.76
甘 肃	1.86	1.86	1.59	1.54	1.55	1.68
黑龙江	2.12	2.19	2.07	2.23	1.85	2.09
陕 西	3.28	3.62	4.09	4.48	4.45	3.98
青 海	3.05	3.00	2.32	2.32	2.37	2.61
新 疆	3.34	3.90	3.86	4.64	3.92	3.93
宁 夏	3.47	3.74	3.77	4.27	4.34	3.91
贵 州	4.83	4.56	3.96	4.61	4.67	4.53
内蒙古	8.63	5.07	5.94	6.11	6.83	6.52
山 西	9.24	8.15	7.66	7.70	7.50	8.10

根据表 14. 11 中的计算结果可以看出,不存在资源诅咒现象的省共有 16 个,包括上海、江苏、浙江等,这些省的资源诅咒系数都小于 1。其中,上海市的资源诅咒系数仅为 0. 01,为全国最低。第五类中的河南、安徽在煤炭上有较高的产量,四川的能源产品主要为天然气,这 3 个省的资源诅咒系数不高,虽然已经开始表现出资源诅咒的现象,但是并不明显,仅算轻微诅咒。第二类中的省份资源诅咒系数普遍偏高,云南、甘肃的资源诅咒系数介于 1. 5 和 2 之间,属于资源诅咒地区。其中宁夏、陕西的系数已经接近 4,并且近几年呈上涨趋势,其经济发展与资源优势反差较大,地区资源优势在经济发展中的作用没有体现出来,属于资源诅咒的严重区域。资源诅咒系数最大的 3 个省中贵州和山西同属于这一类,山西的诅咒系数最高,近两年已经有下降的趋势,但是经济发展水平却没有因为资源的优势而有较大的发展。第一类中的辽宁、山东都属于资源丰裕地区,经济发展水平高,其经济结构不单纯依靠资源的开发及其相关产业。内蒙古近几年经济发展迅速,人均 GDP已经和东部经济发展较快的几个省基本持平,得益于资源的大量开发,其煤炭产量已超越山西,成为我国第一大煤炭生产省,参照年鉴数据中的工业产品,内蒙古不仅煤炭产量超过山西,同时其他工业制成品也都有一定发展,但相对于东部沿海各省还是落后。具体表现为资源诅咒系数远高于东部沿海各省,对照表中数据,其资源诅咒系数一直呈上升趋势,资源诅咒现象越来越严重。第三类大多为矿产资源丰

裕的省份,同时也是经济发展最落后的一类。其中山西省的资源诅咒系数最大,资源诅咒表现最为明显,所以选择山西作为这一类的代表进行分析。山西由于过分依赖以煤炭为主的能源产业,重工业比重过大。

从表 14.12 和表 14.13 中可以看出,我国近几年经济虽然稳步增长,但各大产业所占比重基本不变,第二产业比重稳定在 48% 左右。而在山西的生产总值构成表中,第二产业比重要高于 55%,而第三产业稳定在 38% 左右,在比重上看,山西省的第三产业发展缓慢,不能成为经济发展的长久动力。

表 14.12　我国 2006~2010 年生产总值构成　　　　　　　　　　%

年　份	第一产业	第二产业	第三产业
2006	11.1	48.0	42.2
2007	10.8	47.3	41.6
2008	10.7	47.5	41.5
2009	10.3	46.3	39.7
2010	10.1	46.8	40.1

表 14.13　山西省 2006~2010 年生产总值构成　　　　　　　　%

年　份	第一产业	第二产业	第三产业
2006	5.8	57.8	36.4
2007	4.7	60.0	35.3
2008	4.4	61.5	34.2
2009	6.5	54.3	39.2
2010	6.0	56.9	37.1

从表 14.14 中数据可以看出,山西省 2006 年采矿业的工业增加值为 884.6927 亿元,5 年内一直呈现递增的趋势,到 2010 年采矿业增加值翻了将近 3 倍。其中,由于山西省的主要矿产资源为煤炭,煤炭的开采和洗选业在工业增加值中占主导地位。而制造业中的石油加工、炼焦及核燃料加工业,化学原料及化学制品制造业,黑色金属冶炼及压延加工业等占工业增加值比重较大的产业也大多与煤炭行业有紧密联系。食品行业 2010 工业增加值为 21.825 亿元,对比 2006年仅增长 10 亿元,而纺织业 2007~2009 年甚至出现下降趋势。从表中数据可以看出,山西省的产业结构主要是以煤炭的大规模开采以及与之相关的低级制造业为主的资源型产业。

表 14.14　按行业大类分的山西的工业增加值构成　　　　　　万元

指　标	2006	2007	2008	2009	2010
煤炭开采和洗选业	8414268	10865126	19088538	19526665	26810081
石油和天然气开采业	0	3331	50937	37717	96216

指 标	2006	2007	2008	2009	2010
黑色金属矿采选业	330630	464590	551107	291887	794311
有色金属矿采选业	59635	71952	100335	53080	63895
非金属矿采选业	42394	54990	8381	9285	10578
农副食品加工业	179257	236613	273789	336772	495622
食品制造业	101750	168902	179906	159150	218250
饮料制造业	226203	281107	286386	294353	377987
烟草制品业	85992	121672	151676	183609	198217
纺织业	71050	49984	46645	36728	72235
石油加工、炼焦及核燃料加工业	2291065	3214096	4737020	2877538	3730301
化学原料及化学制品制造业	831365	1205233	1109829	826561	1185286
医药制造业	209757	283240	292106	276276	367395
化学纤维制造业	6647	19958	5519	549	799
橡胶制品业	30163	31105	50525	54300	93290
塑料制品业	41102	34296	47851	46204	57012
非金属矿物制品业	357801	446230	553670	633209	842214
黑色金属冶炼及压延加工业	3312702	4715398	3681859	3215770	4323252
有色金属冶炼及压延加工业	1229271	1343621	1079492	292142	860365
金属制品业	120860	112173	83653	96513	125083
通用设备制造业	261031	363908	335719	334810	529731
专用设备制造业	478594	627789	570109	621237	797934
交通运输设备制造业	198116	259686	255166	229839	373107
电气机械及器材制造业	72535	105672	161605	151661	226596
电力、燃气及水的生产供应业	2257467	2624292	1886162	2089593	2592770

在聚类结果中，簇3中的大部分地区为资源丰裕的西部地区，聚类结果中人均第二产业产值的权重最大，在经济发展水平投影表中，人均第二产业产值也表现出重要作用。同样选取山西为这一类的典型代表，对山西省的国民经济增长和社会发展总量进行分析。

从山西的国民经济增长和社会发展总量表中（表14.15），可以看出，山西省的第二产业占地区总产值的56.9%，在2010年仅低于河南，第二产业对经济增长起着重要作用，在所有工业产品中，以原煤的产量最为突出，与之相关的焦炭产量更是全国第一。说明山西的经济增长主要依靠以煤炭资源型产业为主体的重工业。而在工业增加值中，重工业的增加值为轻工业的19倍多，采掘业的工业增加值为 2777.5 亿元，而制造业增加值为 1554.7 亿元，从数据可以看出，重工业占有核心地位，新兴产业发展慢，在对外贸易中，煤炭依旧是主导产品。资源产品受价格波动影响较大，2010 年煤炭价格偏高，交易规模随之扩大。

表 14.15　山西省的国民经济增长和社会发展总量

指　标	总量指标
地区生产总值/亿元	9200.86
第一产业	554.48
第二产业	5234.00
第三产业	3412.38
工业总产值/亿元	12471.3
轻工业	671.3
重工业	11800.1
发电量/亿千瓦时	2105.6
粗钢/万吨	3048.8
水泥/万吨	367.03
钢材/万吨	2866.4
原煤/万吨	74096
焦炭/万吨	8504.75

2010 年，山西对外贸易商品总额达到 470930 万美元，而其中矿产品出口就占到总出口额的 26.10%。而贱金属及其制品、化学工业及其相关工业产品、石料类非金属矿物产品都属于资源性产品，出口额合计占到总出口额的 70% 以上，在国际贸易中，资源型产品占主导地位，如表 14.16 所示。

表 14.16　山西省对外贸易额　　　　　　　　　　万美元

项　目	出口总额
矿产品	122893
化学化工及相关工业的产品	42536
纺织原料及纺织制品	8200
石料、石膏、水泥、石棉、云母制品；陶瓷、玻璃及制品	18089
贱金属及其制品	173391
机器、机械器具、电气设备及零件音像录制设备及零件	78192
车辆、航空器、船舶及有关运输设备	9752
杂项制品	7315
合　计	470930

　　甘肃、宁夏、青海等地在新中国成立以前，除个别城市外，几乎没有真正的现代工业。近几十年来，这些地区的工业得以迅速发展。甘肃是建国初期我国最早的原油生产基地，贵州、云南等地以前工业化基础十分薄弱，20世纪60~70年代，国家大力对这些地区进行工业投入，矿产资源开发与制造业得到显著改善，经济发展速度加快。这些省大多同山西一样，其区域发展的主要动力来源于大规模的矿产资源开发。内蒙古与山西在煤炭储量上相似，经济中矿产资源的大量开发同样占有很重要的地位，但是近年来经济却飞速发展，虽然资源诅咒系数有上升的趋势，却与东部沿海几个经济强省聚在一起。作为经济后发展起来的资源型地区，簇1中选取内蒙古作为代表省份，分析其经济构成。

　　从产业结构表14.17中可以看出，第一产业内蒙古比山西明显要高，这是由于内蒙古地域广大，畜牧业发达。而第三产业比重相差不大，都低于国家平均水平，但是第三产业的总值要高于山西。与山西相比内蒙古的第二产业的比重平均要低4个百分点左右。2010年规模以上经济工业总产值为13406亿元，其中采矿业为3487.5亿元，制造业为8224.7亿元，电力、燃气及水的生成和供应业为1693.9亿元。从表14.18中可以看出，内蒙古的工业总产值中，制造业产值明显高于采矿业，成为工业中的主导产业。与山西相对比，内蒙古的产业结构并不单纯依赖矿产品的大规模开发。

表14.17　内蒙古2006~2010年生产总值构成 %

年　份	第一产业	第二产业	第三产业
2006	13.6	48.6	37.8
2007	12.5	51.8	35.7
2008	11.7	55.0	33.3
2009	9.5	52.8	38.0
2010	9.4	54.6	36.1

表14.18　内蒙古的国民经济增长和社会发展总量

指　标	总量指标
地区生产总值/亿元	11672.00
第一产业	1095.28
第二产业	6367.69
第三产业	4209.02
工业总产值/亿元	16020.0
轻工业	4645.8

续表 14.18

指　标	总量指标
重工业	11374
发电量/亿千瓦时	2483.9
粗钢/万吨	1232.84
水泥/万吨	5454.30
原煤/万吨	78913
焦炭/万吨	2304.29

　　在国民经济和社会发展总量表中（表 14.18）可以看出，内蒙古的第二产业同样占有优势地位，这点与山西相同。但在第二产业中，重工业产值还不到轻工业的 3 倍，与山西的 19 倍相差甚远。在工业产品中焦炭的产量仅相当于山西的 1/4，说明内蒙古的经济发展在以能源及相关重工业产业开发的带动下，发展轻工业的优势得以体现。

　　由表 14.19 可以看到，2010 年内蒙古对外贸易商品总额为 333485 万美元，比山西低。其中矿产品出口占 1% 都不到，加上贱金属及其制品，化学工业及其相关工业产品，石料类非金属矿物产品等资源性产品，出口额中资源产品占出口总额比重不到 50%，在国际贸易中，资源型产品虽然也占主导地位，但比重远远不及山西。同时也可以看到，虽然内蒙古经济上与东部沿海经济发达省份聚到一起，人均 GDP 达到国内前列，但就对外出口额一项，甚至不如山西，与沿海各省差距更大。

表 14.19　内蒙古对外贸易额　　　　　　　　　万美元

项　目	出口总额
矿产品	4123
化学化工及相关工业的产品	59237
纺织原料及纺织制品	57063
石料、石膏、水泥、石棉等制品	2693
贱金属及其制品	88965
机器、机械器具、电气设备及零件；音像录制设备及零件	13499
车辆、航空器、船舶及有关运输设备	31465
杂项制品	2321
合　计	333485

14.3.3.2 固定资产投资

统计年鉴中各地区按主要行业分的全社会固定资产投资涉及三个产业 19 个主要行业。为了克服维度的影响，聚类分析前首先对选取的指标通过主成分分析进行降维，选出累积贡献率大于 85% 的成分，主成分选取结果见表 14.20 和表 14.21。

表 14.20 主成分选取结果

主成分	初始特征值	初始方差/%	初始累加值/%	平方和载荷量	提取方差/%	提取累加值/%
1	11.0816	58.324	58.324	11.0816	58.324	58.324
2	2.33879	12.3094	70.6335	2.33879	12.3094	70.6335
3	1.82425	9.6013	80.2348	1.82425	9.6013	80.2348
4	0.906786	4.77256	85.0073	0.906786	4.77256	85.0073

表 14.21 主成分载荷矩阵

维	居民服务	信息传输	农林	建筑	特征
农 林	0.415401	0.0790119	0.836902	0.113026	1.82425
采 矿	−0.0110985	−0.103538	0.82469	0.118664	1.82425
制 造	0.881828	0.310605	0.198724	0.0714881	11.0816
电 力	0.0371082	0.689559	0.520788	0.164008	0
建 筑	0.201323	0.0441877	0.119026	0.919111	0.906786
交通运输	0.311244	0.754884	0.435885	0.0261061	2.33879
信息传输	0.183454	0.931013	−0.180316	−0.0004227	2.33879
批发零售	0.840703	0.220027	0.353733	0.221346	11.0816
住宿餐饮	0.805344	0.421129	0.177272	0.160428	11.0816
金 融	0.387073	0.736565	−0.16405	−0.0332728	2.33879
房地产	0.664296	0.652369	0.120557	0.141184	0
租赁和商务服务	0.736146	0.364325	−0.0899245	0.0762678	11.0816
科 研	0.709725	0.429402	0.0575339	0.361501	11.0816
环境公共设施	0.564755	0.673118	0.33637	0.0527492	0
居民服务	0.898496	0.0103006	0.195898	0.275225	11.0816
教 育	0.359915	0.531841	0.616033	0.148883	0
卫生社会福利	0.520171	0.527929	0.525153	0.241473	0
文化体育	0.739688	0.311404	0.28943	0.363663	11.0816
公共设施管理	0.525237	0.0131645	0.25115	0.719707	0.906786

通过主成分分析对固定资产投资指标属性降维后，各地区固定资产投资指标属性聚类结果见表 14.22。

表 14.22　固定资产投资指标属性聚类结果

类别（簇）	地区（数据对象）
1	辽宁、江苏、山东
2	山西、内蒙古、四川、云南
3	北京、上海、浙江、福建、广东
4	安徽、湖南、重庆、陕西、甘肃
5	天津、江西、湖北
6	河北、黑龙江、河南、广西
7	吉林、海南、西藏、贵州、青海、宁夏、新疆

部分簇的 Magnitude 和 Distinction 参数计算结果见表 14.23 和表 14.24。

表 14.23　固定资产投资指标聚类属性 Magnitude 参数

属　性	Magnitude（簇2）	Magnitude（簇3）	Magnitude（簇6）	Magnitude（簇7）
主成分 1	0.41	0.42	0.25	0.30
主成分 2	0.12	0.10	0.18	0.06
主成分 3	0.17	0.38	0.07	0.63
主成分 4	0.29	0.10	0.50	0.01

表 14.24　固定资产投资指标聚类属性 Distinction 参数

属　性	Distinction（簇2）	Distinction（簇3）	Distinction（簇6）	Distinction（簇7）
主成分 1	0.002	0.007	0.06	0.82
主成分 2	0.03	0.93	0.08	0.03
主成分 3	0.10	1.18e-08	0.35	0.11
主成分 4	0.002	0.06	0.50	0.05

通过查询转置后的载荷矩阵，主成分 1 的主要因素为居民服务、制造业、科研、住宿餐饮等，主成分 2 的主要因素为信息传输、交通运输、金融业等，主成分 3 的主要因素为农林、采矿业等，主成分 4 的主要因素为建筑业等。同时可以看到，我国的固定资产投资有明显的地域特征，地理位置上相近的地区，固定资产投资方向也相近。对照固定资产投资权指标和固定资产投影表，通过聚类结果可以看到山西、内蒙古、四川、云南聚类结果主要由于主成分 3 决定，河北、黑龙江、河南、广西的聚类结果主要由主成分 3 和主成分 4 决定，这两类中的大部

分省都属于资源大省, 资源的开采能够获得较高的收益, 资源的大规模开采在经济增长中占有很高比重, 所以在采掘行业投入很多的资本。吉林、海南、西藏、贵州、青海、宁夏、新疆聚类结果主要由主成分1决定, 但通过数据查询, 这几个省份主成分1中的几个行业都不特别发达, 尤其是贵州、青海、宁夏、新疆等西部地区, 由于其地理位置偏, 交通条件不好, 近几十年形成的工业也以能源行业为主导。为方便分析辽宁、山东、山西、内蒙古这几个同为资源丰裕地区的固定资产投资取向, 选取统计年鉴中的部分数据, 见表14.25。

表14.25 部分省份按主要行业分固定资产投资额 亿元

行 业	山 西	内蒙古	辽 宁	山 东
农、林、牧、渔业	281.3	446.2	358.3	628.3
采矿业	1068.9	992.9	634.3	532.6
制造业	1016.3	1931.2	5839.6	9459.0
电力、燃气及水生产和供应业	525.7	1375.6	828.7	640.8
建筑业	17.2	111.7	195.5	351.0
交通运输、仓储和邮政业	895.8	1043.0	1080.8	1362.3
信息传输、计算机服务和软件业	41.7	60.2	146.5	58.4
批发和零售业	83.8	254.3	323.9	881.4
住宿和餐饮业	39.4	77.0	210.2	343.1
金融业	2.6	38.1	32.5	23.1
房地产业	1136.5	1316.8	3755.5	5260.3
租赁和商务服务业	34.2	43.4	340.8	222.0
科研、技术服务和地质勘查业	27.0	43.7	122.1	156.0
水利、环境和公共设施管理业	489.5	664.4	1377.5	1287.5
居民服务和其他服务业	8.3	19.8	89.9	226.7
教 育	241.5	151.3	132.7	251.3
卫生、社会保障和社会福利业	56.0	53.4	86.3	157.2
文化、体育和娱乐业	66.0	117.6	186.6	510.4
公共管理和社会组织	31.5	185.8	301.0	929.2
总 计	6063.2	8926.5	16043.0	23280.5

从表14.25中可以看出, 山西省对采矿业的投资最大, 高达1068.9亿元, 而对信息传输、金融业等投资较少, 表明山西投资的重点依然是以煤炭为主体的采矿行业, 打算继续依靠煤炭产业来拉动经济增长, 没有通过发展新兴产业, 转变经济增长方式来促进经济增长。内蒙古的采矿业投资虽然同样占有很大比重,

但已经不是投资额最大的产业，对制造业的投资每年递增。同时在金融业、信息业上也有一定的投资。与内蒙古相比，山西过于依赖采掘业和以原料为主的工业，产业结构单一，容易患上"荷兰病"。对比表中的辽宁、山东两省，与山西、内蒙古聚在不同的类里，同时这两省同样为资源大省，辽宁的工业发展得益于丰富易开采的黑色金属矿产资源，数十年来一直是国家重要的工业生产基地，而山东至今仍是国家重要的矿产原材料加工和能源生产基地，但是这两省的资源诅咒系数低于1，基本上已经没有资源诅咒现象，在资源行业发展的同时，投资具有更快技术进步率的制造业，因此经济获得了更快的增长速度。

14.3.3.3 就业状况指标

各地区的就业状况对经济发展的影响同样重要，所选行业与固定资产投资行业相同，各地区的就业状况的聚类结果见表 14.26。

表 14.26 就业状况指标属性聚类结果

类别（簇）	地区（数据对象）
1	江苏、浙江、山东、河南、广东、四川
2	黑龙江、新疆
3	北京
4	海南、重庆、贵州、西藏、甘肃、青海、宁夏
5	天津、内蒙古、上海、吉林
6	河北、山西、辽宁
7	安徽、福建、江西、湖北、湖南、广西、云南、陕西

就业状况指标属性聚类部分簇的 Magnitude 和 Distinction 参数计算结果见表 14.27 和表 14.28。

表 14.27 就业状况指标聚类属性 Magnitude 参数

属　性	Magnitude（簇1）	Magnitude（簇2）	Magnitude（簇5）	Magnitude（簇6）
主成分1	0.45	0.22	0.34	0.46
主成分2	0.27	0.01	0.49	0.17
主成分3	0.28	0.77	0.16	0.37

表 14.28 就业状况指标聚类属性 Distinction 参数

属　性	Distinction（簇1）	Distinction（簇2）	Distinction（簇5）	Distinction（簇6）
主成分1	0.77	0.03	0.36	0.11
主成分2	0.15	0.005	0.45	0.46
主成分3	0.08	0.96	0.17	0.44

通过查询载荷矩阵，主成分 1 主要包括的行业为租赁和商务服务、科研、信息传输、房地产等行业，主成分 2 主要包括电力燃气及水的生产和供应业、制造业、房地产、环境公共设施等行业，主成分 3 中采矿业影响最为明显。江苏、浙江、山东、河南、广东、四川主成分 1 决定聚类结果，天津，内蒙古、上海、吉林的聚类结果主要由主成分 1 和主成分 2 决定，河北、山西、辽宁的聚类结果主要由主成分 2 和主成分 3 决定。在资源丰裕的地区，对外贸易的工业产品主要是作为工业原料的初级产品，没有进行加工成最终产品。矿产资源直接开采，对于劳动者的素质要求不高，不需要高技能的劳动力，一旦资源发现，就会有大量廉价的劳动力直接进入，从年鉴上的各地区城镇从业人口和职工工资上就可以看出。第一类中的山东、河南也是资源丰裕地区，从就业人口上看已经脱离了采掘业从业人口比重一枝独大的局面，其制造业以及信息产业等都占有相当比重。黑龙江、山西、辽宁、山东等地的从事采掘业的人口都很高。尤以山西最为明显，2010 年内蒙古的原煤产量已经超过山西，但从事采掘业的人口数量不到山西采掘业人口的 1/3，山西采掘业就业人口的比重已经明显超出全国其他地区。对比类中的辽宁等同样资源丰裕的地区，虽然在采掘业上还保持着一定的从业人口，但是比重已经不是特别明显。经济上过度依赖资源开采的地区，即使有资本的投入，但具有较高知识水平或创新能力的人力资本极易外流。相对于采掘业的高利润低要求，制造业对劳动者的素质要求相对较高，相应付出的工资也高，因此利润低，使企业更倾向于选择采掘业。根据年鉴显示，各省国有企业在岗职工的工资除金融业最高外，采矿行业的特性使工资较高，吸引就业人口向该行业转移，同时该行业的高工资也提升了其他行业的成本，也即变相排挤其他行业，恶化了贸易条件，导致其他行业发展缓慢。

14.3.4 技术指标属性

14.3.4.1 教育指标属性

教育选取的指标为：普通高等学校本、专科招生数，本、专科在校生数，本、专科毕业生数，授予学位数，高校专任教师数，正高级专任教师数，高校教职工数，职业学校招生数，职业学校在校生数，职业学校毕业生数，职业学校教职工数，国家财政性教育经费，民办学校办学经费，社会捐赠经费，事业收入，其他教育经费。各地区教育的聚类结果见表 14.29。

表 14.29 教育属性聚类结果

类别（簇）	地区（数据对象）
1	河北、山东、河南、湖北

类别（簇）	地区（数据对象）
2	内蒙古、海南、重庆、贵州、西藏、甘肃、青海、宁夏、新疆
3	北京、江苏、浙江
4	广东、四川
5	山西、安徽、福建、广西、云南
6	江西、湖南、陕西
7	天津、辽宁、吉林、黑龙江、上海

教育指标属性聚类部分簇的 Magnitude 和 Distinction 参数计算结果见表 14.30和表 14.31。

表 14.30 教育指标聚类属性 Magnitude 参数

属 性	Magnitude（簇 1）	Magnitude（簇 2）	Magnitude（簇 5）	Magnitude（簇 7）
主成分 1	0.21	0.41	0.31	0.33
主成分 2	0.65	0.39	0.23	0.31
主成分 3	0.16	0.20	0.46	0.36

表 14.31 教育指标聚类属性 Distinction 参数

属 性	Distinction（簇 1）	Distinction（簇 2）	Distinction（簇 5）	Distinction（簇 7）
主成分 1	0.51	0.94	0.05	0.16
主成分 2	0.10	0.02	0.91	0.56
主成分 3	0.39	0.04	0.037	0.28

通过对比主成分载荷表可以知道主成分 1 主要包括专科生、本科生的情况、专任教师等。主成分 2 主要包括职业学校情况，主成分 3 主要包括社会捐赠教育经费等。从表 14.29 中可以看出，教育指标聚类的地理特征主要体现在西部地区。表 14.29 与表 14.30 说明，河北、山东、河南、湖北的主成分 1、2 和 3 在聚类中均起重要作用，这几个省的高等学校数都在百所以上，第二类的内蒙古、海南、重庆、贵州、西藏、甘肃、青海、宁夏、新疆主成分 1、2 决定聚类结果，这几个省处于西部边远地区，教育水平相对偏低。山西、安徽、福建、广西、云南主成分 2、3 决定聚类结果。从聚类结果可以看出，东部的教育水平整体上高于西部，但没有像东西部经济发展差异那样分布明显。经济发展水平对高等教育竞争力的影响效果并不显著。资源型地区人才结构不合理，如山西、内蒙古、贵州等地专科生的毕业生数明显高于本科生数，资源地区的主导产业为资源开采

业，相应的毕业生也以应用为主，专业技能比较单一，集中在资源开采及相关产业，使该地区很难向其他产业延伸。科技人才的培养是个漫长的过程，教育事业同样是持续过程。第二类、第三类的大部分省份，教育经费主要依靠国家财政性支出，在经济发展聚类结果中，内蒙古的 GDP 水平已经接近东部经济发达地区，但是教育业的资金投入占 GDP 的比重却很低。第一类中的河北、山东等地，第三类中的浙江、江苏等地区，注重对教育业的资金投入。对照统计年鉴数据可知，这些地区的教育经费来源不仅仅单纯依靠政府的财政性支持，民办学校办学经费、社会捐赠经费同样占有很大比例。教育业的高度发达为科技实力提供丰厚的人才储备。虽然东部地区的资源并不丰裕，但地处沿海，对外开放程度高，更容易吸引和聚集人才向这些地区流动。

14.3.4.2 科技指标属性

科技指标属性选取：专利申请数、有效发明专利数、R&D（新产品或新项目的实验与研发）人员数、R&D 经费、R&D 项目、技术市场成交额。根据科技指标属性聚类结果见表 14.32。

表 14.32　科技指标属性聚类结果

类别（簇）	地区（数据对象）
1	江苏、浙江、山东、广东
2	天津、安徽、湖南
3	辽宁、河南、湖北、四川、陕西
4	北京、上海
5	内蒙古、海南、贵州、西藏、甘肃、青海、宁夏、新疆
6	重庆
7	山西、吉林、江西、广西、云南
8	河北、黑龙江、福建

科技指标属性聚类部分簇的 Magnitude 和 Distinction 参数计算结果见表 14.33 和表 14.34。

表 14.33　科技指标属性 Magnitude 参数

属　性	Magnitude（簇1）	Magnitude（簇4）	Magnitude（簇5）	Magnitude（簇7）
专利申请数	0.22	0.01	0.03	0.02
有效发明专利数	0.48	0.01	0.011	0.01
R&D 人员	0.13	0.05	0.26	0.27
R&D 经费	0.11	0.14	0.20	0.30
R&D 项目	0.04	0.18	0.46	0.38
技术市场成交额	0.011	0.07	0.60	0.01

表 14.34　科技指标属性 Distinction 参数

属　性	Distinction（簇 1）	Distinction（簇 4）	Distinction（簇 5）	Distinction（簇 7）
专利申请数	0.23	0.002	0.09	0.16
有效发明专利数	0.09	0.002	0.03	0.07
R&D 人员	0.26	0.09	0.26	0.20
R&D 经费	0.27	0.27	0.29	0.34
R&D 项目	0.15	0.28	0.30	0.19
技术市场成交额	0.001	0.34	0.02	0.05

　　从表 14.32 中可以看出，科技聚类结果东西部地区差异明显，尤其是西部地区，在表中可以明显看出属于一类。从表 14.33 与表 14.34 中可以看到江苏、浙江、山东、广东专利申请数和有效发明专利数在科技属性聚类中具有重大作用，R&D 人员、R&D 经费支出和专利申请数决定聚类结果；北京、上海的 R&D 经费支出、R&D 项目和技术市场成交额决定聚类结果。由聚类结果可以看出，东部沿海几个经济发达的人才大省中科技人才实力强势，而科技实力相对较弱的省主要集中在我国的中西部。在研究矿产资源与区域经济增长的关系的回归方程中，科学技术是一个对经济增长重要的解释变量，地区经济通过对从事科研项目的经费投入影响着地区的科技水平。R&D 对科技指标至关重要。科研机构汇集的省主要集中在北京、上海、江苏、广东、浙江、湖北等地，这些区域健全的科研基础设置和学术氛围成为吸引人才的主要原因。而这些地区的资源丰裕度都不高，从事的科研项目也大多与资源类产业无关。第五类内蒙古、海南、贵州、西藏、甘肃、青海、宁夏、新疆 R&D 人员、R&D 经费决定聚类结果；第七类山西、吉林、江西、广西、云南的聚类结果中 R&D 人员、R&D 经费支出、R&D 项目起着重要作用。丰富的矿产资源吸引企业从事初级产品的生产，使企业放弃对新产品或项目的研发投入，而从事科技含量不高的采掘业。第五类和第七类中大部的省份集中在西部边远地区，地区 R&D 经费投入占 GDP 的比重增长速度缓慢，而东部资源相对贫乏的省份的经济增长无法依赖矿产资源的开采，只有通过对科研的投入进而降低生产成本或者开发新产品刺激经济增长，因此从事科研活动的人员与资金投入一直呈现上升趋势。对比所选指标的数据，西部地区的技术市场成交额等指标明显低于东部经济发达的省份，这种差距在随着资源开发对技术创新排挤效应的影响下会越来越大。

14.3.5　结论与建议

　　在资源储量方面，能源资源主要集中在我国的中西部省份，东部地区除了石油和某些金属矿产资源外，资源储量普遍偏低。主要依靠资源开发的地区，粗放的经济增长模式导致各种污染物排放量均高于其他区域，高耗能的产业消耗大量的资源，这种以高能耗、高污染为代价的经济增长模式会对经济的可持续发展起阻碍作用。

经济发展水平方面西部各省的经济发展普遍落后于东部沿海地区，对于矿产资源的依赖，限制了地区对其他行业的物质资本投入，造成产业结构不合理，第二产业中重工业比重较大等后果，对比东部沿海制造业和第三产业高速发展表明，如果单纯地依赖矿产资源的开发并不能保持经济稳定高速的发展，甚至会阻碍经济的发展。矿产资源在由采掘业向制造业的演进过程中如果不合理利用，会对产业结构的升级产生负面影响。

同为资源丰裕的地区，由于对矿产资源的依赖程度不同，导致经济发展水平的差异。例如山西和内蒙古，同为煤炭生产大省，但山西采掘业的固定资产投入和就业人口比重过大，过度地依赖于采掘业以及相关产业，导致经济发展缓慢，经济增长速度曾一度排在全国末尾。而内蒙古除保持对矿产资源的开发外，其他产业如制造业、信息产业等同时发展，所以经济发展速度相对要快。

数据挖掘通过合理的指标选取能够有效地分析各地区的经济发展的相似性和相异性特点，对于指导资源的合理开发利用，实现地区经济的可持续发展具有一定意义。

聚类分析结果说明，我国地区经济发展差距仍然较为严重，相对落后的西部地区将自然资源作为一大优势可能从某种程度上陷入了"比较优势陷阱"，将矿产资源作为优势条件的西部地区从某种程度上陷入了"资源陷阱"。如何避免"资源诅咒"，使经济在矿产资源优势的带动下发展起来，根据聚类分析结果，对我国资源开发与利用与实现地区经济可持续发展给出一些建议：

（1）改变以往粗放式的经济增长模式，坚持实行可持续发展。受经济优先，利益至上思想的影响，我国的经济发展在高耗能、低产出中进行，以破坏环境为代价换取经济的快速发展。从聚类分析的结果中可以看到，环境破坏相对严重的一类基本上是矿产资源开发大省，生态破坏和环境污染一方面造成直接经济损失，另一方面使人类生存与发展的条件与空间潜伏着巨大的危机，影响未来的发展，同时阻碍可再生资源的再生产过程，进而大大限制经济发展；经济落后，无投资治理污染，使危机进一步加重。因此，必须改变以往的粗放型经济增长模式，经济发展与环境保护同步进行，使资源、环境、经济和谐发展。

（2）促进产业结构升级。从固定资产投资的聚类结果中可知，物质资本投入较少限制了科技创新。资源性收入应当被合理利用：一是用于提升现有的资源型产业技术升级，提高资源利用率，同时将资源型产业向外延伸；二是投资制造业，避免产业结构单一。鼓励民营和国外的投资，在自身投入的基础上，借鉴东部地区对外资利用的方式，充分利用国外的先进技术和设备，加速自身技术进步，提高国际竞争力。在传统服务业的基础上发展新兴产业，尤其是现代信息服务业，扩大第三产业在 GDP 中的比重。在对待民营企业的态度上，给予同等待遇，将整个社会资源合理有效配置。

（3）要扩大对外开放。对外开放程度是影响我国区域经济发展的重要因素，西部地区要积极开拓国际市场，扩大商品和服务贸易，改变对外贸易中矿产品独大的局面。既要巩固传统市场，又要加快高新技术产品的研发，扩大高新技术产品比重，使出口商品的结构从初级产品向高附加值产品转变，同时要重视产品的质量，坚持以质取胜。

（4）要加大对人力资本的投入。西部地区由于生活条件、报酬等原因，使得很大一部分科技人才转移到东部沿海地区，人才的流失加剧了东西部经济发展的差距，而经济上的差距又促使人才进一步流失，形成恶性循环。西部地区要增大教育投入，培养本地人才，保证人力资本的需求，还要建立完善的人力资本管理制度和激励政策，保证人力资本的不外流，以科技实力促进经济的发展。

参 考 文 献

［1］Auty R M. Industrial policy reform in six large newly industrializing countries: The resource curse thesis ［J］. World Development, 1994, 22 (1): 11~26.

［2］Auty R M. Resource-Based Industrialization: Sowing the Oil in Eight Developing Countries ［M］. New York: Oxford University Press, 1990.

［3］Matsuyama K. Agricultural productivity, comparative advantage, and economic growth ［J］. Journal of Economic Theory, 1992, 58 (2): 317~334.

［4］Sachs J D, Warner A M. Natural resource abundance and economic growth ［J］. NBER Working Paper, 1995, No. 5398.

［5］Sachs J D, Warnera A M. Fundamental sources of Long-run Growth ［J］. The American Economic Review, 1997 (87): 184~188.

［6］Sachs J D, Warner A M. The curse of natural resources ［J］. European Economic Review, 2001 (45): 827~838.

［7］Gylfason T, Herbertsson T T, Zoega G. A mixed blessing: Natural resources and economic growth ［J］. Macroeconomic Dynamics, 1999 (3): 204~225.

［8］Papyrakis E, Gerlagh, R. The resource curse hypothesis and its transmission channels ［J］. Journal of Comparative Economics, 2004, 32 (1): 181~193.

［9］ Elissaios Papyrakis, Reyer Gerlagh. Resource abundance and economic growth In the United States ［J］. European Economic Review, 2007 （51）：1011 ~ 1039.

［10］ Bulte E H, Damania R, Deacon R T. Resource intensity, institutions and development ［J］. World Development, 2005, 33 （4）：1029 ~ 1044.

［11］ Collier P, Goderis B. Commodity prices, growth, and the natural resource curse：reconciling a conundrum ［EB/OL］. MPRA Paper No. 17315, 2005.

［12］ Corden W M, Neary J P. Booming sector an de-industrialization in a small open economy ［J］. Economic Journal, 1982 （92）：825 ~ 848.

［13］ Karl T. The Paradox of Plenty：Oil Booms and Petro-States, Studies in International Political Economy ［M］. California：University of California Press, 1997.

［14］ Torvik R. Natural resources, rent seeking and welfare ［J］. Journal of Development Economics, 2002 （67）：455 ~ 470.

［15］ Gylfason T. Natural resources, education, and economic development ［J］. European Economic Review, 2001, 45 （4）：847 ~ 859.

［16］ 徐康宁, 王剑. 自然资源丰裕程度与经济发展水平关系的研究 ［J］. 经济研究, 2002 （1）：78 ~ 89.

［17］ 徐康宁, 邵军. 自然禀赋与经济增长：对矿产资源与经济增长的关系命题的再检验 ［J］. 世界经济, 2006 （11）：38 ~ 47.

［18］ 徐康宁, 韩剑. 中国区域经济的 "资源诅咒" 效应：地区差距的另一种解释 ［J］. 经济学家, 2005 （6）：96 ~ 102.

［19］ 邵帅, 齐中英. 西部地区的能源开发与经济增长——基于 "资源诅咒" 假说的实证分析 ［J］. 经济研究, 2008 （4）：147 ~ 160.

［20］ 黄溶冰, 王跃堂. 资源型经济如何摆脱 "资源诅咒" ——基于中国的经验证据 ［J］. 江海学刊, 2009 （2）：81 ~ 87.

［21］ 王文行, 顾江. 矿产资源与经济增长的关系问题研究新进展 ［J］. 经济学动态, 2008 （5）：88 ~ 91.

［22］ 赵奉军. 关于 "资源诅咒" 的文献综述 ［J］. 重庆工商大学学报, 2006, 16 （1）：8 ~ 12.

［23］ 赵伟伟, 白永秀. 资源诅咒传导机制的研究述评 ［J］. 经济理论与经济管理, 2010 （2）：45 ~ 51.

［24］ 孙大超, 司明. 自然资源丰裕度与中国区域经济增长——对 "资源诅咒" 假说的质疑 ［J］. 中南财经政法大学学报, 2007 （1）：84 ~ 89.

［25］ 方颖, 纪衍, 赵杨. 中国是否存在 "资源诅咒" ［J］. 世界经济, 2011 （4）：144 ~ 160.

［26］ 景普秋, 王清宪. 煤炭资源开发与区域经济发展中的 "福" 与 "祸"：基于山西的实证 ［J］. 中国工业经济, 2008 （7）：80 ~ 90.

［27］ 中国 2011 统计年鉴数据. http：//www. stats. gov. cn/tjsj/ndsj/2011/indexch. htm.

［28］ 孟海东, 李炳秋. 聚类分析在县域经济发展研究中的应用 ［J］. 河北工业科技, 2012,

29（2）：116～119.

[29] Poly Analyst, Megaputer Intelligence Inc [EB/OL]. www. megaputer. com, 2010.

[30] 姚予龙. 中国资源诅咒的区域差异及其驱动力剖析 [J]. 资源科学, 2011, 33（1）：18～24.

[31] 许秀川, 罗倩文. 重庆市产业结构、能源消费与经济增长关系的实证研究 [J]. 西南大学学报（自然科学版）, 2008, 30（1）：160～164.

[32] 曾波, 苏晓燕. 中国产业结构变动的能源消费影响——基于灰色关联理论和面板数据计量分析 [J]. 资源与产业, 2006, 8（3）：109～112.